Kurt Hain / Harald Schumny

Gelenkgetriebe-Konstruktion

HP Serie 40 und 80

Anwendung von Mikrocomputern

Herausgegeben von Dr. Harald Schumny

Die Buchreihe behandelt Themen aus den vielfältigen Anwendungsbereichen des Mikrocomputers: Technik, Naturwissenschaften, Betriebswirtschaft. Jeder Band enthält die vollständige Lösung von Problemen, entweder in Form von Programmpaketen, die der Anwender komplett oder in Teilen als Unterprogramme verwenden kann, oder in Form einer Problemaufbereitung, die dem Benutzer bei der Software- und Hardware-Entwicklung hilft.

Band 1 **Digitale Regelung von Mikroprozessoren**
von Norbert Hoffmann

Band 2 **Wahrscheinlichkeitsrechnung und Statistik**
von Dietmar Herrmann

Band 3 **Mathematische Routinen VC-20 (Elektrotechnik/Elektronik)**
von Ernst-Friedrich Reinking

Band 4 **Numerische Mathematik**
von Dietmar Herrmann

Band 5 **Textverarbeitung (TI-99/4A und VC-20)**
von Arnim und Ingeborg Tölke

Band 6 **Steuerberechnung mit dem Epson HX-20**
von Werner Grajewski und Eduard Sachtje

Band 7 **Getriebelehre mit dem Mikrocomputer (SHARP PC-1500 A)**
von Hans Bürde

Band 8 **Dienstprogramme für VC-20, Commodore 64 und Executive**
von Ernst-Friedrich Reinking

Band 9 **Gelenkgetriebe-Konstruktion mit Kleinrechnern (HP Serie 40 und 80)**
von Kurt Hain und Harald Schumny

Band 10 **Angewandte Matrizenrechnung**
von Dietmar Herrmann

Anwendung von Mikrocomputern Band 9

Kurt Hain und Harald Schumny

Gelenkgetriebe-Konstruktion

mit Kleinrechnern
HP Serie 40 (HP-41C/CV) und
HP Serie 80 (HP-83, HP-85, HP-86, HP-87)

Mit 38 Bildern und 81 Tabellen

Springer Fachmedien Wiesbaden GmbH

Das in diesem Buch enthaltene Programm-Material ist mit keiner Verpflichtung oder Garantie irgendeiner Art Verbunden. Der Autor übernimmt infolgedessen keine Verantwortung und wird keine daraus folgende oder sonstige Haftung übernehmen, die auf irgendeine Art aus der Benutzung dieses Programm-Materials oder Teilen davon entsteht.

1984

Ursprünglich erschienen bei Friedr. Vieweg & Sohn Verlagsgesellschaft mbH, Braunschweig 1984

Umschlaggestaltung: Peter Lenz, Wiesbaden
Satz: Vieweg, Braunschweig

ISBN 978-3-528-04288-2 ISBN 978-3-663-14113-6 (eBook)
DOI 10.1007/978-3-663-14113-6

Vorwort

In diesem Buch werden zwei wichtige Grundprobleme der Getriebesynthese, d.i. der Getriebe-Entwurf für gegebene praktische Bedingungen, behandelt. Im ersten Falle geht es um die Verwendung ungleichmäßig übersetzender Getriebe als Funktionsmechanismen, indem für gegebene, einander zuzuordnende Winkellagen zweier Getriebeglieder zwangläufige Getriebe zu entwerfen sind. Im zweiten Falle werden Führungsgetriebe vorgestellt, von denen ein Koppelpunkt eine gegebene Bahnkurve durchlaufen soll. In beiden Fällen wird versucht, eine möglichst gute Annäherung an die exakten Bedingungen zu erreichen, und deshalb wurden, über die „klassischen" Verfahren hinausgehend, zum einen Mittelwerte aus einer höheren als normal erreichbaren Zahl der Zuordnungen und zum anderen Punktlagenreduktionen verwendet, die mit Hilfe von Reduktionen ebenfalls über das Normalmaß hinauszugehen ermöglichen.

Für befriedigende Getriebekonstruktionen genügt es aber nicht, sich mit der beschriebenen Maßsynthese allein zu begnügen. Von nahezu gleicher Wichtigkeit ist die Berücksichtigung der „Nebenbedingungen", an deren Nichtbeachtung viele Entwürfe scheitern müssen. Es sind dies vor allem die Garantie für den einwandfreien Getriebedurchlauf durch vorgegebene Bewegungsbereiche, die Prüfung der Übertragungsgüte und zusätzlich z.B. noch die Abschätzung des Raumbedarfs und vor allem auch der Beschleunigungsverlauf, um schließlich auch höchsten Ansprüchen zu genügen.

Die beiden hier vorgestellten Groß-Programme sind für das automatische Abtasten eines gesamten gegebenen Lösungsfeldes mit entsprechenden Zwischen- und Fehlmeldungen eingerichtet. Mit Getriebeproblemen in Grenzbereichen ist fast immer ein wichtiger Lernprozeß verbunden, indem für den Einzelfall Erkenntnisse grundlegender und grenzüberschreitender Art erworben werden können, die gegebenenfalls auf ähnliche Probleme übertragbar sind.

Die Programmierunterlagen werden in allgemeiner Form dargestellt, gleichzeitig aber auch für die Rechner HP-41C und HP-85 aufbereitet, um so weit gestreuten Erwartungen hinsichtlich der Übertragbarkeit auf beliebige andere Rechnerarten entgegenzukommen. Die praktischen Beispiele aus verschiedenen technischen Bereichen sollen Einblicke in Getriebekonstruktionen mit Rechnerunterstützung, gleichzeitig aber auch Anregungen für weitere Einsatzgebiete geben.

Die Verfasser

Braunschweig, im April 1984

Inhaltsverzeichnis

1 Problemstellung 1

2 Besonderheiten der verwendeten Kleinrechner und Bedienungshinweise 2
2.1 HP-41C/CV (Serie 40) 2
2.1.1 Koordinaten-Transformation mit nur positiven Winkeln 2
2.1.2 Drehung eines Punktes um gegebenen zweiten Punkt 2
2.1.3 Schnittpunkt von zwei Geraden 7
2.1.4 Schnittpunkt von zwei Geraden bei gegebenen Steigungswinkeln . . . 8
2.2 HP-85 und andere (Serie 80) 10
2.2.1 Koordinaten-Transformation 10
2.2.2 Drehung eines Punktes um gegebenen zweiten Punkt 12
2.2.3 Schnittpunkt von zwei Geraden 12
2.2.4 Schnittpunkt von zwei Geraden bei gegebenen Steigungswinkeln . . . 13

3 Berechnung von Gelenkvierecken für gegebene Winkelbewegungen 14
3.1 Aufgabenstellung 14
3.2 Die geometrischen Grundlagen für Vierwinkel-Zuordnungen 15
3.3 Berechnungsgrundlagen und Programmbeschreibung 17
3.3.1 Die wichtigen Unterprogramme 17
3.3.2 Unterprogramme als Steuerprogramme 21
3.3.3 Das Laufprogramm 23
3.3.4 Gelenkviereck-Kernwerteprogramm 27
3.3.5 Die Einführungsprogramme 29
3.3.6 Tabellen und Diagramme für HP-41 30
3.3.7 Tabellen und Diagramme für HP-85 36
3.3.8 Bedienungsanweisungen für den HP-41-Programmablauf 50
3.3.9 Bedienungsanweisungen für den HP-85-Programmablauf 51
3.3.10 Zahlenbeispiel für HP-41 55
3.3.11 Zahlenbeispiel für HP-85 57
3.4 Praxisbeispiele für Vier-Winkel-Zuordnungen 57
3.4.1 Achsschenkellenkung für Fahrzeuge mit kleinem Wenderadius 57
3.4.2 Berechnung beschleunigungsgünstiger Getriebe zur Herabsetzung der Massenkräfte 61
3.4.3 Hebebühne für Geradführungshub 67
3.4.4 Mittenzentrierende Spannvorrichtung 68
3.4.5 Verklemmungsfreie Schubführungen großer Breite 71
3.5 Literaturverzeichnis 72

4 Der rechnerische Getriebeentwurf zur Erzeugung gegebener Bahnkurven 73
4.1 Die Koppelkurven des Gelenkvierecks 73
4.2 Koppelunkt-Synthese mit Hilfe von Punktlagenreduktionen 74
4.3 Berechnungsgrundlagen und Programmbeschreibung 76
4.3.1 Die fünf B_0-Reduktionen 76
4.3.2 Übersicht über fünffach unterschiedliche B_0-Koordinaten 79
4.3.3 Vorbereitung zum Hauptprogramm nach Festlegen auf eine Mittelsenkrechten-Paarung 83
4.3.4 Zahlenbeispiel für B_0-Auswahl 85
4.3.5 Berechnung der Kurbellagen 97
4.3.6 Zahlenbeispiel für die Berechnung der Kurbellagen 105
4.3.7 Berechnung des Gesamt-Gelenkvierecks 111
4.3.8 HP-41-Zahlenbeispiel für die 5-Punkte-Synthese 124
4.3.9 HP-85-Zahlenbeispiel für die 5-Punkte-Synthese 125
4.3.10 HP-41-Zahlenbeispiel für die 4-Punkte-Synthese 127
4.3.11 HP-85-Zahlenbeispiel für die 4-Punkte-Synthese 130
4.3.12 Das Gesamtprogramm 5-Punkte-Synthese 134
4.4 Praxisbeispiele für Koppelkurven-Synthese 134
4.4.1 Fördergetriebe in einem landwirtschaftlichen Ladewagen 134
4.4.2 Hubgetriebe für Rechtwinkel-Bewegung 142
4.4.3 Abricht- und Prüfmechanismus für Evolventen-Zahnflanken 152
4.4.4 Sechsgliedriges Zweistand-Schubgetriebe für zeitweise konstante Abtriebs-Geschwindigkeit 167
4.5 Literaturverzeichnis 178
4.6 Tabellenteil HP-41C/CV 179
4.7 Tabellenteil HP-85 und andere 188

Sachwortverzeichnis 216

1 Problemstellung

Ungleichmäßig übersetzende Getriebe werden in vielen technischen Gebieten mit Erfolg eingesetzt. Die Theorie und der Entwurf dieser Getriebe beruhen auf außerordentlich schwierigen mathematischen Beziehungen, deshalb war bis zur Einführung der programmierbaren Rechner die Geometrie, also die graphische Methode, die Domäne der Kinematik. Die Analyse- und Syntheseverfahren auf geometrischer Grundlage sind wegen der nichtlinearen Zusammenhänge schon nicht immer einfach zu lehren und zu begreifen, und deshalb wurden die ungleichmäßig übersetzenden Getriebe vielfach auch lediglich mit Hilfe der Empirie in Verbindung mit einem manchmal erstaunlichen Einfühlungsvermögen in Bewegungsvorgänge in ihren Abmessungen bestimmt, obwohl eine geometrische Synthese auf wissenschaftlichen Grundlagen zur Verfügung stand.

Die Einführung der programmierbaren Rechner mit den anfänglich komplizierten Verfahren zur Erstellung der Software veranlaßte die Experten der numerischen Verfahren zur Suche nach Algorithmen für den Aufbau und für die Wirkungsweise der Getriebe, die wegen ihres algebraischen Aufbaues keine Analogie zur Geometrie herstellen konnte. Damit entstanden Verständigungsschwierigkeiten zwischen den Computer-Fachleuten und den Abnehmern ihrer Arbeiten, den Konstrukteuren im Entwicklungsbüro. Die wissenschaftlichen Veröffentlichungen in dieser Richtung sind vor allem in den Ländern, in denen den graphischen Methoden die Tradition in dem Ausmaße wie in Deutschland und einigen anderen Ländern fehlte, mit beachtlich hohem Niveau angewachsen. Es entstand die Auffassung, daß zwischen den numerischen Verfahren wegen ihrer allein möglichen Computer-Anwendung und den graphischen Verfahren mit der Begrenzung auf das Zeichenbrett ein scharfer Trennungsstrich gezogen werden muß. Gelegentlich kam allerdings auch zum Ausdruck, daß die Anschaulichkeit und Übersicht der graphischen Verfahren bei Benutzung numerischer Verfahren bedauerlicherweise verlorengeht.

In der Zwischenzeit wurde versucht, die Vorzüge beider Methoden mit Hilfe der „Zeichnungsfolge-Rechenmethode" zu vereinen, indem das Entstehen der Zeichnung mit den einfachen rechnerischen Methoden der analytischen Geometrie nachvollzogen wird. Es hat sich gezeigt, daß die Aufeinanderfolge vieler Einzelrechnung mit Speichern und Weiterverarbeiten der Zwischenwerte nicht bzw. in immer vernachlässigbarer Größenordnung die Genauigkeit beeinflußt. Die Zeichnungsfolge-Rechenmethode hat den großen Vorzug der in hohem Maße vereinfachten Programmierung. In jeder beliebigen Zwischenphase lassen sich die Rechenergebnisse durch Nachmessen der Zeichnung mit guter Annäherung rasch nachprüfen. Die aufeinanderfolgenden Gleichungen sind in ihrem Aufbau im allgemeinen recht einfach. Es brauchen keine neuen Rechenverfahren entwickelt zu werden. Immerhin müssen aber, wie bei jedem anderen Verfahren auch, die kinematisch-geometrischen Grundgesetze berücksichtigt werden. Weil z.B. ein Kreis mit einer Geraden zwei Schnittpunkte hat, muß dem Rechner in irgend einer Form mitgeteilt werden, welcher der beiden Schnittpunkte zu verwenden ist. Und wenn es überhaupt keinen Schnittpunkt gibt, muß auch das vermeldet werden; und es muß auch verlangt und im Programm verankert werden können, wie der Rechner mit neuen Parametern weiter laufen muß, um zu solchen Schnittpunkten zu kommen.

Zusätzlich sollte man dem Rechner auch zumuten, seine Ergebnisse mit entsprechenden Kennzahlen zu bewerten, deren Aufstellung und deren Einsatz in systemgerechter Weise allerdings eine rein kinematische Frage bleibt.

Diese zusätzlichen Problemlösungen sind aber auf keinen Fall ein Kennzeichen der Zeichnungsfolge-Rechenmethode, sie müssen bei Verwendung anderer Algorithmen in der gleichen Weise angegangen werden, wofür man allerdings im Schrifttum bisher nur wenig Vermerke und Anwendungen finden konnte.

Bei Getriebeuntersuchungen werden nach der Strukturauswahl zwei Bearbeitungsschritte unterschieden: die Getriebe-Analyse zur Darstellung der Bewegungs- und Kräfteverhältnisse in Getrieben mit gegebenen Abmessungen und die Getriebe-Synthese als der Entwurf von Getrieben für gegebene praktische Bedingungen, d.h. die Bestimmung der Abmessungen.

In dem hier gesteckten Rahmen sollen zwei Hauptprobleme der Getriebe-Synthese behandelt werden. Im ersten Fall geht es darum, Gelenkvierecke zu berechnen, die eine vorgegebene Funktion der Winkelbewegungen eines im Gestell gelagerten Abtriebsgliedes in Abhängigkeit von den Winkelbewegungen eines ebenfalls im Gestell gelagerten Antriebsgliedes mit möglichst hoher Genauigkeit erfüllen. Es handelt sich um das Problem der Winkelzuordnungen.

Für das zweite Problem ist eine geschlossene ebene Kurve oder auch nur ein Teilbereich einer solchen Kurve vorgeschrieben, und es sind Gelenkvierecke zu konstruieren, von denen ein Koppelpunkt diese Kurve möglichst genau durchläuft.

Zum besseren Verständnis und zur Herausstellung der Bedeutung dieser beiden Grundaufgaben der Getriebe-Synthese sind in jedem Falle weit gestreute praktische Beispiele beigefügt worden, deren Zahl sich beliebig erhöhen läßt. Darüber hinaus soll aber ein neuer Weg beschritten werden, indem die Programme so umfassend auszulegen sind, daß nicht nur eine Lösung oder deren mehrere in einem engen Bereich erarbeitet werden, sondern es soll das gesamte überhaupt mögliche Lösungsfeld abgetastet werden, selbstverständlich mit im einzelnen festlegbaren Grenzen, außerhalb derer eine Lösung nicht mehr interessiert. Damit eröffnen sich Möglichkeiten zum vollautomatischen Getriebe-Entwurf mit dem Ziel, nicht nur eine oder mehrere zufällige Lösungen erarbeitet zu haben, sondern das jeweils optimale Getriebe zu finden. Falls bei einer solchen automatischen Rechnung aber überhaupt keine Lösung zustande kommt, so braucht die Ursache weder in einem mangelhaften Programm noch im Rechner zu liegen, es wird lediglich angezeigt, daß es für eine solche zahlenmäßig festgelegte Aufgabenstellung überhaupt keine Lösung geben kann. Und dies ist für den Konstrukteur eine außerordentlich wertvolle Information; denn dann muß er bzw. kann er Überlegungen anstellen, wie er die Aufgabenstellung zu ändern hat, wie er gegebenenfalls sogar mit Einschränkungen für ihn wichtige Teil-Funktionen rechnen muß, oder ob er zu einem höheren Aufwand, nämlich zu Getrieben mit höherer Gliederzahl übergehen muß.

Wenn also in Zukunft weitere derartige Programme aufgestellt werden, kann der Lösung eines alten Wunschtraumes der Getriebetechnik entgegengesehen werden, nämlich endlich die Grenzen der ungleichmäßig übersetzenden Getriebe in Abhängigkeit von ihrer Gliederzahl abstecken zu können, um so auch zu einem wirtschaftlichen Einsatz dieser Getriebe zu kommen. Für einige klar definierbare Problemstellungen sind solche Grenzen mit Computerhilfe sichtbar.

Für die beiden angegebenen Aufgaben soll im folgenden ein Weg versucht werden, möglichst breit gefächerten Ansprüchen gerecht zu werden. Zunächst werden sämtliche aufeinanderfolgende Gleichungen, die das Programm bilden, sowie auch alle erforderlichen Verzweigungen mit Unterprogrammen aufgeführt. Von besonderer Wichtigkeit ist, eigentlich für jede Programmier-Arbeit, das Vorführen von Zahlenbeispielen, damit der Erfolg in wichtigen Zwischenphasen nachgeprüft werden kann. Für zwei Rechner werden aber auch die rechnerspezifischen Forderungen z.T. getrennt voneinander behandelt. Es werden der programmierbare Kleinrechner HP-41C/CV und der Tischrechner HP-85 einander gegenübergestellt.

Der Rechner HP-41 arbeitet mit der erfolgreichen „Umgekehrten Polnischen Notation" (UPN). Seine Möglichkeiten sind breit gefächert, vor allem hinsichtlich der Steuerung von Programmschleifen für Iterationszwecke mit der Verwendung beliebig vieler Unterprogramme. Das „Stackregister" als automatischer Rechenregister-Stapel und eigens zugeordnete Tastenbefehle für Koordinaten-Transformationen tragen wesentlich zur Erleichterung und Verkürzung des Programmierens bei. Die Rechnerkapazität ist für die meisten bisher behandelten Getriebe-Aufgaben ausreichend. Bei Bedarf größeren Programm-Umfanges, wie im folgenden am zweiten Beispiel demonstriert, steht ein Massenspeicher mit etwa 50facher Erweiterung in einer einzigen Kassette zur Verfügung. Und dieser Speicher kann in das Programm so einbezogen werden, daß sämtliche unterschiedlichen Teilprogramme automatisch, also ohne manuelle Unterbrechung des selbsttätig ablaufenden Programmes, nach Belieben nacheinander abgerufen werden können. Hinzu kommt die Möglichkeit eines Plotter-Anschlusses zum Aufzeichnen von Diagrammen und Kurvenzügen.

Die HP-Tischrechner der Serie 80 (HP-83/85/86/87) sind leistungsfähige, dabei noch kostengünstige Personal-Computer (PC), die vorzugsweise in technisch-wissenschaftlichen Bereichen eingesetzt werden. Wegen ihrer reifen Schnittstellenstruktur werden sie besonders gerne zum Messen, Steuern und Regeln verwendet, weshalb der HP-85 auch als „kompakter Prozeß-Controller" bezeichnet wird – kompakt deshalb, weil in einem etwa schreibmaschinengroßen Gehäuse der komplette 8-Bit-μC mit bis zu 32 Kbyte Schreib-/Lesespeicher (RAM), eine ausgezeichnete Tastatur, ein Bildschirm und ein Kasettenrecorder zur digitalen Speicherung von 195 Kbyte vereinigt sind. Weitere Merkmale:

- Erweitertes BASIC mit hohem Komfort;
- für die 8-Bit-Klasse erstaunlich hohe Verarbeitungs- und Datenübertragungsgeschwindigkeit;
- ausreichende Rechengenauigkeit (12 Stellen);
- überdurchschnittliche Graphik-Möglichkeiten.

Für beide Rechnersysteme werden, wenn es die unterschiedliche Programmierung erfordert, auch parallel zueinander sämtliche Gleichungen, Verzweigungen und Nutzanwendungen, diese vergleichsweise mit denselben Ergebnissen zu Verfügung gestellt. Außerdem wurden für beide Rechner die vollständigen Programm-Ausdrucke mit zugehörigen Bedienungsanweisungen aufgenommen.

So dürfte es also möglich sein, auch jedem beliebigen anderen Rechner die Programme einzugeben. Deshalb werden die Programme auch nicht in allen Einzelheiten auf rechnerspezifische Eigenschaften abgestellt. Wenn z.B. die sign-x-Funktion nicht unmittelbar zur Verfügung steht, läßt sich diese leicht auch durch den $\frac{|x|}{x}$-Ausdruck ersetzen. Bei Verwendung der beiden bevorzugt benutzten Rechner können, ohne die Bestimmungsgleichungen im einzelnen studieren zu müssen, die Programme unmittelbar, den Programm-Ausdrucken folgend, eingegeben werden. Schließlich bleibt noch ein Angebot offen, Magnetkarten bzw. Magnetbandkassetten als sofort verwendbare Software zu übernehmen.

Die Winkelberechnung kann in wenigen Sonderfällen dazu führen, daß bei Winkeladditionen trotz richtiger absoluter Winkelwerte unterschiedliche Vorzeichen für s zustandekommen, weil die beiden hier verwendeten Rechner offenbar verschiedene trigonometrische Algorithmen verwenden. Für das korrekte Vorzeichen von s sind in allen Fällen Kontrollen durch die Berechnung und Ausgabe von ψ^* vorgesehen (vgl. z. B. Bild 3.3 in 3.1 und die Fußnote zu Gl. (3.25) in 3.3.4).

Zu den Programmen ist noch folgendes anzumerken: Alle hier vorgestellten Grundroutinen, Laufprogramme und Beispiele wurden auf einem HP-41 entwickelt. Um vergleichen zu können, wurden bei der Übertragung in BASIC-Programme die Zeilennummern so in der Form „ähnlich" festgelegt, daß z.B. zu *Label 20* (Kreis durch drei Punkte in 3.3.1) die *Startzeile 2000* des BASIC-Unterprogramms korrespondiert. Es wurde dabei in Kauf genommen, daß die Struktur der BASIC-Programme teilweise unbefriedigend ist.

Die BASIC-Programme in Kapitel 3 zur Berechnung von Gelenkvierecken für gegebene Winkelbewegungen sind weitgehend „1 : 1-Übertragungen" der HP-41-Programme. Die Ausführungen in Kapitel 4 (Getriebeentwurf zur Erzeugung gegebener Bahnkurven) wurden an vielen Stellen erweitert, um einige der Fähigkeiten vorzuführen, die Rechner der HP-80-Serie bieten. Wenn Speicherplatz knapp wird, können die großzügigen Kommentierungen, Erklärungen auf dem Bildschirm und Abfragen gestrichen werden, ohne die Substanz zu beeinträchtigen.

Die hier abgedruckten und diskutierten BASIC-Programme sind darum weder elegant, noch in irgendeiner Weise optimiert, was Programmlaufzeit und Speicherbedarf angeht. Sie sollen vor allem dazu motivieren, die Materie weiter zu bearbeiten und die Möglichkeiten zu nutzen, die durch moderne, preiswerte Kleincomputer am Arbeitsplatz zur Verfügung stehen.

2 Besonderheiten der verwendeten Kleinrechner und Bedienungshinweise

2.1 HP-41C/CV (Serie 40)

2.1.1 Koordinaten-Transformation mit nur positiven Winkeln

Koordinaten-Transformationen lassen sich im Rechner HP-41CV mit einfachen Tastendrücken außerordentlich einfach und problemlos mit Hilfe der PR- und RP-Tasten ausführen. Bei der Umwandlung von Rechtwinkel- in Polar-Koordinaten (RP-Taste) ergibt sich der „Polar-Winkel" im 3. und 4. Quadranten mit negativem Vorzeichen. Im allgemeinen kann dieses Vorzeichen für analytisch-geometrische Rechnungen mit beliebigem Vorzeichen eingesetzt werden, das Ergebnis wird dadurch in keiner Weise gefälscht. Dies ist z.B. bei der Berechnung des Schnittpunktes einer Geraden mit einer zweiten Geraden oder mit einem Kreis der Fall.

Es gibt aber auch Beispiele, wie in diesem Buch im zweiten Hauptprogramm dargestellt, bei denen man mit Winkelsummen und Winkeldifferenzen arbeitet und für die sämtliche Winkel positives Vorzeichen haben müssen. Dies kann man mit einem kleinen Zusatz erreichen. Wenn z.B. nach **Bild 2.1** die Rechtwinkel-Koordinaten x_A und y_A des Punktes A gegeben sind und die Polar-Koordinaten r_A und φ_A, letzterer unbedingt mit positivem Vorzeichen, berechnet werden sollen, empfiehlt sich folgender Ansatz (hier mit Label 01):

$$y_A \text{ ENTER } x_A : \text{RP} \rightarrow r_A \gtrless [\;] + \text{sign} \rightarrow \text{arc cos} \cdot 2 = \varphi_A \qquad (2.1)$$

$$R_{02} \text{ ENTER } R_{01} : \text{RP} \rightarrow R_{03} \gtrless [\;] + \text{sign} \rightarrow \text{arc cos} \cdot 2 = R_{04} \qquad (2.2)$$

Vom unmittelbar im Rechner bereitgestellten Winkelergebnis φ'_A wird also mit „sign" der Wert ± 1, davon mit arc cos 0° oder 180° bestimmt, mit 2 (auf 360°) multipliziert und damit die algebraische Summe mit dem Ursprungswinkel φ'_A gebildet. Ist dieser Ausdruck zwischen 0° und 180°, so ist der Zusatz 0°, bei der Lage zwischen − 180° und − 0° ist der Zusatz 360°. Es ist von besonderem Vorteil, daß diese Rechnung ohne eine IF-Schranke, also ohne besondere Verzweigung möglich ist.

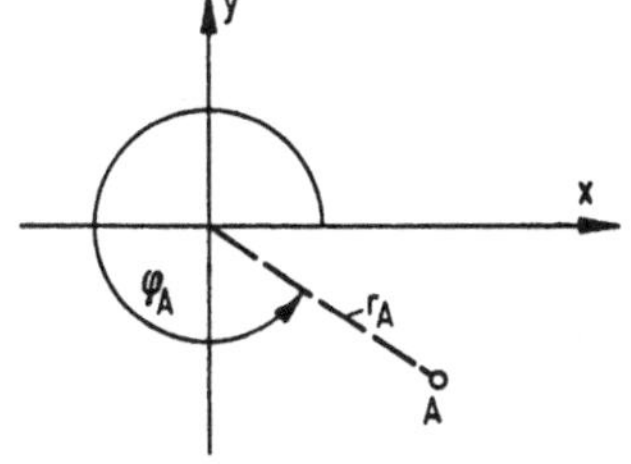

Bild 2.1
Umrechnung der Koordinaten x_A und y_A des Punktes A in dessen Polarkoordinaten r_A und φ_A, letztere aber immer mit positivem Vorzeichen (HP-41C)

Tabelle 2.1
Rechen-Unterprogramm für Koordinaten-Transformation nach Bild 2.1

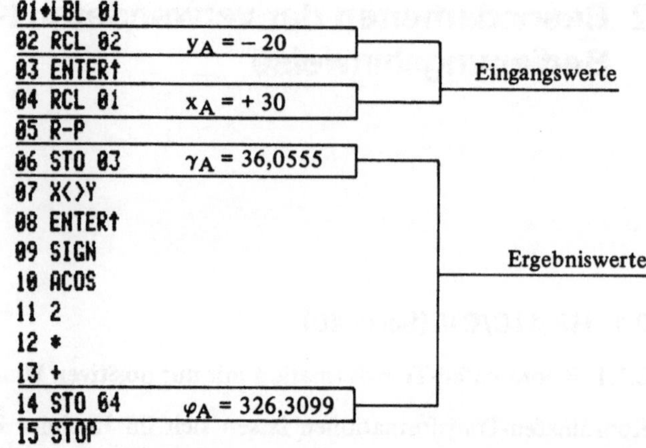

```
01♦LBL 01
02 RCL 02        yA = – 20
03 ENTER↑
04 RCL 01        xA = + 30
05 R-P
06 STO 03        γA = 36,0555
07 X<>Y
08 ENTER↑
09 SIGN
10 ACOS
11 2
12 *
13 +
14 STO 04        φA = 326,3099
15 STOP
```


Tabelle 2.1 zeigt den Programm-Ausdruck dieses Ansatzes. Hierzu ist zu bemerken, daß der Schritt „ENTER" der Programmzeile 03 wegfallen kann, wenn y_A in Speicher-Registerform verwendet wird, bei einem Zahlenwert ist „ENTER" aber notwendig! In Tabelle 2.1, (und in allen folgenden Beispiel-Tabellen) sind Beispiel- und Ergebniswerte zum besseren Verständnis mit Zahlenangaben angegeben.

2.1.2 Drehung eines Punktes um gegebenen zweiten Punkt

Bild 2.2 zeigt ein im Getriebebereich oft zu lösendes Problem. Die Koordinaten x, y eines Punktes A sowie x_0, y_0 eines Punktes A_0 sind gegeben. Punkt A soll um A_0 und um den Winkel ψ verdreht werden, und die Koordinaten x', y' der neuen Lage A' von A sind zu berechnen.

Hier können die Befehle RP und PR mit Erfolg eingesetzt werden. Mit Label 02 ergeben sich:

$$(y - y_0)\ \text{ENTER}\ (x - x_0):\ \text{RP} \rightarrow r_0 \gtrless \varphi_0 \tag{2.3}$$

$$(R_{02} - R_{06})\ \text{ENTER}\ (R_{01} - R_{05}):\ \text{RP} \rightarrow [\ ] \lessgtr [\ ] \tag{2.4}$$

$$(\varphi_0 + \psi) \gtrless \text{PR} \rightarrow + x_0 = x' \gtrless + y_0 = y' \tag{2.5}$$

$$([\ ] + R_{07}) \gtrless \text{PR} \rightarrow + R_{05} = R_{08} \gtrless + R_{06} = R_{09} \tag{2.6}$$

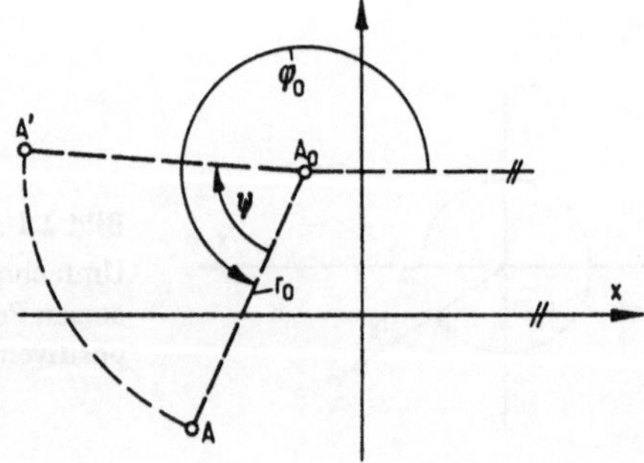

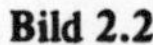

Bild 2.2
Drehung eines Punktes A mit gegebenen Koordinaten x_A und y_A um einen Punkt A_0 mit gegebenen Koordinaten x_{A0} und y_{A0} und um einen gegebenen Winkel ψ. Bestimmung der Koordinaten $x_{A'}$ und $y_{A'}$ der neuen Punktlage A' (HP-41CV)

Tabelle 2.2 Rechen-Unterprogramm für die Koordinaten-Berechnung der Lage A′ des Punktes A nach seiner Drehung um einen gegebenen Punkt A_0 und um einen gegebenen Winkel ψ nach Bild 2.2

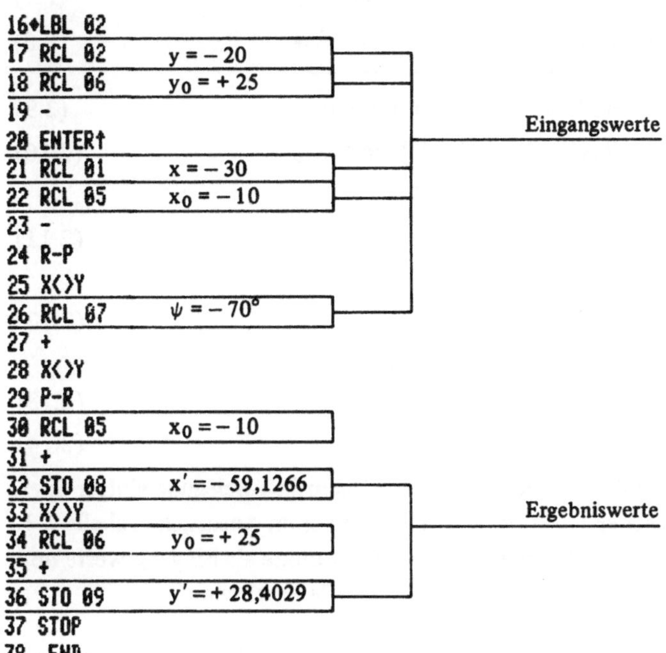

```
16♦LBL 02
17 RCL 02      y = − 20
18 RCL 06      y0 = + 25
19 -
20 ENTER↑
21 RCL 01      x = − 30
22 RCL 05      x0 = − 10
23 -
24 R-P
25 X<>Y
26 RCL 07      ψ = − 70°
27 +
28 X<>Y
29 P-R
30 RCL 05      x0 = − 10
31 +
32 STO 08      x′ = − 59,1266
33 X<>Y
34 RCL 06      y0 = + 25
35 +
36 STO 09      y′ = + 28,4029
37 STOP
38 .END.
```


Das zugehörige Programm ist in **Tabelle 2.2** ausgedruckt. Es ist ersichtlich, daß die Zwischenwerte r_0 und φ_0 automatisch gespeichert und wieder abgerufen werden. Die eingesetzten Zahlenwerte können zur Erläuterung und zur Erleichterung bei der Programm-Gestaltung dienen.

2.1.3 Schnittpunkt von zwei Geraden

Nach **Bild 2.3** ist folgende Aufgabe zu lösen: Eine Gerade ist mit den Koordinaten der Punkte A_1 und A_2 und eine zweite Gerade mit den Koordinaten der Punkte B_1 und B_2 gegeben, die Koordinaten des Schnittpunktes S der beiden Geraden sind zu berechnen.

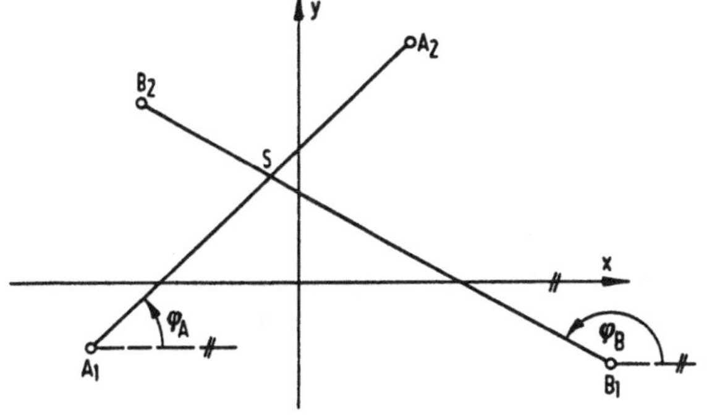

Bild 2.3
Bestimmung des Schnittpunktes S von zwei Geraden, die durch die Koordinaten je zweier Punkte A_1 und A_2, sowie B_1 und B_2 gegeben sind (HP-41CV)

Als Zwischenaufgabe sind die Steigungen φ_A und φ_B der beiden Geraden beliebig in einem ihrer beiden Punkte zu bestimmen. Mit Label 03 ergibt sich:

$$(y_{A2} - y_{A1})\ \text{ENTER}\ (x_{A2} - x_{A1}) : \text{RP} \rightarrow [\ ] \gtrless \varphi_A\ \tan = m_A \tag{2.7}$$

$$(R_{13} - R_{11})\ \text{ENTER}\ (R_{12} - R_{10}) : \text{RP} \rightarrow [\ ] \gtrless [\ ]\ \tan = R_{18} \tag{2.8}$$

$$(y_{B2} - y_{B1})\ \text{ENTER}\ (x_{B2} - x_{B1}) : \text{RP} \rightarrow [\ ] \gtrless \varphi_B\ \tan = m_B \tag{2.9}$$

$$(R_{17} - R_{15})\ \text{ENTER}\ (R_{16} - R_{14}) : \text{RP} \rightarrow [\ ] \gtrless [\ ]\ \tan = R_{19} \tag{2.10}$$

$$\frac{m_A \cdot x_{A1} - m_B \cdot x_{B1} + y_{B1} - y_{A1}}{m_A - m_B} = x_S \tag{2.11}$$

$$\frac{R_{18} \cdot R_{10} - R_{19} \cdot R_{14} + R_{15} - R_{11}}{R_{18} - R_{19}} = R_{19} \tag{2.12}$$

$$m_A \cdot (x_S - x_{A1}) + y_{A1} = y_S \tag{2.13}$$

$$R_{18}(R_{19} - R_{10}) + R_{11} = R_{18} \tag{2.14}$$

Bei solchen Programmen empfiehlt sich nacheinander die Mehrfach-Belegung einiger Speicher-Register, wie hier der Speicher R_{18} und R_{19}. Der Programm-Ausdruck, **Tabelle 2.3**, läßt mit Zahlenbeispielen die 8 Koordinaten der A- und B-Punkte als Eingangswerte und die Koordinaten x_S, y_S des Schnittpunktes S als Ergebniswerte erkennen.

2.1.4 Schnittpunkt von zwei Geraden bei gegebenen Steigungswinkeln

Die Koordinaten des Schnittpunktes zweier Geraden lassen sich einfach bestimmen, wenn (**Bild 2.4**) die Steigungswinkel φ und ψ sowie der Abstand d der Abszissen-Schnittpunkte der beiden Geraden bekannt sind. Die Koordinaten des Schnittpunktes P können mit folgenden einfachen Beziehungen (Label 04) berechnet werden:

$$\frac{d}{\frac{1}{\tan \varphi} - \frac{1}{\tan \psi}} = y_P \tag{2.15}$$

$$\frac{R_{20}}{\frac{1}{\tan R_{21}} - \frac{1}{\tan R_{22}}} = R_{24} \tag{2.16}$$

$$\frac{y_P}{\tan \varphi} = x_P \tag{2.17}$$

$$\frac{[\ ]}{\tan R_{21}} = R_{23} \tag{2.18}$$

Der Programm-Ausdruck, **Tabelle 2.4**, läßt erkennen, in welch hohem Maße hier die Stack-Register des UPN-Verfahrens zur Verkürzung des Programmes beitragen.

Tabelle 2.3 Rechen-Unterprogramm für die Koordinaten-Berechnung des Schnittpunktes S von zwei Geraden, die durch je zwei Punkte A_1 und A_2, sowie B_1 und B_2 bestimmt sind, nach Bild 2.3

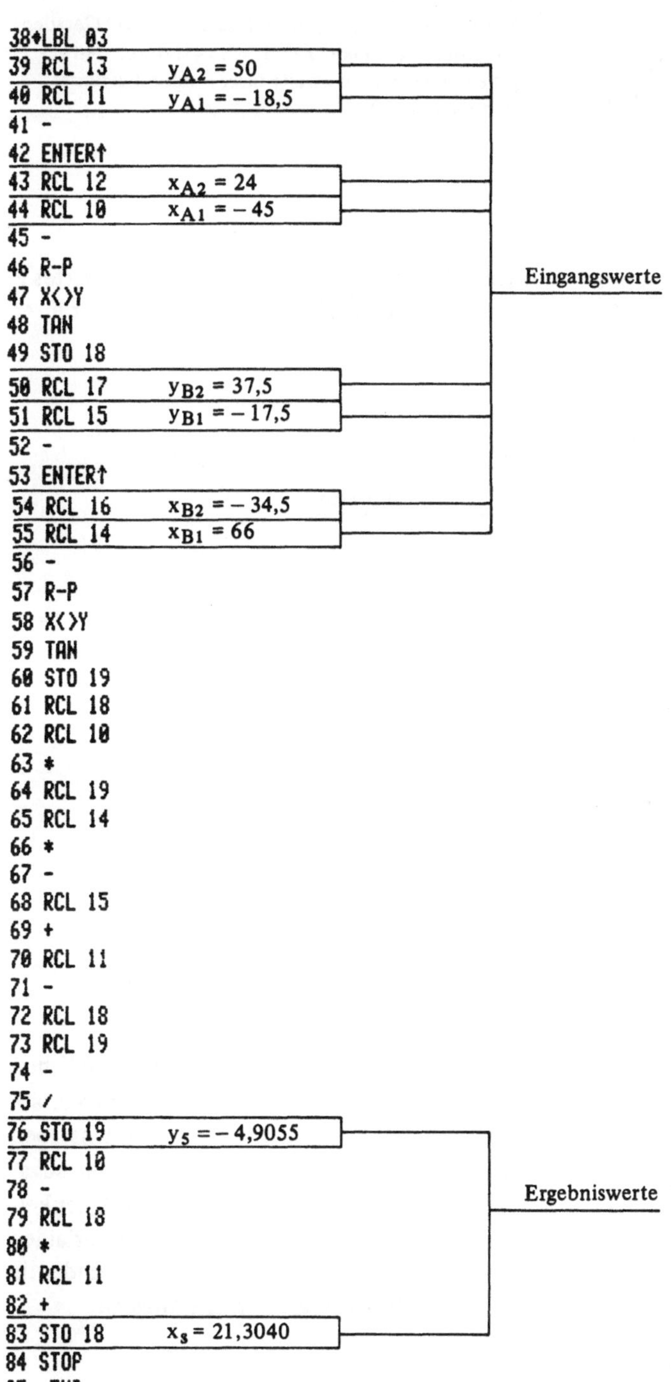

```
38♦LBL 03
39 RCL 13      yA2 = 50
40 RCL 11      yA1 = -18,5
41 -
42 ENTER↑
43 RCL 12      xA2 = 24
44 RCL 10      xA1 = -45
45 -
46 R-P
47 X<>Y
48 TAN
49 STO 18
50 RCL 17      yB2 = 37,5
51 RCL 15      yB1 = -17,5
52 -
53 ENTER↑
54 RCL 16      xB2 = -34,5
55 RCL 14      xB1 = 66
56 -
57 R-P
58 X<>Y
59 TAN
60 STO 19
61 RCL 18
62 RCL 10
63 *
64 RCL 19
65 RCL 14
66 *
67 -
68 RCL 15
69 +
70 RCL 11
71 -
72 RCL 18
73 RCL 19
74 -
75 /
76 STO 19      ys = -4,9055
77 RCL 10
78 -
79 RCL 18
80 *
81 RCL 11
82 +
83 STO 18      xs = 21,3040
84 STOP
85 .END.
```

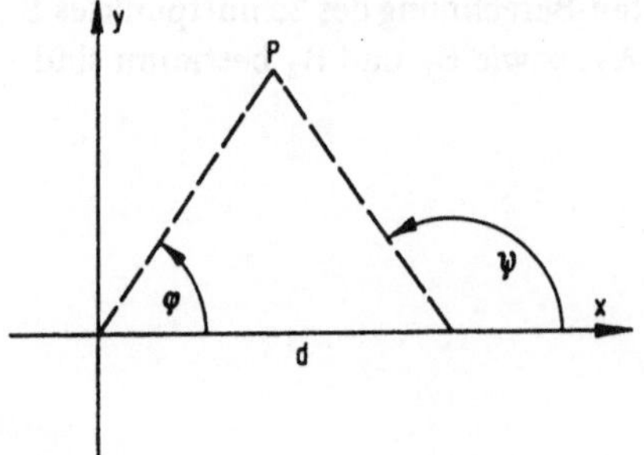

Bild 2.4
Bestimmung des Schnittpunktes P von zwei Geraden, die durch die Winkel φ und ψ, sowie durch den gegebenen Abstand d zweier ihrer Punkte bestimmt sind (HP-41CV)

Tabelle 2.4 Rechen-Unterprogramm für die Koordinaten-Berechnung des Schnittpunktes P von zwei Geraden, die durch die Winkel φ und ψ, sowie durch den Abstand d zweier ihrer Punkte gegeben sind, nach Bild 2.4

```
85♦LBL 04
86 RCL 20        d = 60          ┐
87 RCL 21        φ = 55°         │ Eingangswerte
88 TAN                           │
89 1/X                           │
90 RCL 22        ψ = 125°        ┘
91 TAN
92 1/X
93 -
94 /
95 STO 24        yP = 42,8444    ┐
96 RCL 21                        │ Ergebniswerte
97 TAN                           │
98 /                             │
99 STO 23        xP = 30         ┘
100 STOP
101 .END.
```

2.2 HP-85 und andere (Serie 80)

2.2.1 Koordinaten-Transformation

Die 80er Tischcomputer werden in BASIC programmiert, d.h. es stehen die üblichen mathematischen Funktionen zur Verfügung, Zahlenwerte und Ergebnisse müssen Variablen zugewiesen werden. Die Variablennamen beim HP-85 können aus einem Buchstaben oder aus einem Buchstaben gefolgt von einer Ziffer bestehen. Beim HP-86 können sogar Langnamen aus bis zu 31 Zeichen verwendet werden. Wir benutzen diese Möglichkeit jedoch nicht, damit alle Programme auf allen 80er Rechnern lauffähig sind. Die Variablen sind in jedem Fall „global", d.h. sie gelten für ein ganzes Programm und müssen eindeutig sein. Darum ist eine Mehrfachbenutzung wie die der HP-41-Register nicht möglich.

Umwandlungsfunktionen wie RP und PR (vgl. 2.1.1) gibt es in BASIC nicht. Zur Transformation von Rechtwinkel- in Polar-Koordinaten steht aber die Anweisung ATN2(Y, X) zur Verfügung. Die in 2.1.1 für den HP-41 nach Bild 2.1 aufgestellten Gleichungen (2.1) und (2.2) können für den HP-85 wie folgt geschrieben werden:

$$r_A = \sqrt{y_A^2 + x_A^2} \quad \rightarrow \quad R = SQR(Y \uparrow 2 + X \uparrow 2) \tag{2.19}$$

$$\text{Winkel } \varphi'_A \quad \rightarrow \quad W = ATN2(Y, X) \tag{2.20}$$

$$\varphi_A = w + \arccos(\text{sign}(w)) \cdot 2 \rightarrow F = W + ACS(SGN(W)) * 2 \tag{2.21}$$

Es ist hier nebeneinander gestellt, wie beispielsweise die mathematischen Größen im BASIC-Programm benannt werden können. Für die Programme in diesem Buch sind in Tabellenform Variablennamen-Referenzlisten angegeben.

Mit dem Term ACS(SGN(W)) * 2 in Gl. (2.21) wird zu W entweder 0 oder 360 addiert, abhängig vom Vorzeichen von W. Dadurch wird der Polarwinkel φ_0 (F0) in jedem Fall positiv.

Tabelle 2.5 zeigt die zugehörigen Programmschritte, die Dateneingabe und Ergebnisse r(A) = r_A und Phi(A) = φ_A (vgl. auch Tabelle 2.1).

Zwei Besonderheiten sollen noch herausgestellt werden:

a) Für die Ergebnisausgaben mit DISP USING wurde in Zeile 15 das Ausgabeformat mit IMAGE festgelegt. Es bedeutet
   8A – 8 Textzeichenstellen (Alphastellen)
   M – Minuszeichen oder Leerstelle
   3D – Platz für 3 Dezimalstellen vor dem Komma (bzw. Dezimalpunkt)
   .4D – 4 Nachkommastellen, gerundet
   Mit DISP USING 15 wird dieses Ausgabeformat aufgerufen.
b) Beim HP-85 ist für trigonometrische Berechnungen das Bogenmaß die Grundeinstellung (RAD). Sollen Argumente als Winkel eingegeben werden, muß mit DEG darauf umgeschaltet werden (Zeile 35).

Tabelle 2.5 Beispiel zur Koordinaten-Transformation (HP-85)

```
10 ! BEISPIEL 1
15 IMAGE 8A,M3D.4D
20 DISP "y(A)";@ BEEP @ INPUT Y
30 DISP "x(A)";@ BEEP @ INPUT X
35 DEG
40 R=SQR(Y^2+X^2)
50 W=ATN2(Y,X)
60 F=W+ACS(SGN(W))*2
70 DISP USING 15 ; "r(A)    =";R
80 DISP USING 15 ; "Phi(A) =";F
90 PAUSE
95 ! -------------------------
```

Bildschirmausgaben

```
y(A)?
-20
x(A)?
30
r(A)    =   36.0555
Phi(A)  =  326.3099
```

2.2.2 Drehung eines Punktes um gegebenen zweiten Punkt

Wieder ausgehend von den für den HP-41 anhand von Bild 2.2 in 2.1.2 angestellten Überlegungen formulieren wir die Gleichungen (2.3) und (2.5) für den HP-85 wie folgt:

$$r_0 = \sqrt{(y-y_0)^2 + (x-x_0)^2} \quad \rightarrow \quad \mathrm{R0 = SQR((Y-Y0)\uparrow 2 + (X-X0)\uparrow 2)} \tag{2.22}$$

$$\varphi_0 = \operatorname{arc\,cos} \frac{|x-x_0|}{x-x_0} + \operatorname{arc\,tan} \frac{y-y_0}{x-x_0} \quad \rightarrow \quad \mathrm{W = ATN2(Y-Y0,\, X-X0)} \tag{2.23}$$

$$\mathrm{F0 = W + ACS(SGN(W)) * 2}$$

$$x' = r_0 \cdot \cos(\varphi_0 + \psi) + x_0 \qquad \mathrm{X1 = R0 * COS(F0+P) + X0} \tag{2.24}$$

$$y' = r_0 \cdot \sin(\varphi_0 + \psi) + y_0 \qquad \mathrm{Y1 = R0 * SIN(F0+P) + Y0} \tag{2.25}$$

Wenn der Radius r_0 benötigt wird, ist er wie in Gl. (2.22) gezeigt zu berechnen. Für φ_0 läßt sich wieder die ATN2-Anweisung verwenden. Das Vorzeichen wird wie in 2.2.1 (Gl. (2.21)) berücksichtigt. x' und y' sind direkt aus den Winkelfunktionen ermittelt. In Tabelle 2.6 sind alle zugehörigen Programminformationen zu finden.

Tabelle 2.6 Beispiel zur Drehung eines Punktes um gegebenen zweiten Punkt (HP-85)

```
100 ! BEISPIEL 2
110 DISP "y ";@ BEEP @ INPUT Y
120 DISP "y(0) ";@ BEEP @ INPUT
    Y0
130 DISP "x ";@ BEEP @ INPUT X
140 DISP "x(0) ";@ BEEP @ INPUT
    X0
150 DISP "Psi ";@ BEEP @ INPUT P
155 R0=SQR((Y-Y0)^2+(X-X0)^2)
160 W=ATN2(Y-Y0,X-X0)
165 F0=W+ACS(SGN(W))*2
170 X1=R0*COS(F0+P)+X0
180 Y1=R0*SIN(F0+P)+Y0
190 DISP USING 15 ; " x' = ";X1
200 DISP USING 15 ; " y' = ";Y1
210 PAUSE
```

Bildschirmausgaben

```
y ?
-20
y(0) ?
25
x ?
-30
x(0) ?
-10
Psi ?
-70
 x' =        -59.1266
 y' =         28.4029
```

2.2.3 Schnittpunkt von zwei Geraden

Die Referenz hierfür ist Abschn. 2.1.3 mit Bild 2.3 und den Gleichungen (2.7) bis (2.14). Die Richtungstangenten programmieren wir wie folgt:

$$m_A \rightarrow \mathrm{A = TAN(ATN2(Y2-Y1, X2-X1)} \tag{2.26}$$

$$m_B \rightarrow \mathrm{B = TAN(ATN2(Y4-Y3, X4-X_3)} \tag{2.27}$$

Damit folgen dann die Koordinaten für den Schnittpunkt S:

$$x_s \rightarrow \mathrm{X = (A*X1 - B*X3 + Y3 - Y1)/(A-B)} \tag{2.28}$$

$$y_s \rightarrow \mathrm{Y = A*(X-X1) + Y1} \tag{2.29}$$

Tabelle 2.7 Beispiel für Schnittpunkt von zwei Geraden (HP-85)

```
300 ! BEISPIEL 3
310 DISP "y(A2) = ";@ BEEP @ INP
    UT Y2
320 DISP "y(A1) = ";@ BEEP @ INP
    UT Y1
330 DISP "x(A2) = ";@ BEEP @ INP
    UT X2
340 DISP "x(A1) = ";@ BEEP @ INP
    UT X1
350 DISP "y(B2) = ";@ BEEP @ INP
    UT Y4
360 DISP "y(B1) = ";@ BEEP @ INP
    UT Y3
370 DISP "x(B2) = ";@ BEEP @ INP
    UT X4
380 DISP "x(B1) = ";@ BEEP @ INP
    UT X3
390 A=TAN(ATN2(Y2-Y1,X2-X1))
400 B=TAN(ATN2(Y4-Y3,X4-X3))
410 X=(A*X1-B*X3+Y3-Y1)/(A-B)
420 Y=A*(X-X1)+Y1
430 DISP USING 15 ; "x(S) = ";X
440 DISP USING 15 ; "y(S) = ";Y
450 PAUSE
```

Bildschirmausgaben

```
y(A2) = ?
50
y(A1) = ?
-18.5
x(A2) = ?
24
x(A1) = ?
-45
y(B2) = ?
37.5
y(B1) = ?
-17.5
x(B2) = ?
-34.5
x(B1) = ?
66
x(S) =       -4.9055
y(S) =       21.3040
```

Die Bedeutung der hier eingeführten Rechner-Variablennamen wird leicht durch Vergleich mit Abschn. 2.1.3 klar. Die Anfertigung von Referenzlisten ist unbedingt erforderlich, weil schon nach kurzer Zeit kaum noch erkannt wird, daß $x_{A1} \triangleq X1$ und $x_{B1} \triangleq X3$ gilt. **Tabelle** 2.7 zeigt das kleine Programm, Werteeingaben und Ergebnisse (vgl. Tabelle 2.3).

2.2.4 Schnittpunkt von zwei Geraden bei gegebenen Steigungswinkeln

Entsprechend Bild 2.4 und Gl. (2.15) bis Gl. (2.18) in Abschn. 2.1.4 schreiben wir für den HP-85:

$$y_P \rightarrow Y = D/((1/TAN(F)) - (1/TAN(P))) \tag{2.30}$$

$$x_P \rightarrow X = Y/TAN(F) \tag{2.31}$$

Die Ergebnisse in **Tabelle** 2.8 stimmen natürlich mit den in Tabelle 2.4 vorgestellten überein.

Tabelle 2.8 Beispiel für Schnittpunkt von zwei Geraden bei gegebenen Steigungswinkeln (HP-85)

```
500 ! BEISPIEL 4
510 DISP "d ";@ BEEP @ INPUT D
520 DISP "Phi";@ BEEP @ INPUT F
530 DISP "Psi";@ BEEP @ INPUT P
540 Y=D/(1/TAN(F)-1/TAN(P))
550 X=Y/TAN(F)
560 DISP USING 15 ; "y(P) = ";Y
570 DISP USING 15 ; "x(P) = ";X
580 END
```

Bildschirmausgaben

```
d ?
60
Phi?
55
Psi?
125
y(P) =       42.8444
x(P) =       30.0000
```

3 Berechnung von Gelenkvierecken für gegebene Winkelbewegungen

3.1 Aufgabenstellung

Das Gelenkviereck als einfachstes Gelenkgetriebe ist in der Lage, gegebene Relativ-Winkelbewegungen der beiden im Gestell gelagerten Glieder mit strukturbedingten Einschränkungen zu erzeugen. Es kann somit z.B. zur mechanischen Darstellung mathematischer Funktionen oder auch von Bewegungszuordnungen, die empirisch oder aus Meßstreifen von Meßreihen gewonnen wurden, eingesetzt werden.

Aus der Getriebetheorie ist bekannt [1], daß bei der Vorgabe von je drei Winkeln am An- und Abtriebsglied unendlich viele Gelenkvierecke gefunden werden können, deren geometrische Örter durch die Kreis- und Mittelpunktkurve bestimmt sind. Für die Vierwinkel-Zuordnung gibt es nur vier Schnittpunkte zweier Kreispunktkurven, die sogenannten Burmesterschen Punkte, für die es allerdings im allgemeinen keine auch zusätzliche Bedingungen erfüllende Lösungen gibt.

Wenn der Funktionsverlauf innerhalb gegebener Grenzen bekannt ist, kann man sich also vier „Genaupunkte“ (die drei Winkel einschließen) vorgeben und aus der unendlich großen Zahl der hierfür gültigen Gelenkvierecke dasjenige heraussuchen, das zusätzliche Bedingungen am besten zu erfüllen vermag, z.B. solche nach günstigster Bewegungsübertragung oder geringem Platzbedarf hinsichtlich der Relativ-Längenverhältnisse der vier Getriebeglieder. Hierbei gibt es noch Freizügigkeiten in der Wahl der vier Genaupunkte, vor allem aber auch in der Wahl des Bewegungsmaßstabes sowohl am Antriebs- als auch am Abtriebsglied.

Man kann aber auch im Verlauf der gegebenen Funktion eine größere Zahl von „Annäherungspunkten“ vorgeben und mit geeigneten Methoden versuchen, die „Stützpunkte“ möglichst genau anzunähern. Eine zusätzliche Schwierigkeit besteht dann allerdings in der Forderung, die Abweichungen von allen Stützpunkten möglichst klein und möglichst gleich groß zu halten [2].

Im folgenden soll nun ein Zwischenweg beschritten werden, indem 5 vorgegebene Punkte im Funktionsdiagramm zu je zwei Gruppen mit drei Punkten zusammengefaßt, für diese beiden Gruppen getrennt voneinander die nun möglichen genauen Berechnungen durchgeführt werden, um dann zwischen zwei Kreismittelpunkten das beste Mittel zu finden, wobei durch Abtasten eines großen, allumfassenden Lösungsfeldes die kleinste Kreismittelpunkt-Entfernung zu bestimmen ist.

Wenn es für die durch die Eingangswerte definierte Aufgabe eine oder mehrere Fünf-Genaupunkt-Lösungen, also Vierwinkel-Zuordnungen gibt, dann werden sie auch gefunden! Wenn es aber überhaupt kein Gelenkviereck als Lösung geben kann, so muß auch dies durch Ausdrucken von Fehlmeldungen kenntlich gemacht werden.

Die zusätzliche und für den zeitarmen Konstrukteur besonders wichtige Forderung soll aber darin bestehen, ein Rechnerprogramm nicht nur zur Bewältigung der reinen Rechnungen, sondern zum Fällen von programmierten Entscheidungen aufzustellen. Bei der Besprechung des Programms soll im einzelnen auf die sich bietenden Möglichkeiten eingegangen werden.

Im **Bild 3.1** ist die Aufgabenstellung kenntlich gemacht. Es sind die vier Winkel φ_{12}, φ_{13}, φ_{14}, φ_{15} vorgeschrieben, und diesen sollen die vier Winkel ψ_{12}, ψ_{13}, ψ_{14}, ψ_{15} zugeordnet werden, d.h. es ist ein Gelenkviereck zu berechnen, dessen im Gestellpunkt A_0 gelagertes (Antriebs-) Glied ein im zweiten Gestellpunkt B_0 gelagertes (Abtriebs-) Glied zwangsläufig so bewegt, daß diese vorgeschriebene Winkelzuordnung möglichst genau erfüllt werden kann. Es soll dabei vollkommen gleichgültig sein, welchen Winkel die Anfangslage A_0A_1 des Gliedes a mit dem Gestell $A_0B_0 = d$ einschließt. Deshalb besteht die Aufgabe nicht in der Erfüllung von Fünf-Lagenzuordnungen, sondern von Vierwinkel-Zuordnungen. Der Winkel φ^* dient lediglich als Kennwert für den augenblicklich untersuchten Ausschnitt des Gesamt-Lösungsfeldes von $\varphi^* = 0°$ bis $\varphi^* = 360°$. Als Grundbedingung muß gelten, daß die 5 die gegebenen Winkel einschließenden Lagen im Getriebe-Zwanglauf überhaupt erreicht werden.

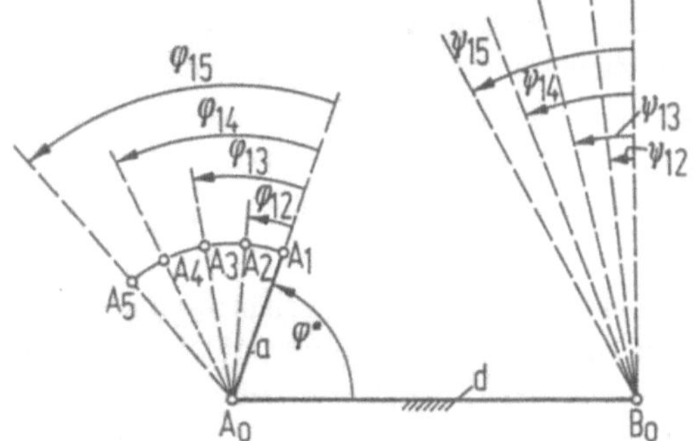

Bild 3.1
Geometrische Darstellung der Aufgabe für Vierwinkel-Zuordnungen

3.2 Die geometrischen Grundlagen für Vierwinkel-Zuordnungen

Die im folgenden beschriebene Konstruktion beruht auf der kinematischen Umkehrung, **Bild 3.2**, mit der Maßnahme, daß das Abtriebsglied mit seiner noch unbekannten Länge als feststehend angesehen und das Gesell d um B_0 mit den negativen gegebenen φ-Winkeln verdreht wird.

Nach Bild 3.2 läßt man die Ausgangslage (oder eine der 5 durch die φ-Winkel bestimmte) und damit den Gelenkpunkt A_1 als Bezugspunkt stehen und verdreht die Punkte A_2 bis A_5 (festgelegt nach Bild 3.1) um B_0 und um die negativen, gegebenen Winkel ψ_{12} bis ψ_{15}, womit sich Punktlagen A'_2 bis A'_5 ergeben. Durch drei Punkte ist immer ein und nur ein Kreis mit seinem Radius und seiner Mittelpunktlage eindeutig bestimmt. Deshalb berechnet man den ersten Kreis durch die drei Punkte A_1, A'_2, A'_3 mit seinem Mittelpunkt B_{123} und den zweiten Kreis durch die drei Punkte A_1, A'_4, A'_5 mit seinem Mittelpunkt B_{145}. Würden die beiden Kreismittelpunkte in einem Punkt zusammenfallen, wären also die

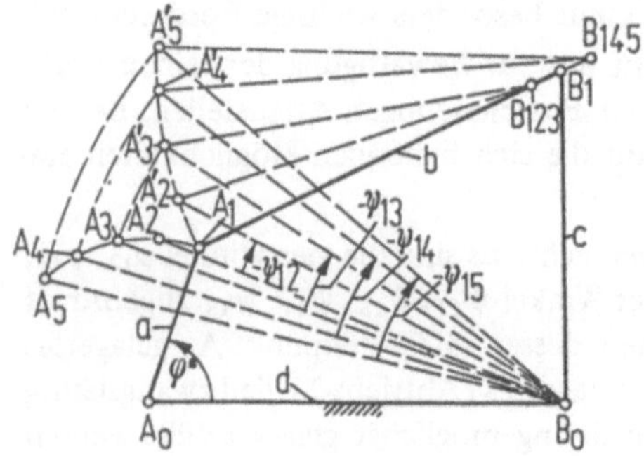

Bild 3.2
Geometrische Grundlagen für Rechenprogramm „Vierwinkelzuordnungen"

beiden Kreisradien gleich groß, so wäre die Lösung der Vierwinkel-Zuordnung exakt erreicht. Da dies aber im allgemeinen mit den beliebig angenommenen Anfangsbedingungen φ^* und a nicht zutreffen kann, soll versucht werden, die Entfernung $B = B_{123} B_{145}$ so gering wie möglich zu erhalten.

Im vorliegenden Rechenprogramm wird ein beliebiger Winkel φ^* angenommen und auf dem durch ihn festgelegten Strahl mit A_0 als Fußpunkt mit einer kleinsten Länge a die Berechnung nach Bild 3.2 begonnen und mit wachsendem a fortgesetzt. Dabei wird durch Iterationen auf diesem Strahl diejenige Länge a eingeengt, für die ein Minimalwert von B zustande kommt. Tritt ein Extremwert nicht ein, so wird nach Überschreiten einer vorgeschriebenen Grenzlänge a_{max} mit gegebenem Stufensprung $\Delta\varphi$ ein neuer Winkel φ^* für eine neue Berechnung zugrunde gelegt.

Für die Bestimmung der Gliedlängen b und c wird für den eingeengten Extremwert von B die arithmetische Mitte zwischen B_{123} und B_{124} benutzt.

Mit dem Festlegen der Hebellängen soll aber die Aufgabe für das Rechenprogramm noch nicht beendet sein. Bei Funktionsaufgaben wird sehr oft auch die Möglichkeit der Weiterbewegung des Gelenkvierecks über die gegebenen 5 Genaupunkte hinaus verlangt, und deshalb werden noch, **Bild 3.3**, die beiden nach Bedarf zu wählenden Kurbelwinkel φ_{16}

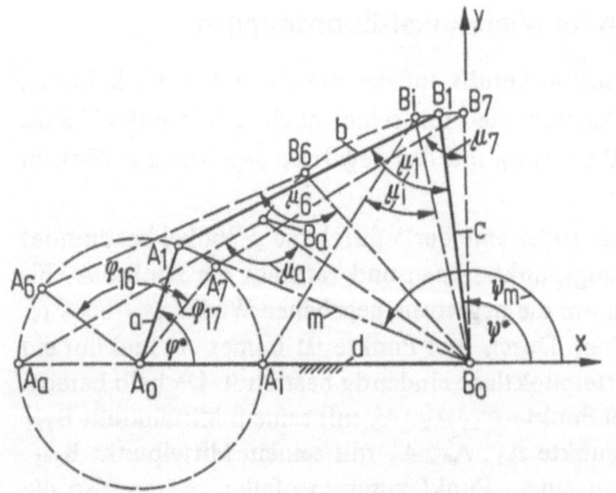

Bild 3.3
Rechengrundlagen für die Prüfung der Übertragungsgüte im Gelenkviereck mit Hilfe des Übertragungswinkels

und φ_{17} zur Berechnung der Übertragungsgüte, d.h. des Übertragungswinkels herangezogen. Dieser Winkel μ bietet mit gleichbleibendem Vorzeichen und mit genügend großem Abstand von 0° und 180° die Gewähr für eine Weiterbewegung mit nachprüfbarer Laufqualität. Der Übertragungswinkel μ wird bei der Bewegungseinleitung von a aus zwischen den Gliedern b und c gemessen.

Die Aufgabe kann noch weiter durch die Forderung nach der befriedigenden Umlauffähigkeit des Gesamtgetriebes verschärft werden, was bedeutet, daß der Übertragungswinkel während einer vollen Umdrehung der Kurbel a niemals zum Kleinstwert entartet. Die Extremwerte von μ treten in den Kurbel-Steglagen des Gelenkvierecks auf, wenn nämlich, Bild 3.3, die Kurbel a sich in ihren Lagen $A_0 A_i$ und $A_0 A_a$ innen und außen mit dem Gestell d deckt.

Das Rechenprogramm hat, um einen Einblick in die Lauffähigkeit des rechnenden Getriebes zu geben, einen Anhang für die Berechnung und für das Ausdrucken des Übertragungswinkels in den Getriebelagen, die die Kurbel in den Punkten A_1 bis A_7, sowie A_i und A_a einnimmt.

3.3 Berechnungsgrundlagen und Programmbeschreibung

3.3.1 Die wichtigen Unterprogramme

Im Bild 3.2 wurde gezeigt, daß eine wichtige Aufgabe in der Berechnung des Kreises durch drei Punkte besteht. Diese Berechnung wird im Gesamtprogramm wiederholt mit veränderlichen Eingangsgrößen als Unterprogramm (*Kreis durch drei Punkte*) aufgerufen (Label 20 bzw. Zeile 2000):

Eingangsgrößen: $x_1, y_1, x_2, y_2, x_3, y_3$

$$\frac{x_1 - x_2}{y_2 - y_1} = D \tag{3.1}$$

$$\frac{x_1 - x_3}{y_3 - y_1} = C \tag{3.2}$$

$$-D(x_2 + x_1) + y_2 + y_1 = A \tag{3.3}$$

$$\frac{A + C\cdot(x_3 + x_1) - y_3 - y_1}{2\cdot(C - D)} = a_k \tag{3.4}$$

$$a_k \cdot D + \frac{A}{2} = b_k \tag{3.5}$$

$$\sqrt{(b_k - y_1)^2 + (a_k - x_1)^2} = r_k \tag{3.6}$$

RETURN

85

Zeile 2000: Unterprogramm Kreis durch drei Punkte

Eingangsgrößen: $x_1, y_1, x_2, y_2, x_3, y_3$

(X (I), Y (I))

D → D0 = (X(1) − X(2))/(Y(2) − Y(1)) (3.1/85)

C → C0 = (X(1) − X(3))/(Y(3) − Y(1)) (3.2/85)

A → A0 = − D0 * (X(2) + X(1)) + Y(2) + Y(1) (3.3/85)

a_k → A9 = (A0 + C0 * (X(3) + X(1)) − Y(3) − Y(1))/(2 * (C0 − D0)) (3.4/85)

b_k → B9 = A9 * D0 + A0/2 (3.5/85)

r_k → R9 = SQR((B9 − Y(1)) ↑ 2 + (A9 − X(1)) ↑ 2) (3.6/85)

Die Ergebnisgrößen sind die Kreismittelpunkt-Koordinaten $a_k (x_k)$, $b_k (y_k)$ und der Radius r_k. Die xy-Kreiskoordinaten sind zweimal den Punkten A_1, A'_2 bis A'_5, wie bereits beschrieben, zuzuordnen. In einem besonderen Unterprogramm werden nach den Bildern 3.1 und 3.2 die Koordinanten der Punkte A_1, A'_2 bis A'_5 berechnet.

Für alle folgenden Rechnungen wird ein Koordinatensystem mit dem Ursprung B_0 und der Gestellgeraden d als Abszisse zugrunde gelegt. Dann ergeben sich für jeden einzelnen A′-Punkt die Koordinaten nach folgendem Gleichungssystem mit den Eingangswerten φ^*, φ_{1i}, ψ_{1i}, a:

Berechnung der A′-Koordinaten

$$a \cdot \cos(\varphi^* + \varphi_{1i}) - d = x_{Ai} \quad (3.7)$$

$$a \cdot \sin(\varphi^* + \varphi_{1i}) = y_{Ai} \quad (3.8)$$

$$\sqrt{x_{Ai}^2 + y_{Ai}^2} = f \quad (3.9)$$

$$\text{arc cos} \frac{|x_{Ai}|}{x_{Ai}} + \text{arc tan} \frac{y_{Ai}}{x_{Ai}} = \gamma \quad (3.10)$$

$$f \cdot \cos(\gamma - \psi_{1i}) = x'_{Ai} \quad (3.11)$$

$$f \cdot \sin(\gamma - \psi_{1i}) = y'_{Ai} \quad (3.12)$$

41

Für den Rechner HP-41C/CV können diese Koordinaten-Transformationen mit der PR- bzw. RP-Taste aufbereitet werden. In einem Unterprogramm-Label sind als Eingangsgrößen gegeben: φ^*, φ_{1i}, ψ_{1i}, a.

Label 21 (Berechnung der A′-Koordinaten):

($\varphi^* + \varphi_{1i}$) ENTER a: → PR − d: RP ⪌ − ψ_{1i} ⪌ PR → = x'_{Ai} ⪌ = y'_{Ai} (3.12/41)

RETURN (Ende Label 21)

85 *Zeile 2100: Unterprogramm Berechnung der A'-Koordinaten*

Eingangsgrößen: φ^*(F0), φ_{1i}(F1), ψ_{1i}(P1), a(A).

$X_{Ai} \rightarrow$ X8 = A * COS (F0 + F1) − D (3.7/85)

$Y_{Ai} \rightarrow$ Y8 = A * SIN(F0 + F1) (3.8/85)

f $\rightarrow$ F = SQR(X8 ↑ 2 + Y8 ↑ 2) (3.9/85)

γ $\rightarrow$ G = ATN2(Y8, X8) (3.10/85)

$X'_{Ai} \rightarrow$ X9 = F * COS(G − P1) (3.11/85)

$Y'_{Ai} \rightarrow$ Y9 = F * SIN(G − P1) (3.12/85)

Nach Bild 3.2 hat man nun also die mit den Labels 20, 21 (Anfangszeilen 2000 bzw. 2100) bestimmten Koordinaten a_k und b_k der Kreismittelpunkte $B_I = B_{123}$ und $B_{II} = B_{145}$. In einem weiteren Unterprogramm soll die Differenzstrecke zwischen diesen beiden Punkten berechnet werden. Dieser Wert B ist der wichtigste Kennwert des noch zu beschreibenden Laufprogramms; denn für jeden Winkel φ^* ist die Länge a so lange zu variieren, bis die Strecke B bei vorgeschriebener Genauigkeit ihr Minimum erreicht hat. Für das *B-Unterprogramm* gelten die Kreismittelpunkt-Koordinaten a_{k1}, a_{k2}, b_{k1}, b_{k2} als Eingangswerte:

B-Unterprogramm

$$\sqrt{(a_{k2} - a_{k1})^2 + (b_{k2} - b_{k1})^2} = B \quad (3.13)$$

41 *Label 22 (B-Unterprogramm)*

$(b_{k2} - b_{k1})$ ENTER $(a_{k2} - a_{k1})$: RP $\rightarrow$ B (3.13/41)

RETURN (Ende Label 22)

85 *Zeile 2200: B-Unterprogramm*

Eingangswerte: a_{k1} (A7), a_{k2} (A8), b_{k1} (B7), b_{k2} (B8)

B $\rightarrow$ B0 = SQR((A8 − A7) ↑ 2 + (B8 − B7) ↑ 2) (3.13/85)

Im Gefolge der B_{min}-Berechnung wird, wie später noch zu beschreiben ist, nach Überschreiten einer IF-Schranke die Länge a zurückgestellt. Um nun mit kleineren Schrittweiten Δa bis zum Erreichen der vorprogrammierten Genauigkeit B_{min} zu erhalten, wird mit der Differenz Δa für jede Schrittweite der Mittelwert mit Hilfe der Regula falsi in einem Unterprogramm berechnet. Für einen Wert a_1 wird die Differenz B_1 und für $a_2 = (a_1 + \Delta a)$ die Differenz B_2 berechnet. Dann findet man das gemittelte Längenmaß:

41 *Label 27 (Regula falsi)*

$$\frac{B_2 \cdot a_1 - B_1 \cdot a_2}{B_2 - B_1} = a_3 \qquad (3.14/41)$$

RETURN (Ende Label 27)

85 *Zeile 2700: Unterprogramm Regula falsi*

$$a_3 \rightarrow A3 = (B2 * A1 - B1 * (A1 + D1))/(B2 - B1) \qquad (3.14/85)$$

Für die Bewertung eines nach den hier beschriebenen Methoden gefundenen Gelenkvierecks ist der Übertragungswinkel μ von ausschlaggebender Bedeutung. Er kennzeichnet die Güte der Bewegungs-Übertragung und ist nach Bild 3.3 zwischen der Koppel b und der Abtriebsschwinge c zu messen. Seine Größe muß für verschiedene Getriebestellungen berechnet werden. Allgemein gelten die für das Unterprogramm gültigen Eingangsgrößen φ^*, φ_{1i}, a, b, c, d:

Berechnung des Übertragungswinkels

$$a \cdot \cos(\varphi^* + \varphi_{1i}) - d = x_{Ai} \qquad (3.7)$$

$$a \cdot \sin(\varphi^* + \varphi_{1i}) = y_{Ai} \qquad (3.8)$$

$$\sqrt{x_{Ai}^2 + y_{Ai}^2} = f \qquad (3.9)$$

(vgl. Berechnung der A′-Koordinaten; hier jedoch mit anderen φ_{1i}-Werten)

$$\frac{b^2 + c^2 - f^2}{2 \cdot b \cdot c} = \cos\mu = S \qquad (3.15)$$

$$\arccos S = \mu \qquad (3.16)$$

41 *Label 29 (Berechnung des Übertragungswinkels)*

$(\varphi^* + \varphi_{1i})$ ENTER a: PR → − d: RP → [f] (3.9/41)

$$\frac{-f^2 + b^2 + c^2}{2 \cdot b \cdot c} \text{ (SF 25)} = S \qquad (3.15/41)$$

arc cos S [= μ] PRINT (3.16/41)

RETURN (Ende Label 29)

Die Flag „SF 25“ dient der Weiterrechnung, wenn nach Gl. (3.15) der Absolutwert $|S| > 1$ wird. Durch den nachfolgenden PRINT-Befehl ist dann auch sofort abzulesen, ob das Gelenkviereck auf Grund dieser Ungleichung die vorgeschriebene Lage überhaupt erreichen kann.

85 *Zeile 2900: Unterprogramm Übertragungswinkel*

Eingangsgrößen: φ^*(F0), φ_{1i}(F1), a(A), b(B), c(C), d(D)

x_{Ai}(X8), y_{Ai}(Y8) und f(F) wie im Unterprogramm 2100.

$$S \rightarrow S0 = (B * B + C * C - F * F)/2/B/C \qquad (3.15/85)$$

$$\mu \rightarrow M0 = ACS(S0) \qquad (3.16/85)$$

Ein Hinweis: Cos $\mu = S$ (Gl. (3.15)) kann dem Betrage nach größer als 1 werden; dann gibt es für Gl. (3.16) keine Lösung, die verwendeten Rechner melden einen Fehler (Error). Beim HP-41 werden diese möglichen Fehlermeldungen mit SF 25 „ausgeblendet". Beim HP-85 bewirken die folgenden Anweisungen, daß im Falle $|S| > 1$ der unsinnige Wert 999.9999 ausgedruckt wird:

```
2910 M0=ACS(S0) ! MÜ
2911 ON ERROR GOTO 2920
2912 RETURN
2920 M0=999.9999
2930 RETURN
```

3.3.2 Unterprogramme als Steuerprogramme

Ein wichtiges Merkmal des hier behandelten Programms ist der vollautomatische Ablauf innerhalb des gesamten überhaupt möglichen Lösungsfeldes, nämlich das Durchlaufen des Anfangswinkels φ^* von 0° bis 360°. Zu diesem Zwecke sind wiederum mehrfach abzurufende Unterprogramme vorgesehen, die selbst andere Unterprogramme steuern.

So besteht die Grund-Aufgabe darin, für die fünf durch Anfangswinkel φ^* und die vier φ- sowie vier ψ-Winkel definierten Kurbellagen und für die abzutastenden Kurbellängen a die beiden Kreise mit den Mittelpunkten B_{123} und B_{145} zu berechnen. Hierzu dient ein besonderes Steuer-Unterprogramm (Label 31 bzw. Zeile 3100) mit den Eingangswerten φ^*, φ_{12}, φ_{13}, φ_{14}, φ_{15}, ψ_{12}, ψ_{13}, ψ_{14}, ψ_{15}, d, a (variabel).

Steuerprogramm für Differenz B:

$$a \cdot \cos\varphi^* - d = x_{Ai} = x_1 \qquad (3.17)$$

$$a \cdot \sin\varphi^* = y_{Ai} = y_1 \qquad (3.18)$$

41 *Label 31 (Differenz B)*

φ^* ENTER a: PR $\rightarrow -d = x_{A1} \gtrless y_{A1}$ (3.18/41)

$\varphi_{12} = \varphi_{1i}$; $\psi_{12} = \psi_{1i}$

XEQ 21 (Kreiskoordinaten)

$x'_{Ai} = x'_{A2} = x_2$; $y'_{Ai} = y'_{A_2} = y_2$

$\varphi_{13} = \varphi_{1i}$; $\psi_{13} = \psi_{1i}$

XEQ 21

$x'_{Ai} = x'_{A3} = x_3$; $y'_{Ai} = y'_{A3} = y_3$

XEQ 20 (Dreipunkte-Kreis)

$a_k = a_{k1}$; $b_k = b_{k1}$; $r_k = r_{k1}$

$\varphi_{14} = \check{\varphi}_{1i}$; $\psi_{14} = \psi_{1i}$

XEQ 21

$x'_{Ai} = x'_{A4} = x_2$; $y'_{Ai} = y'_{A4} = y_2$

$\varphi_{15} = \varphi_{1i}$; $\psi_{15} = \psi_{1i}$

XEQ 21

$x'_{Ai} = x'_{A5} = x_3$; $y'_{Ai} = y'_{A5} = y_3$

XEQ 20

$a_k = a_{k2}$; $b_k = b_{k2}$; $r_k = r_{k2}$

$r_{k2} - r_{k1} = k$

XEQ 22 (B-Unterprogramm)

[B]

RETURN (Ende Label 31)

85 *Zeile 3100: Unterprogramm Differenz B*

Eingangswerte: φ^*(F0), φ_{12}(F(2)), φ_{13}(F(3)), φ_{14}(F(4)), φ_{15}(F(5)),
ψ_{12}(P(2)), ψ_{13}(P(3)), ψ_{14}(P(4)), ψ_{15}(P(5)), d(D), a(A)

$x_1 \rightarrow$ X(1) = A * COS(F0) − D (3.17/85)

$y_1 \rightarrow$ Y(1) = A * SIN(F0) (3.18/85)

F1 = F(2); P1 = P(2)
GOSUB 2100

$x_2 \rightarrow$ X(2) = X9

$y_2 \rightarrow$ Y(2) = Y9

F1 = F(3); P1 = P(3)

```
          GOSUB 2100
x3  →     X(3)=X9
y3  →     Y(3)=Y9
          GOSUB 2000
          A7=A9; B7=B9; R7=R9
          F1=F(4); P1=P(4)
          GOSUB 2100
x2  →     X(2)=X9
y2  →     Y(2)=Y9
          F1=F(5); P1=P(5)
          GOSUB 2100
X3  →     X(3)=X9
Y3  →     Y(3)=Y9
          GOSUB 2000
          A8=A9; B8=B9; R8=R9
k   →     K=R8-R7
          GOSUB 2200
          RETURN
```

3.3.3 Das Laufprogramm

Das eigentliche Laufprogramm hat die Aufgabe, für einen gegebenen φ^*-Strahl diejenige Kurbellänge ausfindig zu machen, bei welcher der Abstand $B = B_{123}B_{145}$ zwischen einstellbarem a_{min} und a_{max} jeweils einen Minimalwert hat. Es ist durchaus möglich, daß es für einen bestimmten φ^*-Betrag mehrere solcher Werte und damit optimale Gelenkvierecke gibt. Für a_{min} wird man, wenn ein Gelenkviereck als Kurbelschwinge (in A_0 gelagertes Glied a läuft um, in B_0 gelagertes Glied c schwingt hin und her) angestrebt wird, einen kleineren Wert als die Gestellänge d annehmen. Wenn aber ein Gelenkviereck als Doppelkurbel (beide im Gestell gelagerte Glieder a und c laufen um) vorgeschrieben ist, muß $a_{min} > d$ sein. Die einstellbare Maximallänge a_{max} richtet sich z.B. nach dem zur Verfügung stehenden Bewegungsraum.

Es ist hervorzuheben, daß die Differenz B nur zufällig Null sein kann; es geht hier also darum, den Extremwert von B zu berechnen, was mit Differenzbeträgen mit beliebig einstellbarer Genauigkeit durch Verringerung der Schrittweite erreicht werden kann. Allerdings treten hier Schwierigkeiten auf, die, wenn sie, wie manche Untersuchungen mit großen Umwegen zeigen, nicht ohne weiteres überwunden werden können, den vollautomatischen Rechengang unmöglich machen. Das Erreichen des Extremwertes kann nämlich entweder nur mit positiven oder negativen Differenz- oder abgewandelten Kennwerten angefahren werden, für die zum Überschreiten einer zu setzenden IF-Schranke aber für denselben Zweck nur ein Vorzeichenwechsel in einer Richtung angesetzt werden kann.

Dieses Problem läßt sich beherrschen, wenn man zu Beginn der Rechnung in einem Vorprogramm für zwei eng benachbarte Getriebelagen das B-Differenz-Vorzeichen als Richtgröße bestimmt, dann in einem darauffolgenden Laufprogramm, das mit gleicher oder kleiner werdender Schrittweite zu sich selbst zurückkehrt, die neuen Differenzen ΔB bestimmt, diese aber sofort mit der Richtgröße multipliziert. Sowohl bei positivem als auch negativem Vorzeichen beider Differenzen erhält man immer ein positives Ergebnis, so daß die IF-Schranke mit der Bedingung ΔB IF < 0 aufgebaut werden kann und allen Ansprüchen genügt. Wird das Produkt also negativ, so ist ein Extremwert von B überschritten worden. Wenn zusätzlich anstelle von ΔB der Sinus des zugehörigen Schwingwinkels, bezogen auf einen kleinen x-Wert, z.B. 0,0001, benutzt wird, ist man wiederum unabhängig vom Vorzeichen des Tastwertes und außerdem, was für die Benutzung der Regula falsi von Bedeutung ist, unabhängig von der Lage des Steigungswinkels im ersten oder zweiten Quadranten. Das Vorprogramm hat die Startadressen Label 23 bzw. Zeile 2300:

XEQ 31 (Steuerprogramm für B)

$B = B_1$

$a + 0{,}0001 = a$

XEQ 31

$B = B_2$

$$\left(\text{arc tan}\ \frac{B_2 - B_1}{0{,}0001}\right)\ \text{sin sign} = C' \tag{3.19}$$

41 $(B_2 - B_1)$ ENTER 0,0001: RP $\rightarrow \gtrless$ sin sign = C' (3.19/41)

RETURN (Ende Label 23)

85 *Zeile 2300: Vorprogramm*

```
      GOSUB 3100
B1  → B1=B0
a   → A=A+0.0001
      GOSUB 3100
B2  → B2=B0
C'  → C9=SGN(SIN(ATN((B2-B1)/0.0001)))        (3.19/85)
      RETURN
```

Im selbst-rückkehrenden Folgeprogramm (Label 24 bzw. Zeile 2400) wird mit erhöhtem a-Betrag dieselbe Rechnung an den Anfang gesetzt. Um den Fortgang der Laufprogramm-Rechnung verfolgen zu können, wird das Pausenzeichen „PSE" (beim HP-85 „WAIT") eingeschoben, das den jeweiligen a-Betrag anzeigt.

41 *Label 24 (Laufprogramm für a-Fixierung)*

$a + \Delta a^* = a$

PSE

IF: $a > a_{max}$ XEQ 41

Sonst: XEQ 31 $(B = B_1)$

$a + 0.001 = a$

XEQ 31 $(B = B_2)$

$(\arctan \frac{B_2 - B_1}{0.001}) \sin = D'$

IF: $D' \cdot C' < 0$ XEQ 26

Sonst: XEQ 24

Ende Label 24

85 *Zeile 2400: a-Fixierung*

```
a  →  A=A+D1
      WAIT...
      IF A>A6 THEN 4100
      GOSUB 3100
      B1=B0
      A=A+.001
      GOSUB 3100
      B2=B0
D' →  D9=SIN(ATN((B2-B1/.001))
      IF D9*C9<0 THEN 2600
      GOTO 2400
```

Mit der IF-Schranke $a > a_{max}$ wird der Übergang zu Label 41 (Zeile 4100) programmiert, womit φ^* um $\Delta\varphi^*$ (frei wählbar) erhöht wird. Hier ist es auch zweckmäßig, das bisherige φ^* wegen besserer Übersicht auszudrucken. Mit dem neuen φ^*-Strahl wird das Laufprogramm fortgesetzt:

Label 41 bzw. Zeile 4100 (Übergangsprogramm für φ^*)

φ^* PRINT "φ^*-Ende"

$a_{min} = a$ XEQ 23 (Lauf-Vorprogramm)

$\varphi^* + \Delta\varphi^* = \varphi^*$ XEQ 24 (Laufprogramm)

Im Label 24 (Zeile 2400) ist die IF-Schranke $D \cdot C < 0$ besonders wichtig; sie kennzeichnet den Vorzeichenwechsel und leitet zum Label 26 (Zeile 2600), dem Schrittweiten-Änderungs- und B-Extremwert-Abschlußprogramm über:

Label 26 bzw. Zeile 2600 (Schrittweiten-Änderungs-Programm)

Tone 9 (bzw. BEEP...)

$B = B_2$

$a - \Delta a^* = a_1$

XEQ 31 (Steuerprogramm für B)

$a = a'$

XEQ 27 (Regula falsi)

XEQ 31

$0{,}1\ \Delta a^* = \Delta a^*$

IF: $\Delta a^* < 0{,}0001$ XEQ 28 (Gelenkviereck-Kennwerte)

IF: $|D'| < 0{,}01$ XEQ 28

IF: $|B| > d$ XEQ 45

XEQ 24

Beim Übergang zum Label 26 (Zeile 2600) ist mit „Tone 9" (bzw. BEEP...) ein akustisches Zeichen vorgesehen, um kenntlich zu machen, daß ein Suchvorgang abläuft. Der noch vorhandene Betrag B wird als B_2 gespeichert, die Länge a wird um Δa zu a_1 verringert, und mit XEQ 31 (bzw. GOSUB 3100) wird ein neues $B = B_1$ berechnet. Dieses neue a wird als a' für später folgende Weiterrechnungen gespeichert.

Nun kann mit Label 27 (bzw. Zeile 2700: Regula falsi) die gemittelte Länge a_3 benutzt werden, um mit XEQ 31 (GOSUB 3100) das dazugehörige B zu berechnen und die Weiterrechnung mit dem gespeicherten $a' = a$ zu ermöglichen.

Für die Beendigung des Such- (Optimierungs-) Vorgangs sind zwei IF-Schranken vorgesehen, die sich unabhängig voneinander für den Übergang zum Kennwerte-Programm (Label 28 bzw. Zeile 2800) als zweckmäßig erwiesen haben. Diese Schranken beziehen sich einmal auf die als kleinste betrachtete Schrittweite Δa und zum anderen auf den ebenfalls kleinsten Betrag $|D|$.

Da der Extremwert von B (der Differenz der beiden Kreismittelpunkte B_{123} und B_{145}) auch verhältnismäßig groß ausfallen kann, hat es keinen Sinn, hierfür Gelenkvierecke als Endergebnis zu berechnen, da diese die gestellte Aufgabe nur mit großer Ungenauigkeit erfüllen würden. Es ist deshalb, um Rechenzeit einzusparen, zweckmäßig, solche großen B-Beträge zu überspringen. Der Grenzwert wurde mit $B = d$ (d: Gestellänge) mit dem Übergang zum Label 45 (Zeile 4500) festgelegt:

Label 45 bzw. Zeile 4500 (Übergangsprogramm für a-Übersprung)

$\Delta a^* = \Delta a$

$a + \Delta a = a$

XEQ 23 (Vorprogramm zum Laufprogramm)

XEQ 24 (Laufprogramm)

Im Label 45 (Zeile 4500) wird also zuerst die Normal-Sprungweite Δa^* wieder eingestellt, dann die für die vorangegangenen Rechnungen gültige Länge a um Δa erhöht, so daß nun mit XEQ 23 (GOSUB 2300) und XEQ 24 (GOTO 2400) die automatische Rechnung weitergeführt werden kann.

3.3.4 Gelenkviereck-Kennwerteprogramm

Nach dem Optimierungs-Vorgang für die Kreismittelpunkte-Differenz B liegen die Grundlagen zur Dimensionierung des hierfür gültigen Gelenkvierecks fest. Als Gelenkpunktlage B_1, Bild 3.2, wählt man zunächst die arithmetische Mitte zwischen B_{123} und B_{145} und berechnet mit diesem „gemittelten" Punkt B_1 die noch folgenden Abmessungen des Gelenkvierecks und die am meisten interessierenden Kennwerte. Es gilt:

Label 28 bzw. Zeile 2800 (Kennwerte-Unterprogramm)

XEQ 31 (Steuerprogramm für B)

$$\frac{a_{k1} + a_{k2}}{2} = x_B \tag{3.20}$$

$$\frac{b_{k1} + b_{k2}}{2} = y_B \tag{3.21}$$

$$\arctan \frac{y_B}{x_B} = \psi^* \tag{3.22}$$

$$\frac{x_B}{\cos \psi^*} = c \tag{3.23}$$

41 y_B ENTER x_B : RP → c $\gtrless$ ψ^* (3.22/41)
φ^*, ψ^*, a, B → PRINT

85 x_B → X1 = (A7 + A8)/2 (3.20/85)
y_B → Y1 = (B7 + B8)/2 (3.21/85)
ψ^* → P0 = ATN(Y1/X1) (3.22/85)
c → C = X1/COS(P0) (3.23/85)

$$\arctan \frac{y_A}{x_A} = \psi_m \tag{3.24}$$

$$\text{sign}\,[\sin(\psi_m - \psi^*)] = s^{*)} \tag{3.25}$$

41 y_A ENTER x_A : RP → [ ] $\gtrless$ = ($\psi_m - \psi^*$) sin − sign = s (3.25/41)

---

*) Für s ist in allen Fällen eine Kontrollmöglichkeit durch ψ^* gegeben, vgl. Seite 51, 1. Satz

85	$\psi_m \rightarrow$ P2 = ATN(Y(1)/X(1))	(3.24/85)
	s → S = SGN(SIN(P2 − P0))	(3.25/85)

$$\sqrt{(y_A - y_B)^2 + (x_A - x_B)^2} = b \quad (3.26)$$

41	$(y_A - y_B)$ ENTER $(x_A - x_B)$: RP → b	(3.26/41)
	a, b, c, d, s → PRINT	

85	b → B = SQR((Y(1) − Y1)↑2 + (X(1) − X1)↑2)	(3.26/85)

$0 = \varphi_{1i}$
XEQ 29 (μ-Winkel-Berechnung)

$\varphi_{12} = \varphi_{1i}$
XEQ 29

$\varphi_{13} = \varphi_{1i}$
XEQ 29

$\varphi_{14} = \varphi_{1i}$
XEQ 29

$\varphi_{15} = \varphi_{1i}$
XEQ 29

$\mu_1, \mu_2, \mu_3, \mu_4, \mu_5$ PRINT
$\varphi_{16} = \varphi_{1i}$
XEQ 29

$\varphi_{17} = \varphi_{1i}$
XEQ 29

μ_6, μ_7 PRINT
$-\varphi^* = \varphi_{1i}$
XEQ 29

$180 - \varphi^* = \varphi_{1i}$
XEQ 29

μ_i, μ_a PRINT
$\Delta a^* = \Delta a$
$a + \Delta a = a$

XEQ 23
RETURN

Nach Gl. (3.22), (3.23) können nun die Hebellänge c und der Winkel ψ^* dieses Gliedes, Bild 3.3, berechnet werden. Es werden die für den Ansatz wichtigsten Werte φ^*, ψ^*, a und auch B ausgedruckt, letzteres ist ein wertvoller Anhaltspunkt, mit welcher Genauigkeit die Optimierung erzielt werden konnte.

Die Koordinaten x_A, y_A des Punktes A in Getriebestellung 1 sind noch durch den Erst-Abruf XEQ 31 (GOSUB 3100) im Label 28 (Zeile 2800) gespeichert, so daß man den Winkel ψ_m, den die Diagonale B_0A_1 mit der Abszisse einschließt, berechnen kann. Dieser Winkel wird gebraucht, um den „Bereichsfaktor" s (± 1) für das berechnete Gelenkviereck bestimmen zu können, der aussagt, ob der Zweischlag aus b und c oberhalb oder unterhalb der Diagonalen B_0A_1 liegt. Sein Vorzeichen ± 1 wird aus der Differenz $(\psi_m - \psi^*)$ bestimmt.

Nun kann noch die Koppellänge b mit Gl. (3.26) festgelegt werden. Und schließlich werden mit Hilfe des Unterprogramms, Label 29 bzw. Zeile 2900, die Übertragungswinkel μ_1 bis μ_7 berechnet, und zusätzlich noch die Winkel μ_i und μ_a für die Deck- und Strecklage der Kurbel a mit dem Gestell d. Diese beiden Winkel lassen mit ihren reellen Beträgen erkennen, ob das Gelenkviereck umlauffähig ist, bzw. wie gut es durch die beiden Sonderlagen bewegt werden kann.

3.3.5 Die Einführungsprogramme

Das Haupt-Einführungsprogramm, Label 30 bzw. Startzeile 3000, dient lediglich dazu, zunächst sämtliche Eingangsgrößen zur Dokumentation auszudrucken, um dann das große automatische Laufprogramm einzuleiten:

Label 30 bzw. Zeile 3000 (Einführungs-Programm)

Vier-Winkel-Zuordnung → PRINT

φ^* PRINT

$\varphi_{12}, \varphi_{13}, \varphi_{14}, \varphi_{15}$ PRINT

$\psi_{12}, \psi_{13}, \psi_{14}, \psi_{15}$ PRINT

d, $\Delta\varphi$ PRINT

a^*, Δa, a_{max} PRINT

$\varphi_{16}, \varphi_{17}$ PRINT

$\Delta a = \Delta a^*$

$a = a^*$

XEQ 23 (Vorprogramm zum Laufprogramm)

XEQ 24 (Laufprogramm)

Mit Δa^* wird die vor Rechenbeginn ausgewählte Sprungweite, die ja während der Optimierung verringert wird, gespeichert, um nach jedem Zwischen-Ergebnis in ihrer Ursprungsgröße wieder zur Verfügung zu stehen.

Das Neben-Einführungsprogramm soll bei Zwischenrechnungen, bei denen die Eingangsgrößen unverändert bleiben, den vollen Ausdruck ersparen und nur drei wesentliche Größen dokumentieren:

Label 40 bzw. Zeile 4000 (Neben-Einführungsprogramm)

a^*, a_{max}, Δa PRINT

$\Delta a = \Delta a^*$

XEQ 23

XEQ 24

a wird hier nicht auf $a^*(= a_{min})$ gesetzt, sondern frei gewählt.

3.3.6 Tabellen und Diagramme für HP-41

Die folgenden Flußdiagramme sollen in übersichtlicher Form den Programmablauf darstellen. **Tabelle 3.1/41** zeigt nebeneinander die beiden Einführungsprogramme mit den Weiterleitungen zu den Labels 23 und 24.

Tabelle 3.1/41 Flußdiagramm zum Einführungsprogramm, Label 30, mit Ausdruck aller Eingangswerte und, Label 40, mit Ausdruck von Zwischenwerten

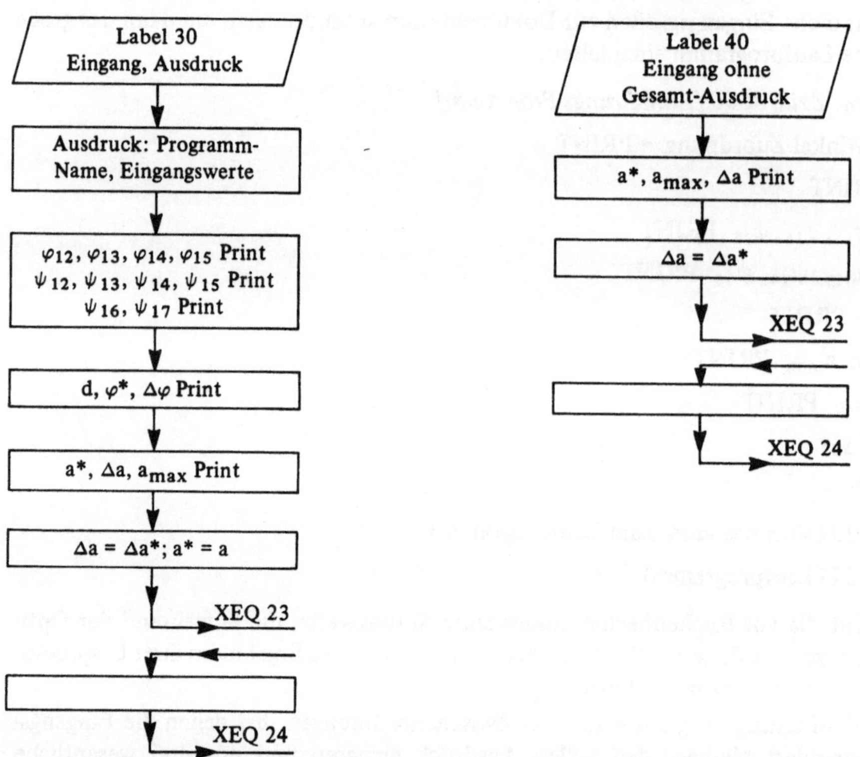

Tabelle 3.2/41 läßt die Weiterführung zum Haupt-Steuerprogramm 31 erkennen, das zuerst zum Label 21 zur Berechnung der Koordinaten für die Dreipunktkreise dient, die dann im Label 20 für die Berechnung der beiden Kreise mit B_{123} und B_{145} als Mittelpunkte dienen. Die Abzweigung zum Label 22 führt zur Berechnung des Mittelpunkt-Abstandes ΔB, womit Label 31 abgeschlossen ist. Label 31 wurde vom Label 23, dem Vorprogramm zum Laufprogramm (Label 24), zweimal abgerufen, um lediglich das Vorzeichen $C' = \pm 1$ zweier Differenzen B_2 und B_1 kenntlich zu machen **(Tabelle 3.3/41)**.

Label 23 wiederum wurde vom Label 30 (oder 40) abgerufen, kehrt aber nach dort zurück, und hier wird zum Label 24 übergeleitet. Hier tritt die erste Verzweigung für $a > a_{max}$ zum Label 41 ein, um dort φ^* um den Stufensprung $\Delta\varphi^*$ zu erhöhen und dann das Programm mit Label 23 und 24 zu beginnen. Nach Abruf von Label 31 liegt ΔB fest,

Tabelle 3.2/41 Hauptsteuerprogramm, Label 31

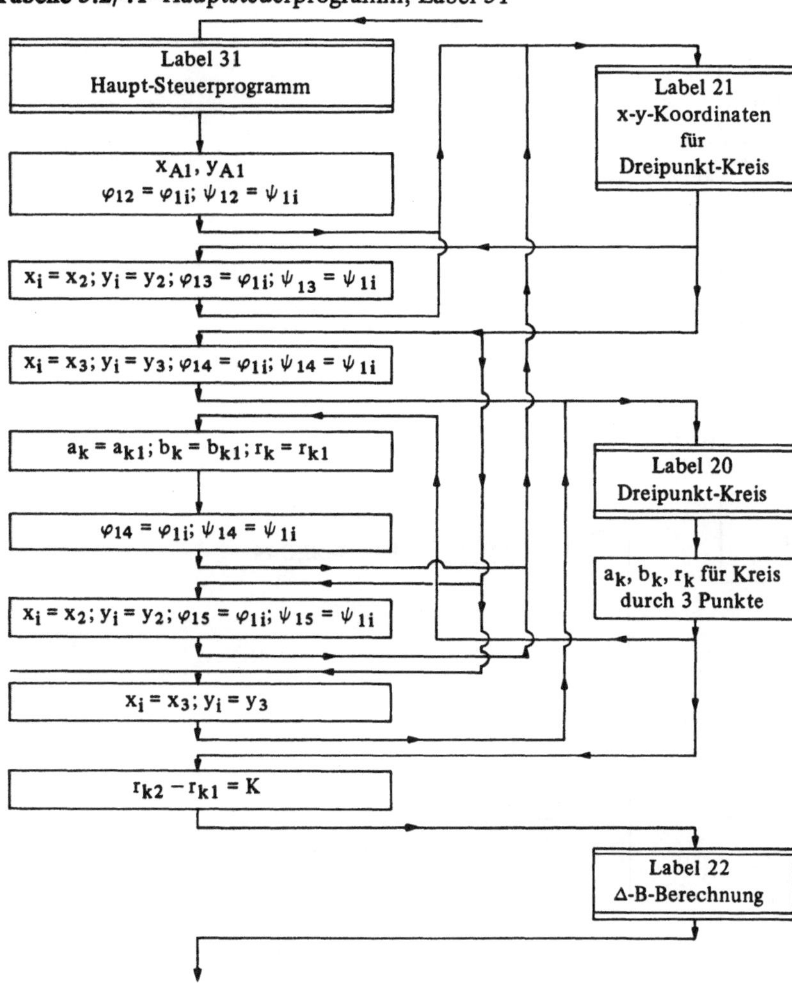

D′ kann berechnet werden, und $D' \cdot C' < 0$ erzwingt die Überleitung, und zwar zum Label 26, andererseits wird zum Label 24 zurückgekehrt, bis eine der IF-Schranken anspricht.

Im Label 26 werden die Vorbedingungen für das Rechnen mit der Regula falsi geschaffen (Label 27) und weiterhin drei IF-Schranken durchlaufen, deren erste beide zum Dimensionierungs-Label 28 überleiten und die letzte unzulässig große Differenz $|B| > d$ an Label 45 zu erneuter Rechnung über Label 23 und 24 nach dem Stufensprung Δa übergibt. Das jeweilige Zwischenergebnis für ein Gelenkviereck wird im Label 28 (**Tabelle 3.4/41**) verarbeitet. Es ist leicht zu überblicken, daß Label 29 zur μ-Berechnung wiederholt abgerufen wird. Nach Ausdruck aller wissenswerten Daten wird die Rechnung mit neuen Anfangsgrößen $a + \Delta a = a$ und mit Label 23 und 24 fortgesetzt.

Tabelle 3.3/41 Flußdiagramm zum Steuerprogramm, Label 23, mit Verzweigungen zur Verkleinerung der Stufensprünge mit der Regula falsi

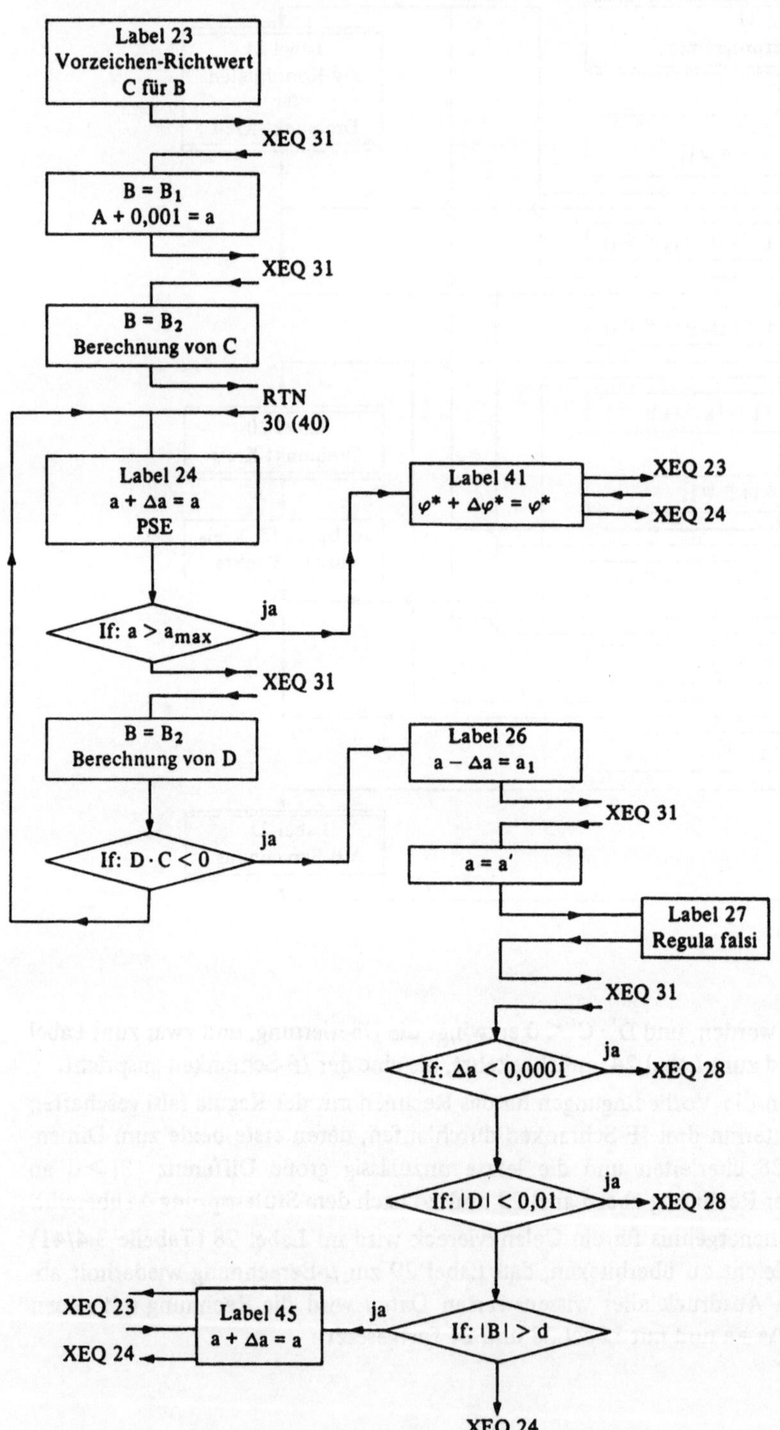

Tabelle 3.4/41 Flußdiagramm zum Zwischen-Ergebnis-Programm zur Berechnung der Gelenkviereck-Abmessungen und der Übertragungswinkel

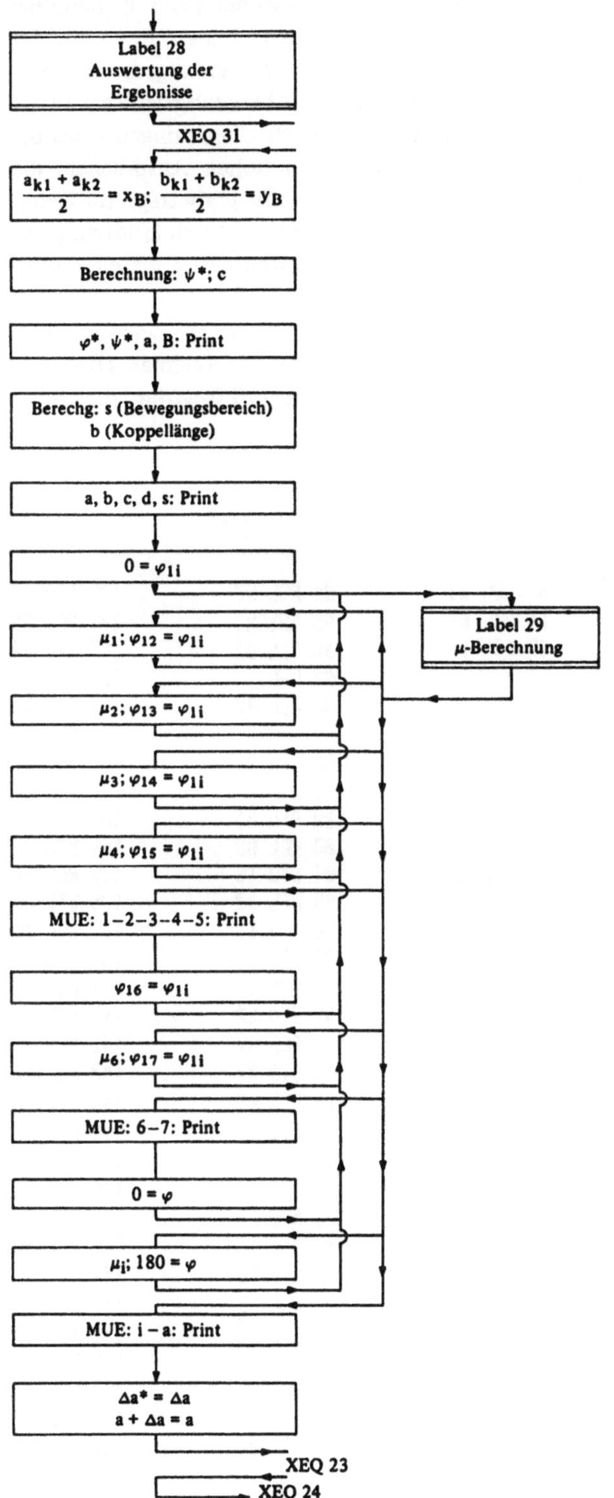

Das Stillsetzen des Laufprogramms, das man z.B. bei $\varphi^* = 0°$ beginnen kann, ist dann bei $\varphi^* > 360°$ anzusetzen. Auf diese IF-Schranke, die leicht noch einzubauen ist, wurde hier aber verzichtet, weil ja nach jedem φ^*-Strahlendurchgang dieser Winkel ausgedruckt wird. Da es ganze Bereiche ohne Lösungen geben kann, wird man zur Abkürzung der Rechenzeit das Programm durch manuellen Eingriff unterbrechen und nach Überspringen eines bestimmten φ^*-Winkelbereiches fortsetzen. Bei außergewöhnlich hohen Ansprüchen, die über die Möglichkeiten des Gelenkvierecks hinausgehen, werden nur φ^*-Beträge zur Kennzeichnung des Strahlenendes ausgedruckt. In diesem Falle kann man durch Milderung der Aufgabenstellung in die Gelenkviereck-Grenzen hineinkommen und damit diese Grenzen in Abhängigkeit von den μ-Winkeln auch kennenlernen.

In **Tabelle 3.5/41** ist das Gesamtprogramm mit allen seinen Unterprogrammen im Ausdruck wiedergegeben. Bei 490 Programmschritten ist die Kapazität des Rechners HP-41CV bei weitem noch nicht ausgeschöpft, es bleiben immer noch 113 Register zur freien Verfügung bei einem Bedarf von 55 Speicherplätzen.

Tabelle 3.5/41 Ausdruck des Gesamt-Programmes „Winkelbewegungen“

```
01♦LBL "HN10"
02♦LBL 20
03 RCL 21
04 RCL 22
05 -
06 RCL 32
07 RCL 31
08 -
09 /
10 STO 26
11 RCL 21
12 RCL 23
13 -
14 RCL 33
15 RCL 31
16 -
17 /
18 STO 27
19 RCL 26
20 CHS
21 RCL 22
22 RCL 21
23 +
24 *
25 RCL 32
26 +
27 RCL 31
28 +
29 STO 28
30 RCL 27
31 RCL 23
32 RCL 21
33 +
34 *
35 +
36 RCL 33
37 -
38 RCL 31
39 -
40 2
41 /
42 RCL 27
43 RCL 26
44 -
45 /
46 STO 27
47 RCL 26
48 *
49 RCL 28
50 2
51 /
52 +
53 STO 26
54 RCL 31
55 -
56 ENTER↑
57 RCL 27
58 RCL 21
59 -
60 R-P
61 STO 28
62 RTN
63♦LBL 21
64 RCL 07
65 RCL 16
66 +
67 ENTER↑
68 RCL 02
69 P-R
70 RCL 05
71 -
72 R-P
73 X<>Y
74 RCL 17
75 -
76 X<>Y
77 P-R
78 STO 16
79 X<>Y
80 STO 17
81 RTN
82♦LBL 22
83 RCL 26
84 RCL 19
85 -
86 ENTER↑
87 RCL 27
88 RCL 18
89 -
90 R-P
91 STO 39
92 RTN
93♦LBL 31
94 RCL 07
95 ENTER↑
96 RCL 02
97 P-R
98 RCL 05
99 -
100 STO 21
101 X<>Y
102 STO 31
103 RCL 08
104 STO 16
105 RCL 12
106 STO 17
107 XEQ 21
108 RCL 16
109 STO 22
110 RCL 17
111 STO 32
112 RCL 09
113 STO 16
114 RCL 13
115 STO 17
116 XEQ 21
117 RCL 16
118 STO 23
119 RCL 17
120 STO 33
121 XEQ 20
122 RCL 27
123 STO 18
124 RCL 26
125 STO 19
126 RCL 28
127 STO 20
128 RCL 10
129 STO 16
130 RCL 14
131 STO 17
132 XEQ 21
133 RCL 16
134 STO 22
135 RCL 17
136 STO 32
137 RCL 11
138 STO 16
139 RCL 15
140 STO 17
141 XEQ 21
142 RCL 16
143 STO 23
144 RCL 17
145 STO 33
146 XEQ 20
147 RCL 28
148 RCL 20
149 -
150 STO 44
151 XEQ 22
152 RTN
153♦LBL 23
154 XEQ 31
155 RCL 39
156 STO 37
```

Tabelle 3.5/41 (Fortsetzung)

```
157 RCL 02
158 .0001
159 +
160 STO 02
161 XEQ 31
162 RCL 37
163 -
164 ENTER↑
165 .0001
166 R-P
167 X<>Y
168 SIN
169 SIGN
170 STO 37
171 RTN
172♦LBL 24
173 RCL 02
174 RCL 00
175 +
176 STO 02
177 PSE
178 RCL 02
179 RCL 30
180 X<>Y
181 X>Y?
182 XEQ 41
183 XEQ 31
184 STO 38
185 RCL 02
186 .001
187 +
188 STO 02
189 XEQ 31
190 RCL 38
191 -
192 ENTER↑
193 .001
194 R-P
195 X<>Y
196 SIN
197 STO 38
198 RCL 37
199 *
200 0
201 X<>Y
202 X<=Y?
203 XEQ 26
204 XEQ 24
205♦LBL 27
206 RCL 41
207 RCL 02
208 *
209 RCL 39
210 RCL 02
211 RCL 00
212 +
213 *
214 -
215 RCL 41
216 RCL 39
217 -
218 /
219 STO 02
220 RTN
221♦LBL 26
222 TONE 9
223 RCL 39
224 STO 41
225 RCL 02
226 RCL 00
227 -
228 STO 02
229 XEQ 31
230 RCL 02
231 STO 42
232 XEQ 27
233 XEQ 31
234 RCL 42
235 STO 02
236 RCL 00
237 .1
238 *
239 STO 00
240 .0001
241 X<>Y
242 X<=Y?
243 XEQ 28
244 RCL 38
245 ABS
246 .01
247 X<>Y
248 X<=Y?
249 XEQ 28
250 RCL 39
251 ABS
252 RCL 05
253 X<>Y
254 X>Y?
255 XEQ 45
256 XEQ 24
257♦LBL 45
258 RCL 43
259 STO 00
260 RCL 02
261 RCL 00
262 +
263 STO 02
264 XEQ 23
265 XEQ 24
266♦LBL 28
267 "======"
268 PRA
269 XEQ 31
270 RCL 18
271 RCL 27
272 +
273 2
274 /
275 STO 45
276 RCL 19
277 RCL 26
278 +
279 2
280 /
281 STO 46
282 RCL 46
283 ENTER↑
284 RCL 45
285 R-P
286 STO 04
287 X<>Y
288 STO 47
289 "PHI*,PSI*,A,E
290 PRA
291 RCL 07
292 PRX
293 RCL 47
294 PRX
295 RCL 02
296 PRX
297 RCL 39
298 PRX
299 RCL 31
300 ENTER↑
301 RCL 21
302 R-P
303 X<>Y
304 RCL 47
305 -
306 SIN
307 SIGN
308 STO 06
309 RCL 31
310 RCL 46
311 -
312 ENTER↑
313 RCL 21
314 RCL 45
315 -
316 R-P
317 STO 03
318 "A,B,C,D,S"
319 PRA
320 RCL 02
321 PRX
322 RCL 03
323 PRX
324 RCL 04
325 PRX
326 RCL 05
327 PRX
328 RCL 06
329 PRX
330 "MUE:1-2-3-4-5"
331 PRA
332 0
333 STO 48
334 XEQ 29
335 RCL 08
336 STO 48
337 XEQ 29
338 RCL 09
339 STO 48
340 XEQ 29
341 RCL 10
342 STO 48
343 XEQ 29
344 RCL 11
345 STO 48
346 XEQ 29
347 "MUE:6-7"
348 PRA
349 RCL 49
350 STO 48
351 XEQ 29
352 RCL 50
353 STO 48
354 XEQ 29
355 "MUE:I-A"
356 PRA
357 RCL 07
358 CHS
359 STO 48
360 XEQ 29
361 180
362 RCL 07
363 -
364 STO 48
```

Tabelle 3.5/41 (Fortsetzung)

```
365 XEQ 29
366 RCL 43
367 STO 00
368 RCL 02
369 RCL 00
370 +
371 STO 02
372 "======"
373 PRA
374 XEQ 23
375 RTN
376♦LBL 41
377 ADV
378 "PHI*-ENDE"
379 PRA
380 RCL 07
381 PRX
382 RCL 29
383 STO 02
384 RCL 07
385 RCL 01
386 +
387 STO 07
388 XEQ 23
389 XEQ 24
390♦LBL 29
391 RCL 07
392 RCL 48
393 +
394 ENTER↑
395 RCL 02
396 P-R
397 RCL 05
398 -
399 R-P
400 X↑2
401 CHS
402 RCL 04
403 X↑2
404 +
405 RCL 03
406 X↑2
407 +
408 2
409 /
410 RCL 03
411 /
412 RCL 04
413 /
414 SF 25
415 ACOS
416 PRX
417 RTN
418♦LBL 30
419 SF 12
420 "VIER-WINKEL"
421 PRA
422 "ZUORDNUNG"
423 PRA
424 CF 12
425 "PHI*"
426 PRA
427 RCL 07
428 PRX
429 "PHI:12,13,14,15"
430 PRA
431 RCL 08
432 PRX
433 RCL 09
434 PRX
435 RCL 10
436 PRX
437 RCL 11
438 PRX
439 "PSI:12,13,14,15"
440 PRA
441 RCL 12
442 PRX
443 RCL 13
444 PRX
445 RCL 14
446 PRX
447 RCL 15
448 PRX
449 "D,D-PHI"
450 PRA
451 RCL 05
452 PRX
453 RCL 01
454 PRX
455 "A*,D-A,A-MAX"
456 PRA
457 RCL 29
458 PRX
459 RCL 00
460 PRX
461 RCL 30
462 PRX
463 "PHI:16,17"
464 PRA
465 RCL 49
466 PRX
467 RCL 50
468 PRX
469 RCL 00
470 STO 43
471 RCL 29
472 STO 02
473 "-.-.-.-.-."
474 PRA
475 XEQ 23
476 XEQ 24
477♦LBL 40
478 "A*,A-MAX,DA"
479 PRA
480 RCL 29
481 PRX
482 RCL 30
483 PRX
484 RCL 00
485 PRX
486 RCL 00
487 STO 43
488 XEQ 23
489 XEQ 24
490 .END.
```

3.3.7 Tabellen und Diagramme für HP-85

Die einzelnen Programm-Moduln sind in den Abschnitten 3.3.1 bis 3.3.5 bereits recht ausführlich beschrieben. **Tabelle 3.1/85** gibt nun für den HP-85 eine vollständige Variablen-Referenzliste, **Tabelle 3.2/85** enthält die Anweisungsliste des gesamten Programms zur Berechnung von Gelenkvierecken für gegebene Winkelbewegungen.

Die Struktogramme für das Startmenü, für einen möglichen Testlauf, die Werteeingabe und das Hauptprogramm sind in **Tabelle 3.3/85** zusammengestellt. Diese Diagramme sind selbsterklärend. Hervorgehoben sei lediglich die Flagge E, die in Zeile 1 auf Null gesetzt wird. Damit wird in jedem Fall erzwungen, daß das Programm nicht ohne Eingangswerte in die Berechnungen einläuft, was zu Fehlermeldungen führen würde (s. Abfragen in Zeilen 3016 bzw. 4012 in Tabelle 3.2/85). Nach gültiger Werteeingabe wird in Zeile 1056 die Flagge E auf 1 gesetzt (ebenso am Ende der READ-DATA-Sequenz für den Testlauf in Zeile 430).

Tabelle 3.1/85a Variablennamen-Referenzliste, nach mathematischen Namen sortiert

a	A	r_k	R9	ψ^*	P0
a'	Z1	r_{k1}	R7	ψ_{1i}	P1
a^*	A5	r_{k2}	R8	ψ_{12}	P(2)
a_1	A1	s	S	ψ_{13}	P(3)
a_2	A2	S	S0	ψ_{14}	P(4)
a_3	A3	x_i	X(I)	ψ_{15}	P(5)
a_k	A9	x_{Ai}	X8	ψ_m	P2
a_{k1}	A7	x'_{Ai}	X9		
a_{k2}	A8	x_B	X1		
a_{max}	A6	y_i	Y(I)		
$a_{min} = a^*$	A5	y_{Ai}	Y8		
Δa	D2	y'_{Ai}	Y9		
Δa^*	D1	y_B	Y1		
A	A0	γ	G		
b	B	μ	M0		
b_k	B9	φ^*	F0		
b_{k1}	B7	$\Delta\varphi^*$	F9		
b_{k2}	B8	φ_{1i}	F1		
B	B0	φ_{12}	F(2)		
B_1	B1	φ_{13}	F(3)		
B_2	B2	φ_{14}	F(4)		
c	C	φ_{15}	F(5)		
C	C0	φ_{16}	F(6)		
C'	C9	φ_{17}	F(7)		
d	D				
D	D0				
D	D9				
f	F				
k	K				

Tabelle 3.1/85b Variablennamen-Referenzliste, nach Rechnernamen sortiert

A	a	F	f	R7	r_{k1}
A0	A	F(2)	φ_{12}	R8	r_{k2}
A1	a_1	F(3)	φ_{13}	R9	r_k
A2	a_2	F(4)	φ_{14}	S	s
A3	a_3	F(5)	φ_{15}	S0	S
A5	$a_{min} = a^*$	F(6)	φ_{16}	x(I)	x_i
A6	a_{max}	F(7)	φ_{17}	X1	x_B
A7	a_{k1}	F0	φ^*	X8	x_{Ai}
A8	a_{k2}	F1	φ_{1i}	X9	x'_{Ai}
A9	a_k	F9	$\Delta\varphi^*$	Y(I)	y_i
B	b	G	γ	Y1	y_B
B0	B	K	k	Y8	y_{Ai}
B1	B_1	M0	μ	Y9	y'_{Ai}
B2	B_2	P(2)	ψ_{12}	Z1	a'
B7	b_{k1}	P(3)	ψ_{13}		
B8	b_{k2}	P(4)	ψ_{14}		
B9	b_k	P(5)	ψ_{15}		
C	c	P0	ψ^*		
C0	C	P1	ψ_{1i}		
C9	C'	P2	ψ_m		
D	d	P9	P0-Hilfe		
D0	D				
D1	Δa^*				
D2	Δa				
D9	D'				
E	Flagge				

Tabelle 3.1/85c Gegenüberstellung der HP-85-Variablennamen und der HP-41-Register

Register	Variablen		Register	Variablen	
00	D1	Δa	31	Y(1)	y_1
01	F9	$\Delta\varphi$	32	Y(2)	y_2
02	A, A3	a	33	Y(3)	y_3
03	B	b	34	Y(4)	y_4
04	C	c	35	Y(5)	y_5
05	D	d	36	–	
06	S	s	37	B1	B
07	F0	φ^*	38	B1	B
08	F(2)	φ_{12}	39	B0	B
09	F(3)	φ_{13}	40	–	
10	F(4)	φ_{14}	41	B2	B_2
11	F(5)	φ_{15}	42	Z1	R_{02}
12	P(2)	ψ_{12}	43	D2	R_{00}
13	P(3)	ψ_{13}	44	K	k
14	P(4)	ψ_{14}	45	X1	x_B
15	P(5)	ψ_{15}	46	Y1	y_B
16	F1, X8, X9	φ_{1i}, x_i	47	P0	ψ^*
17	P1, Y8, Y9	ψ_{1i}, y_i	48	F1	φ_{1i}
18	A7	a_{k1}	49	F(6)	φ_{16}
19	B7	b_{k1}	50	F(7)	φ_{17}
20	R7	r_{k1}	51	F0	φ_0^*
21	X(1)	x_1	52	S0	S
22	X(2)	x_2			
23	X(3)	x_3			
24	X(4)	x_4			
25	X(5)	x_5			
26	B8, B9, D0	b_k, D			
27	A8, A9, C0	a_k, C			
28	R8, R9	r_k			
29	A5	a^*			
30	A6	a_{max}			

Tabelle 3.2/85 Vollständige Anweisungsliste

```
 1 ! *** >>> PROGR. GELENK ****
     >>> MARZ 1984 <<<
 2 ! ---------------------------
 3 E=0
 4 DEG
 5 IMAGE 12A,M3D.4D
10 CLEAR @ DISP
20 DISP "*****     BERECHNUNG VO
   N  *****" @ DISP
22 DISP "*          GELENKVIERECKE
   N        *"
24 DISP "*für gegebene Winkelbe
   wegungen*"
26 DISP "***********************
   *********"
```

Tabelle 3.2/85 (Fortsetzung 1)

```
 28 BEEP 10,200 @ BEEP 20,200 @
    BEEP 10,200
 50 ON KEY# 5,"START" GOTO 3000
 52 ON KEY# 1,"+PROT" GOTO 3000
 54 ON KEY# 2,"START" GOTO 4000
 56 ON KEY# 3,"WERTE" GOSUB 1000
 58 ON KEY# 4,"TEST" GOTO 400
 68 KEY LABEL
 70 GOTO 50
400 !
402 CLEAR @ BEEP @ DISP
404 DISP "*****   T E S T L A U
    F   *****"
406 DISP "*        -------------
    -          *"
408 DISP "*
               *"
410 DISP "*     mit fest vorgegeb
    enen       *"
412 DISP "*          Eingangswerte
    n          *"
414 DISP "**********************
    *********" @ DISP @ WAIT 200
    0
416 RESTORE
418 DATA 55,15,30,45,60,2,6,11.5
    ,17.5,60,5,10,5,60,-5,65
420 READ F0,F(2),F(3),F(4),F(5),
    P(2),P(3),P(4),P(5),D,F9,A5,
    D1,A6,F(6),F(7)
430 E=1
432 D2=D1
434 A=A5
435 DISP "                a =";A
436 GOSUB 2300
438 GOTO 2400
1000 CLEAR @ DISP
1002 DISP "***         WERTEEINGAB
     E       ***"
1004 DISP "*********************
     **********" @ DISP @ BEEP 1
     0,200 @ BEEP 20,200
1006 DISP "Eingabe der Eingangsw
     erte :" @ DISP
1026 DISP "Phi(*)";@ BEEP @ INPU
     T F0
1028 FOR K=2 TO 5 @ J=K+10
1030 DISP "Phi(";J;")";@ BEEP @
     INPUT F(K)
1032 NEXT K
1034 FOR K=2 TO 5 @ J=K+10
1036 DISP "Psi(";J;")";@ BEEP @
     INPUT P(K)
1038 NEXT K
```

Tabelle 3.2/85 (Fortsetzung 2)

```
1040 DISP "d";@ BEEP @ INPUT D
1042 DISP "Delta-Phi";@ BEEP @ I
     NPUT F9
1044 DISP "a(*)";@ BEEP @ INPUT
     A5
1046 DISP "Delta-a";@ BEEP @ INP
     UT D1
1048 DISP "a(max)";@ BEEP @ INPU
     T A6
1050 DISP "Phi(16)";@ BEEP @ INP
     UT F(6)
1052 DISP "Phi(17)";@ BEEP @ INP
     UT F(7)
1054 BEEP 10,200 @ BEEP 20,200
1056 E=1 ! Flagge für: "Werte
     sind eingegeben"
1058 RETURN
2000 ! Unterprogramm
       Kreis durch 3 Punkte
2002 D0=(X(1)-X(2))/(Y(2)-Y(1))
     !                    D
2004 C0=(X(1)-X(3))/(Y(3)-Y(1))
     !                    C
2006 A0=-(D0*(X(2)+X(1)))+Y(2)+Y
     (1) !                A
2008 A9=(A0+C0*(X(3)+X(1))-Y(3)-
     Y(1))/(2*(C0-D0)) ! a(k)
2010 B9=A9*D0+A0/2 !      b(k)
2012 R9=SQR((B9-Y(1))^2+(A9-X(1)
     )^2) !               r(k)
2020 RETURN
2100 ! Unterprogramm Berechnung
       der A'-Koordinaten
2102 X8=A*COS(F0+F1)-D ! x(Ai)
2104 Y8=A*SIN(F0+F1) !   y(Ai)
2106 F=SQR(X8^2+Y8^2) !  f
2108 G=ATN2(Y8,X8) !     Gamma
2110 X9=F*COS(G-P1) !    x'(Ai)
2112 Y9=F*SIN(G-P1) !    y'(Ai)
2114 RETURN
2200 ! B-Unterprogramm
2202 B0=SQR((A8-A7)^2+(B8-B7)^2)
      !                   B
2204 RETURN
2300 ! Vorprogramm
2302 GOSUB 3100
2304 B1=B0 !              B(1)
2306 A=A+.0001 !          a
2308 GOSUB 3100
2310 B2=B0 !              B(2)
2312 C9=SGN(SIN(ATN((B2-B1)/.000
     1))) !               C'
```

Tabelle 3.2/85 (Fortsetzung 3)

```
2314 RETURN
2400 ! a-Fixierung
2402 A=A+D1 !              a
2404 DISP "                a =";A
2406 IF A>A6 THEN 4100
2408 GOSUB 3100
2409 B1=B0
2410 A=A+.001
2412 GOSUB 3100
2413 B2=B0
2414 D9=SIN(ATN((B2-B1)/.001)) !
                          D'
2416 IF D9*C9<0 THEN 2600 ELSE 2
     400
2600 ! Schrittweiten-Änderung
2602 BEEP 10,200 @ BEEP 20,200 @
      BEEP 10,200
2606 A1=A-D1 @ A=A-D1
2607 GOSUB 3100
2608 B1=B0
2610 Z1=A
2612 GOSUB 2700
2613 A=A3
2614 GOSUB 3100
2616 A=Z1 !                a
2618 D1=.1*D1 !  Delta a
2620 IF D1<.0001 THEN GOSUB 2800
2622 IF ABS(D9)<.01 THEN GOSUB 2
     800
2624 IF ABS(B0)>D THEN 4500
2626 GOTO 2400
2700 ! Unterprogramm
     Regula falsi
2702 A3=(B2*A1-B1*(A1+D1))/(B2-B
     1) !                  a(3)
2704 RETURN
2800 ! Kennwerte-Unterprogramm
2802 GOSUB 3100
2804 X1=(A7+A8)/2 !        x(B)
2806 Y1=(B7+B8)/2 !        y(B)
2808 P9=ATN(Y1/X1) !       Psi(*)
2809 P0=P9+ACS(SGN(P9))
2810 C=X1/COS(P0) !        c
2811 PRINT @ PRINT "Ergebnisse:"
2812 PRINT @ PRINT USING 5 ; "
      Phi(*) =";F0
2814 PRINT USING 5 ; "     Psi(*)
     =";P0
2815 PRINT USING 5 ; "     a
     =";A
2816 PRINT USING 5 ; "     B
     =";B0
2818 P2=ATN(Y(1)/X(1)) ! Psi(m)
```

vgl. Fußnote zu Gl. (3.25) in 3.3.4

Tabelle 3.2/85 (Fortsetzung 4)

```
2820 S=SGN(SIN(P2-P0)) ! s
2822 B=SQR((Y(1)-Y1)^2+(X(1)-X1)
     ^2) ! b
2824 PRINT USING 5 ; "    a
     =";A
2826 PRINT USING 5 ; "    b
     =";B
2828 PRINT USING 5 ; "    c
     =";C
2830 PRINT USING 5 ; "    d
     =";D
2832 PRINT USING 5 ; "    s
     =";S
2834 F1=0 !      Phi(1i)
2836 GOSUB 2900
2838 PRINT USING 5 ; "    Mü(1)
     ='";M0
2840 F1=F(2) ! =Phi(12)
2842 GOSUB 2900
2844 PRINT USING 5 ; "    Mü(2)
     =";M0
2846 F1=F(3) ! =Phi(13)
2848 GOSUB 2900
2850 PRINT USING 5 ; "    Mü(3)
     =";M0
2852 F1=F(4) ! =Phi(14)
2854 GOSUB 2900
2856 PRINT USING 5 ; "    Mü(4)
     =";M0
2858 F1=F(5) ! =Phi(15)
2860 GOSUB 2900
2862 PRINT USING 5 ; "    Mü(5)
     =";M0
2864 F1=F(6) ! =Phi(16)
2866 GOSUB 2900
2868 PRINT USING 5 ; "    Mü(6)
     =";M0
2870 F1=F(7) ! =Phi(17)
2872 GOSUB 2900
2874 PRINT USING 5 ; "    Mü(7)
     =";M0
2876 F1=-F0 ! =-Phi(*)
2878 GOSUB 2900
2880 PRINT USING 5 ; "    Mü(i)
     =";M0
2882 F1=180-F0
2884 GOSUB 2900
2886 PRINT USING 5 ; "    Mü(a)
     =";M0
2887 PRINT "---------------------
     -----------"
2888 D1=D2 ! Delta a(*)= Delta a
2890 A=A+D1 !        a=a+Delta a
2892 GOSUB 2300
```

Tabelle 3.2/85 (Fortsetzung 5)

```
2894 RETURN
2900 ! Unterprogramm
       Übertragungswinkel
2902 X8=A*COS(F0+F1)-D ! x(Ai)
2904 Y8=A*SIN(F0+F1) !   y(Ai)
2906 F=SQR(X8^2+Y8^2) !  f
2908 S0=(B*B+C*C-F*F)/2/B/C ! S
2910 M0=ACS(S0) ! Mü
2911 ON ERROR GOTO 2920
2912 RETURN
2920 M0=999.9999
2930 RETURN
3000 CLEAR @ BEEP @ DISP
3006 DISP "*  H A U P T P R O G
     R A M M  *"
3008 DISP "*  ------------------
     -------  *"
3010 DISP "*  mit Protokollierun
     g aller  *"
3012 DISP "*         Eingangsgröß
     en       *"
3014 DISP "*********************
     **********" @ DISP @ WAIT 2
     000
3016 IF E=0 THEN GOSUB 1000 ELSE
      3020
3018 GOTO 3000
3020 PRINT @ PRINT "  VIER-WINKE
     L-ZUORDNUNG"
3022 PRINT "  ==================
     ===" @ PRINT
3023 PRINT "Eingangswerte:" @ PR
     INT
3024 PRINT USING 5 ; "  Phi(*)
     =";F0
3026 PRINT USING 5 ; "  Phi(12)
     =";F(2)
3028 PRINT USING 5 ; "  Phi(13)
     =";F(3)
3030 PRINT USING 5 ; "  Phi(14)
     =";F(4)
3032 PRINT USING 5 ; "  Phi(15)
     =";F(5)
3034 PRINT USING 5 ; "  Psi(12)
     =";P(2)
3036 PRINT USING 5 ; "  Psi(13)
     =";P(3)
3038 PRINT USING 5 ; "  Psi(14)
     =";P(4)
3040 PRINT USING 5 ; "  Psi(15)
     =";P(5)
3042 PRINT USING 5 ; "  d
     =";D
```

Tabelle 3.2/85 (Fortsetzung 6)

```
3044 PRINT USING 5 ; "  DeltaPhi
     =";F9
3046 PRINT USING 5 ; "  a(*)
     =";A5
3048 PRINT USING 5 ; "  Delta-a
     =";D1
3050 PRINT USING 5 ; "  a(max)
     =";A6
3052 PRINT USING 5 ; "  Phi(16)
     =";F(6)
3054 PRINT USING 5 ; "  Phi(17)
     =";F(7)
3055 PRINT "--------------------
     -----------"
3056 D2=D1 ! Delta-a=Delta-a(*)
3058 A=A5 !  a=a(*)
3059 DISP "                a =";A
3060 GOSUB 2300
3062 GOTO 2400
3100 ! Unterprogramm Differenz B
3102 X(1)=A*COS(F0)-D ! x(1)
3104 Y(1)=A*SIN(F0) !   y(1)
3106 F1=F(2) @ P1=P(2)
3108 GOSUB 2100
3110 X(2)=X9 !          x(2)
3112 Y(2)=Y9 !          y(2)
3114 F1=F(3) @ P1=P(3)
3116 GOSUB 2100
3118 X(3)=X9 !          x(3)
3120 Y(3)=Y9 !          y(3)
3122 GOSUB 2000
3124 A7=A9 @ B7=B9 @ R7=R9
3125 F1=F(4) @ P1=P(4)
3126 GOSUB 2100
3128 X(2)=X9 !          x(2)
3130 Y(2)=Y9 !          y(2)
3132 F1=F(5) @ P1=P(5)
3134 GOSUB 2100
3136 X(3)=X9 !          x(3)
3138 Y(3)=Y9 !          y(3)
3140 GOSUB 2000
3142 A8=A9 @ B8=B9 @ R8=R9
3144 K=R8-R7 !          k
3146 GOSUB 2200
3148 RETURN
4000 CLEAR @ BEEP @ DISP
4002 DISP "*  H A U P T P R O G
     R A M M  *"
4004 DISP "*  ------------------
     ---------*"
4006 DISP "*  ohne Protokollieru
     ng der   *"
4008 DISP "*        Eingangswert
     e        *"
```

Tabelle 3.2/85 (Fortsetzung 7)

```
4010 DISP "**********************
     **********" @ DISP @ WAIT 2
     000
4012 IF E=0 THEN GOSUB 1000 ELSE
      4020
4014 GOTO 4000
4020 PRINT
4022 PRINT USING 5 ; "  a(*)
     =";A5
4024 PRINT USING 5 ; "  a(max)
     =";A6
4026 PRINT USING 5 ; "  Delta-a
     =";D1
4027 PRINT "--------------------
     -----------"
4028 D2=D1
4030 DISP "a";@ BEEP @ INPUT A
4031 DISP "                a =";A
4032 GOSUB 2300
4034 GOTO 2400
4100 ! Obergangsprogramm
       für Phi(*)
4102 PRINT @ PRINT USING 5 ; "Ph
     i(*)-Ende =";F0
4103 PRINT "--------------------
     -----------"
4104 A=A5 !      a(min)/a(*)
4106 F0=F0+F9 ! Phi(*)+Delta Phi
4108 GOSUB 2300
4110 GOTO 2400
4500 ! Obergangsprogramm
       für a-Obersprung
4502 D1=D2 ! Delta a(*)=Delta a
4504 A=A+D1
4506 GOSUB 2300
4508 GOTO 2400
```

Tabelle 3.3/85 Struktogramme für Startmenü, Testlauf, Werteeingabe und Hauptprogramm

	E = 0; DEG; IMAGE			
50	ON KEY #			
	1	2	3	4
	3000 (START)	4000 (START)	(1000) (WERTE)	400 (TEST)

Zeile 1: E = 0; DEG; IMAGE

400	
	"TESTLAUF"
	READ DATA; E = 1
	GOTO 3000

Tabelle 3.3/85 (Fortsetzung)

1000

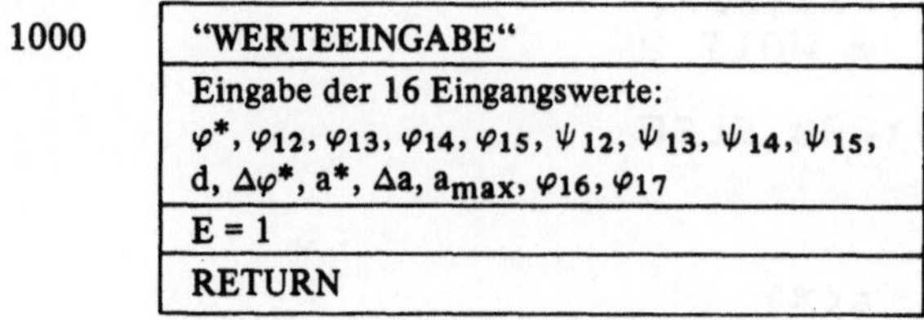

3000

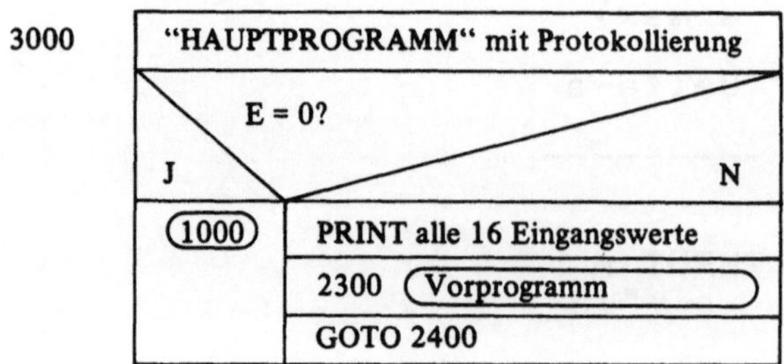

4000

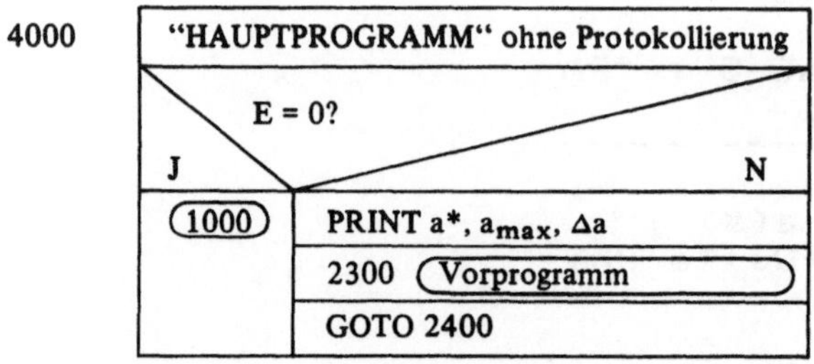

Das Vorprogramm (ab Zeile 2300) mit den zugehörigen Unterprogrammen 3100, 2000, 2100 und 2200 ist mit **Tabelle 3.4/85** dokumentiert. Der Programmteil ab Zeile 2400 zur a-Fixierung ist durch die Struktogramme in **Tabelle 3.5/85** beschrieben.

Tabelle 3.6/85 zeigt schließlich den Gesamtzusammenhang des HP-85-Programms mit allen Verzweigungen in Form eines Flußdiagramms.

Tabelle 3.4/85 Struktogramme des Vorprogramms (Zeile 2300) und der zugehörigen Unterprogramme

2300

"VORPROGRAMM"
3100 (Differenz B)
$B_1 = B$; $a = a + .001$
3100 (Differenz B)
$B_2 = B$; C-Berechnung
RETURN

2000

"KREIS DURCH 3 PUNKTE"
D; C; A; a_k; b_k; r_k
RETURN

2100

"A'-KOORDINATEN"
x_{Ai}; y_{Ai}; f; γ; x'_{Ai}, y'_{Ai}
RETURN

3100

"DIFFERENZ B"
x_1; y_1; $\varphi_{1i} = \varphi_{12}$; $\psi_{1i} = \psi_{12}$ 2100 (Kreiskoordinaten)
x_2; y_2; $\varphi_{1i} = \varphi_{13}$; $\psi_{1i} = \psi_{13}$ 2100 (Kreiskoordinaten)
x_3; y_3 2000 (Dreipunkte-Kreis)
a_k; b_k; r_k 2100 (Kreiskoordinaten)
x_2; y_2; $\varphi_{1i} = \varphi_{15}$; $\psi_{1i} = \psi_{15}$ 2100 (Kreiskoordinaten)
x_3; y_3 2000 (Dreipunkte-Kreis)
a_k; b_k; r_k 2200 (B-Unterprogramm)
RETURN

2200

"B-UNTERPROGRAMM"
B
RETURN

Tabelle 3.5/85 Struktogramme des Teils für die a-Fixierung und der darin aufgerufenen Moduln

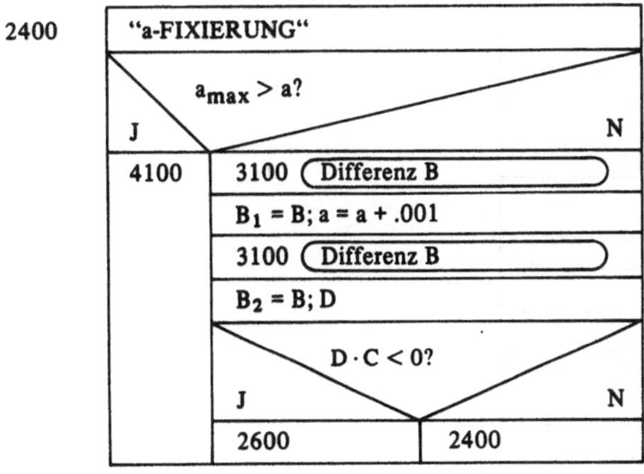

Tabelle 3.5/85 (Fortsetzung)

2600

"SCHRITTWEITEN-ÄNDERUNG"
BEEP; $a_1 = a - \Delta a$; $a = a_1$
3100 (Differenz B)
$B_1 = B$; $a' = a$
2700 (Regula falsi $\rightarrow a_3$)
$a = a_3$
3100 (Differenz B)
$a = a'$; $\Delta a = .1 \cdot \Delta a$
$\Delta a < .0001$? J: (2800) — N: $\lvert D' \rvert < .01$? J: (2800) — N: $\lvert B \rvert > d$? J: 4500 — N: 2400

2700

"REGULA FALSI"
a_3
RETURN

2800

"KENNWERTE"
3100 (Differenz B)
x_B; y_B; ψ^*; c
PRINT "Ergebnisse:" φ^*; ψ^*; a; B; a; b; c; d; s
Für μ_1; ... μ_7; μ_i; μ_a
φ_{1i} 2900 (Übertragungswinkel)
PRINT
$\Delta a^* = \Delta a$; $a = a + \Delta a^*$
2300 (Vorprogramm)
RETURN

2900

"ÜBERTRAGUNGSWINKEL"
x_{Ai}; y_{Ai}; f; S; μ
RETURN

4100

"ÜBERGANGSPROGRAMM" für ψ^*
PRINT "φ^*-Ende** $a = a^*$; $\varphi^* = \varphi^* + \Delta\varphi$
2300 (Vorprogramm)
GOTO 2400

4500

"ÜBERGANGSPROGRAMM" für a-Übersprung
$\Delta a^* = \Delta a$; $a = a + \Delta a^*$
2300 (Vorprogramm)
GOTO 2400

Tabelle 3.6/85 Flußdiagramm des gesamten HP-85-Programms

Programmstart

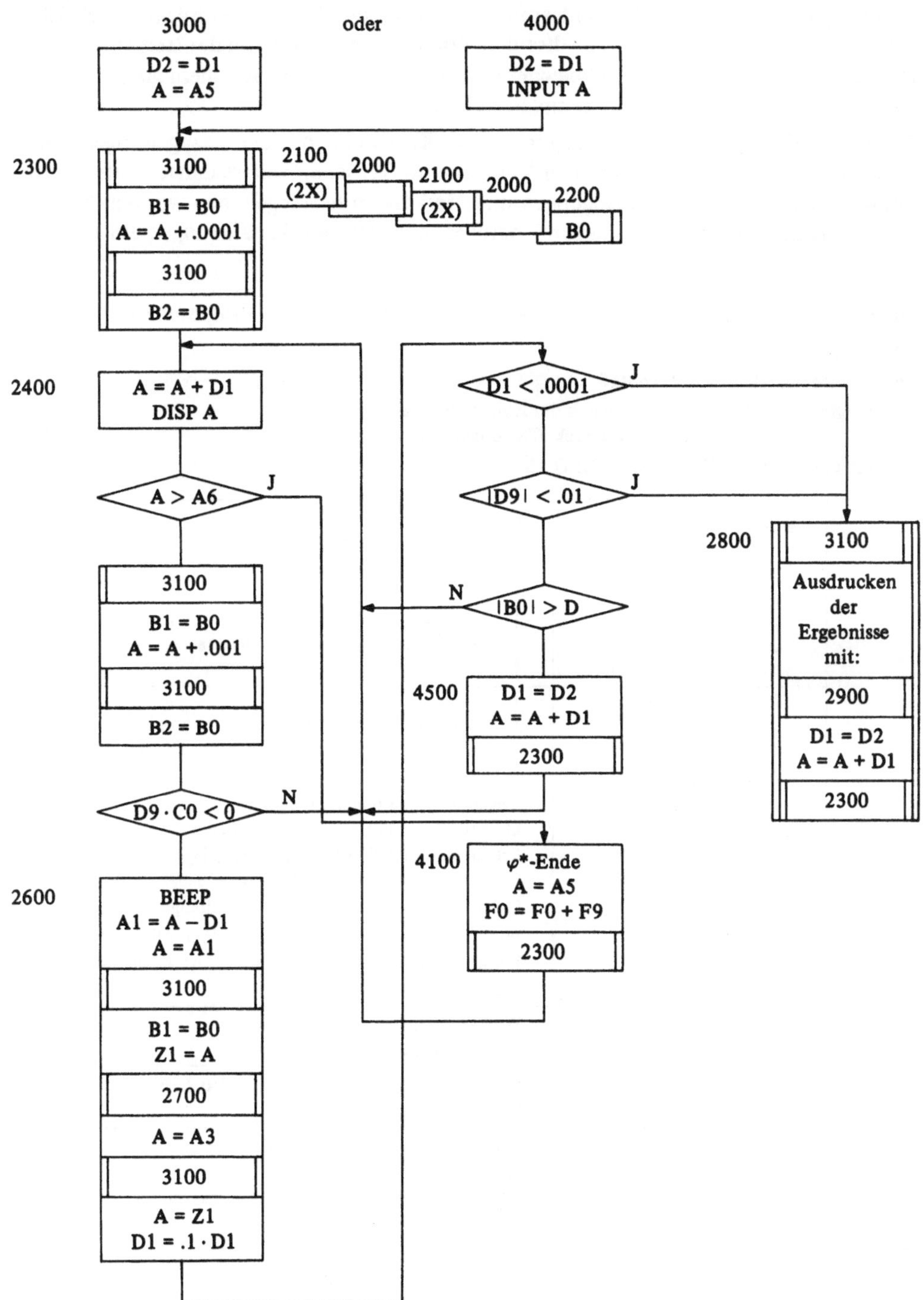

3.3.8 Bedienungsanweisungen für den HP-41-Programmablauf

Für den Rechner HP-41CV wurde das Programm so ausgelegt, daß jede Einzelgröße einem bestimmten Speicher vor Beginn der Rechnung zugewiesen wird. Gegenüber der gelegentlich ausgeübten Vorgehensweise mit aufeinanderfolgenden R/S-Tastendrücken nach Hinweisen im Rechner-Schriftfeld, hat dies den Vorzug, unabhängig von der Reihenfolge der Eingabe zu sein, jeden einzelnen Speicher nachprüfen zu können, vor allem aber auch neu einzustellen und außerdem Programmplätze einzusparen.

Tabelle 3.7/41 zeigt die 16 Eingangsgrößen als Kennwerte mit den dazugehörigen Speichern und Hinweisen auf die einzelnen Merkmale im Getriebe. Weitere danach aufgeführte Kennwerte sind mit Speicherbelegungen und Merkmalen hervorgehoben worden. So gibt die ausgedruckte Differenz B Auskunft darüber, mit welchen Annäherungen ein Gelenk-

Tabelle 3.7/41 Eingangsgrößen und wichtige Kennwerte des Programmes „Winkelbewegungen"

Speicherbelegung: XEQ α-SIZE α 055

Rechenbeginn: XEQ 30 mit Ausdruck der Eingangswerte

XEQ 40 ohne Ausdruck aller Eingangswerte

Ausdruck von Zwischen-Ergebnissen: XEQ 28

	Kennwert	Speicher	Merkmal im Getriebe
Eingangs-Größen	φ^*	R07	Kurbellagenwinkel für Lage 1
	φ_{12}	R08	Kurbelwinkel für Lagen 1 bis 5 von Lage 1 aus gemessen. Lagen der Kurbel a
	φ_{13}	R09	
	φ_{14}	R10	
	φ_{15}	R11	
	ψ_{12}	R12	Relativwinkel des Abtriebsgliedes von jeweiliger Ausgangslage gemessen; Lagen des Gliedes c
	ψ_{13}	R13	
	ψ_{14}	R14	
	ψ_{15}	R15	
	d	R05	Gestellänge des Gelenkvierecks
	a*	R29	kleinste Kurbellänge bei Rechenbeginn
	$\Delta\varphi^*$	R01	Schrittweite für Wechsel der Kurbellage 1
	Δa^*	R00	Schrittweite für Wechsel der Kurbellänge
	a_{max}	R30	Größte als zulässig erachtete Kurbellänge
	φ_{16}	R49	Winkel für noch zu durchlaufende Kurbellage vor Lage 1
	φ_{17}	R50	Winkel für noch zu durchlaufende Kurbellage nach Lage 5
Wichtige Kennwerte des Gelenkvierecks	φ^*	R07	Winkel für Lage 1 der Kurbel a
	ψ^*	R47	Winkel für Lage 1 des Gliedes c
	B	R39	kleinste erzielbare Kreismittelpunkts-Differenz $B = B_{123} - B_{145}$
	a	R02	Kurbellänge im Gelenkviereck
	b	R03	Koppellänge im Gelenkviereck
	c	R04	Länge des Abtriebsgliedes, im Gelenkviereck
	d	R05	Gestellänge im Gelenkviereck
	s	R06	Bereichsfaktor des Gelenkvierecks

viereck gefunden werden konnte. Die Anfangswinkel φ^* und ψ^* (φ^* stimmt im allgemeinen nicht mit dem gleichnamigen Winkel zu Beginn des Programms überein!) ermöglichen mit einer willkommenen Überbestimmung die Lagen-Definition des Gelenkvierecks, wenn dessen Abmessungen a, b, c, d und der Kennwert s eingesetzt werden. Mit den zugehörigen Speichern läßt sich das Gelenkviereck sofort für andere Zwecke einsetzen oder auch z. B. hinsichtlich einer Genauigkeit weiter untersuchen.

Zur Bedienungsanleitung gehören noch die für HP-41CV erforderliche „Size"-Anweisung und die Einleitung des Programmablaufes mit „XEQ..." Zur Orientierung über den Stand der Rechnung in bestimmten Zwischen-Stationen lassen noch die entsprechenden Zwischen-Ergebnisse mit XEQ 28 einen Abruf und einen Ausdruck zu.

3.3.9 Bedienungsanweisungen für den HP-85-Programmablauf

Nach Laden des Programms mit LOAD „GELENK" und Starten mit RUN wird auf dem Bildschirm das Anfangsmenü dargestellt (Tabelle 3.7/85). Funktionstaste k1 bewirkt den vollständigen Programmlauf (Startzeile 3000) mit Protokollierung aller Eingangswerte (vgl. Tabelle 3.2/85 und 3.3/85).

Tabelle 3.7/85 Startmenü des HP-85-Programms

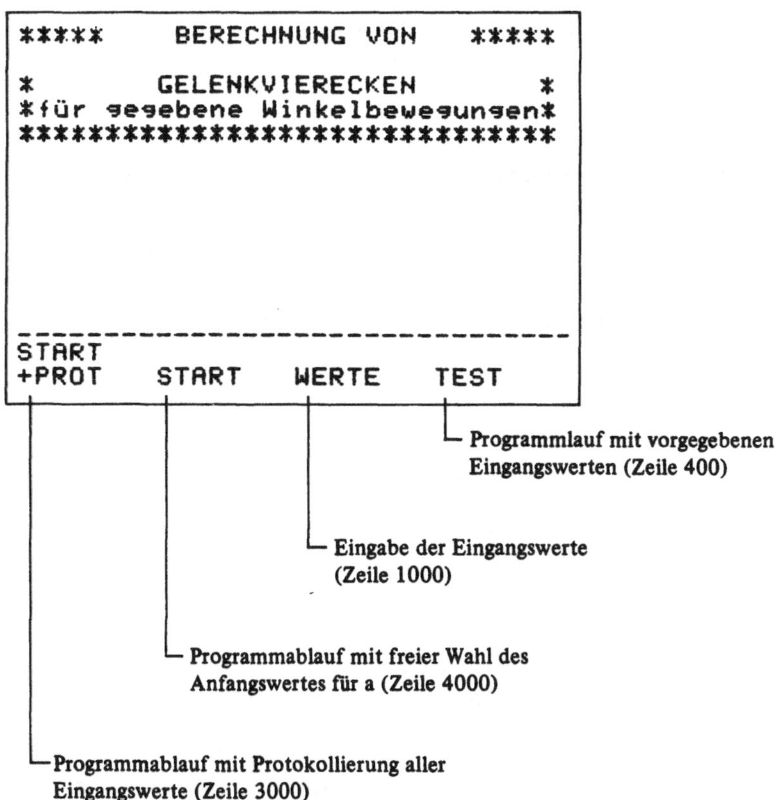

Mit k2 wird Zeile 4000 angesprungen; es werden dann nur a*, a_{max} und Δa ausgedruckt, für a kann bzw. muß ein geeigneter Wert eingegeben werden (Tabelle 3.8/85) der z.B. aus einem vorangegangenen Lauf als günstig erkannt wurde. In beiden Fällen verzweigt das Programm automatisch zur Werteeingabe-Routine (Zeile 1000), falls noch keine Eingangswerte eingegeben wurden (Tabelle 3.9/85). Anschließend meldet sich wieder das Anfangsmenü.

Tabelle 3.8/85 Hauptprogramm ohne vollständiger Werte-Protokollierung

Bildschirm **Drucker**

```
*  H A U P T P R O G R A M M  *
*-----------------------------*
*  ohne Protokollierung der   *
*       Eingangswerte         *
*******************************
                                          a(*)     =   10.0000
a?                                        a(max)   =   60.0000
30                                        Delta-a  =    5.0000
```

Tabelle 3.9/85 Automatische Verzweigung zur Werteeingabe

```
*  H A U P T P R O G R A M M  *
*  -------------------------  *
*  mit Protokollierung aller  *
*        Eingangsgrößen       *
*******************************


***       WERTEEINGABE      ***
*******************************

Eingabe der Eingangswerte :

Phi(*)?

                              a(*)?
 .                            10
                              Delta-a?
 .                            5
                              a(max)?
 .                            60
                              Phi(16)?
                              -5
Psi( 15 )?                    Phi(17)?
17.5                          65
d?
60                            ---------------------------
Delta-Phi?                    START
5                             +PROT   START   WERTE   TEST
```

Wird nach der Werteeingabe mit k1 fortgesetzt, wird entsprechend **Tabelle 3.10/85** ein vollständiges Protokoll ausgedruckt. Auf dem Bildschirm wird fortlaufend der aktuelle a-Wert angezeigt. Das Verzweigen im Programm zur Zeile 2600 (Schrittweiten-Änderung) wird durch ein Dreifach-„BEEP“ signalisiert.

Zur bequemen Überprüfung der Abläufe ist die Test-Routine verfügbar, die mit den über READ...DATA im Programm vorgegebenen Eingangswerten arbeitet. Diese Werte stimmen mit denen in Tabelle 3.10/85 und 3.8/41 (in Abschnitt 3.3.8) überein. Auf dem Bildschirm werden wieder die aktuellen a-Werte angezeigt, der Drucker schreibt fortlaufend alle Ergebnisse mit (**Tabelle 3.11/85**).

Ein Hinweis: Um Papier zu sparen, kann mit PRINTER IS 1 die Druckerausgabe auf den Bildschirm geleitet werden.

Tabelle 3.10/85 Vollständiger Ausdruck der Eingangswerte

Bildschirm

```
*  H A U P T P R O G R A M M  *
*  -------------------------  *
*  mit Protokollierung aller  *
*       Eingangsgrößen        *
*******************************

            a = 15.0001
            a = 20.0011
            a = 25.0021
            a = 30.0031
            a = 25.5041
            a = 26.0051
            a = 25.5561
            a = 25.6071
            a = 25.5631
```

Drucker

```
  VIER-WINKEL-ZUORDNUNG
  =====================

Eingangswerte:

  Phi(*)   =   55.0000
  Phi(12)  =   15.0000
  Phi(13)  =   30.0000
  Phi(14)  =   45.0000
  Phi(15)  =   60.0000
  Psi(12)  =    2.0000
  Psi(13)  =    6.0000
  Psi(14)  =   11.5000
  Psi(15)  =   17.5000
  d        =   60.0000
  DeltaPhi=     5.0000
  a(*)     =   10.0000
  Delta-a  =    5.0000
  a(max)   =   60.0000
  Phi(16)  =   -5.0000
  Phi(17)  =   65.0000
-------------------------
```

Tabelle 3.11/85 Testlauf mit Ergebnissen

```
*****    T E S T L A U F    *****
*        ---------------        *
*                               *
*     mit fest vorgegebenen     *
*        Eingangswerten         *
*********************************

            a = 10
            a = 15.0001
            a = 20.0011
            a = 25.0021
            a = 30.0031
            a = 25.5041
            a = 26.0051
            a = 25.5561
            a = 25.6071
```

Tabelle 3.11/85 (Fortsetzung)

```
Ergebnisse:

   Phi(*) =    55.0000
   Psi(*) =   100.9171
   a      =    25.5601
   B      =      .6461
   a      =    25.5601
   b      =    51.9721
   c      =    61.6495
   d      =    60.0000
   s      =     1.0000
   Mü(1)  ='   51.2874
   Mü(2)  =    59.0306
   Mü(3)  =    66.8842
   Mü(4)  =    74.4691
   Mü(5)  =    81.4548
   Mü(6)  =    48.8113
   Mü(7)  =    83.5953
   Mü(i)  =    33.9506
   Mü(a)  =    97.3409
--------------------------

Ergebnisse:

   Phi(*) =    55.0000
   Psi(*) =    87.8904
   a      =    30.5602
   B      =     9.9305
   a      =    30.5602
   b      =    72.8609
   c      =    82.0045
   d      =    60.0000
   s      =     1.0000
   Mü(1)  ='   36.5242
   Mü(2)  =    42.8999
   Mü(3)  =    49.1311
   Mü(4)  =    54.9498
   Mü(5)  =    60.1396
   Mü(6)  =    34.4272
   Mü(7)  =    61.6966
   Mü(i)  =    20.8576
   Mü(a)  =    71.2948
--------------------------

Phi(*)-Ende    55.0000
--------------------------

Ergebnisse:

   Phi(*) =    60.0000
   Psi(*) =   109.4725
   a      =    25.8831
   B      =      .5957
   a      =    25.8831
   b      =    44.9714
   c      =    63.5347
   d      =    60.0000
   s      =     1.0000
   Mü(1)  ='   55.1247
   Mü(2)  =    63.9849
   Mü(3)  =    72.8015
   Mü(4)  =    81.2132
   Mü(5)  =    88.8784
   Mü(6)  =    52.2352
   Mü(7)  =    91.2065
   Mü(i)  =    32.0160
   Mü(a)  =   104.8645
--------------------------

Phi(*)-Ende    60.0000
--------------------------

Phi(*)-Ende    65.0000
--------------------------

Ergebnisse:

   Phi(*) =    70.0000
   Psi(*) =   125.4716
   a      =    25.3501
   B      =      .4762
   a      =    25.3501
   b      =    31.7546
   c      =    64.2032
   d      =    60.0000
   s      =     1.0000
   Mü(1)  ='   61.7779
   Mü(2)  =    73.5757
   Mü(3)  =    84.9413
   Mü(4)  =    95.5992
   Mü(5)  =   105.1784
   Mü(6)  =    57.7902
   Mü(7)  =   108.0478
   Mü(i)  =    15.4686
   Mü(a)  =   121.8923
--------------------------
```

3.3.10 Zahlenbeispiel für HP-41

In **Tabelle 3.8/41** sind zunächst die Eingangswerte, in ihrer Bedeutung in den Bildern 3.1 bis 3.3 dargestellt, mit ihrer Speicherbelegung aufgeführt. Die Rechnung wird mit XEQ 30 eingeleitet, wenn sämtliche Eingangswerte ausgedruckt worden sind, mit XEQ 40 aber, wenn nur die für Zwischenrechnungen wichtigen Werte a*, a_{max}, Δ_a ausgedruckt zu werden brauchen. In beiden Fällen wird die Rechnung ohne besondere manuelle Anweisungen automatisch eingeleitet. Bei jedem Durchgang wird der wichtigste, zu minimierende Wert B sowie die Differenzstrecke zwischen den beiden Kreismittelpunkten B_{123} und B_{145} kurzzeitig vom Rechner angezeigt.

Wenn die IF-Schranke für B überschritten wird, ertönt ein akustisches Zeichen, an dem zu erkennen ist, daß eine Lösung durch Iterationen vorbereitet wird. Nach jedem Überschreiten der a_{max}-Schranke wird „Phi-Ende" ausgedruckt, um bei automatischer Langzeitrechnung in jeder Zwischenphase anzuzeigen, in welchem Bereich gerade gerechnet wird.

Zunächst ist es zweckmäßig, die Rechnung mit verhältnismäßig großer Schrittweite $\Delta\varphi(\sim 5-10^\circ)$ zu beginnen. Zum Auffinden des kleinsten B-Wertes ist es dann ratsam, mit reduzierter Schrittweite $\Delta\varphi$ den B-Wert einzuengen. Selbstverständlich läßt sich auch diese Prozedur noch automatisieren; dann müßte aber auch, um keine Zeit zu vergeuden, im Programm vorgeschrieben werden, daß nur unterhalb eines gegebenen B-Wertes zu interpolieren ist.

Aus den vom Rechner erarbeiteten Zwischenergebnissen ist in jeder Zwischenphase ein Einblick in den Stand der Rechnung durch kurzen Stillstand zur Erkennung der jeweiligen Kurbellänge a gegeben. Durch Vergleich zweier aufeinanderfolgender a-Größen kann man an der großen oder kleinen Differenz erkennen, ob der Rechner gerade im Durchlauf mit Grob-Abtasten beschäftigt ist oder den Iterations-Vorgang durchläuft. Der Rechner ist in der Lage, über lange Zeiträume hinweg unbeaufsichtigt zu rechnen und zu drucken!

Mit den angegebenen Eingangswerten (Tabelle 3.8/41) wurde bei $\varphi^* = 55^\circ$ mit einer Sprungweite von $\Delta\varphi = 5^\circ$ und mit a = 10 begonnen. Dabei stellte sich heraus, daß es für $\varphi^* = 55^\circ$ zwei Extremwerte von B gibt, einmal für a = 25,5601 und zum anderen für a = 30,5602. Der Unterschied von B = 0,6461 im ersten Falle zu B = 9,9305 im zweiten Falle gibt zu der Feststellung Anlaß, daß in direkter Abhängigkeit hiervon auch die vom Gelenkviereck erreichte Genauigkeit stehen muß, was durch eine Nachrechnung auch bestätigt werden konnte. Eine Entscheidung darüber, welches der berechneten Gelenkvierecke am besten die gestellten Bedingungen zu erfüllen vermag, z. B. auch hinsichtlich des Platzbedarfes, muß allerdings weiteren gezielten Nach-Untersuchungen überlassen bleiben.

Sämtliche Übertragungswinkel μ liegen für B = 0,6461 noch in annehmbaren Grenzen, wobei hervorzuheben ist, daß eine Bewegungsübertragung bei $\mu = 0^\circ$ und $\mu = 180^\circ$ unmöglich wird, also auch deren Nähe zu vermeiden ist. Die beiden Übertragungswinkel μ_i und μ_a mit dem Betrag über 30° weisen darauf hin, daß ein solches Gelenkviereck gut umlauffähig ist. Gegen die Lösung mit B = 9,9303 spricht, falls Umlauffähigkeit verlangt wird, der zu kleine Übertragungswinkel $\mu_i = 20{,}8576^\circ$. Die weitere Lösung für $\varphi^* = 60^\circ$ mit B = 0,5957 deutet darauf hin, daß wegen des kleiner werdenden B eine Interpolation mit kleineren φ^*-Schritten zweckmäßig erscheint, wobei gleichzeitig auch bis zur Grenze $\mu_i \sim 30^\circ$, falls dieser Wert als noch zulässig erachtet wird, gegangen werden kann, also ein Kompromiß zwischen B und μ_i anzustreben wäre.

Tabelle 3.8/41 Zahlenbeispiel für die Gelenkviereck-Berechnung mit vorgeschriebener Vierwinkel-Zuordnung

XEQ 30

VIER-WINKEL ZUORDNUNG

PHI*

55.0000	$\varphi^* = R_{07}$

PHI:12,13,14,15

15.0000	$\varphi_{12} = R_{08}$
30.0000	$\varphi_{13} = R_{09}$
45.0000	$\varphi_{14} = R_{10}$
60.0000	$\varphi_{15} = R_{11}$

PSI:12,13,14,15

2.0000	$\psi_{12} = R_{12}$
6.0000	$\psi_{13} = R_{13}$
11.5000	$\psi_{14} = R_{14}$
17.5000	$\psi_{15} = R_{15}$

D,D-PHI

60.0000	$d = R_{05}$
5.0000	$\Delta\varphi = R_{01}$

A*,D-A,A-MAX

10.0000	$a^* = R_{29}$
5.0000	$\Delta a = R_{00}$
60.0000	$a_{max} = R_{30}$

PHI:16,17

-5.0000	$\varphi_{16} = R_{49}$
65.0000	$\varphi_{17} = R_{50}$

-.-.-.-.-

======

PHI*,PSI*,A,BD

55.0000	$\varphi^* = R_{07}$
100.9171	$\psi^* = R_{47}$
25.5601	$a = R_{02}$
0.6461	$B = R_{39}$

A,B,C,D,S

25.5601	$a = R_{02}$
51.9721	$b = R_{03}$
61.6495	$c = R_{04}$
60.0000	$\alpha = R_{05}$
1.0000	$s = R_{06}$

MUE:1-2-3-4-5

51.2874
59.0306
66.8842
74.4691
81.4548

MUE:6-7

48.8113
83.5953

MUE:I-A

33.9506
97.3409

======

PHI*,PSI*,A,BD

55.0000
87.8905
30.5602
9.9305

A,B,C,D,S

30.5602
72.8609
82.0045
60.0000
1.0000

MUE:1-2-3-4-5

36.5242
42.8999
49.1311
54.9498
60.1396

MUE:6-7

34.4272
61.6966

MUE:I-A

20.8576
71.2948

======

PHI*-ENDE

55.0000

======

PHI*,PSI*,A,BD

60.0000
109.4725
25.8831
0.5957

A,B,C,D,S

25.8831
44.9714
62.5347
60.0000
1.0000

MUE:1-2-3-4-5

55.1247
63.9849
72.8015
81.2132
88.8784

MUE:6-7

52.2352
91.2065

MUE:I-A

32.0160
104.8645

======

Die in Tabelle 3.8/41 angeführte Rechnung erfordert einen Zeitaufwand von 40 Minuten. Allgemeinverbindliche Aussagen lassen sich daraus aber nicht ableiten; denn vor allem die Schrittweiten-Voreinstellungen Δa und $\Delta\varphi$ beeinflussen in hohem Maße die Rechenzeit. Beide Werte aber zu grob einzustellen, um Zeit einzusparen, birgt die Gefahr in sich, daß manchmal eng begrenzte Lösungsfelder „verschluckt", also gar nicht erkannt werden.

3.3.11 Zahlenbeispiel für HP-85

Tabelle 3.10/85 in Abschnitt 3.3.9 zeigt die für das Zahlenbeispiel verwendeten Eingangswerte. Es sind dies die Werte, die für den bereits beschriebenen Testlauf (Funktionstaste k4) fest im Programm eingespeichert sind. Die Bilder 3.1 bis 3.3 in den Abschnitten 3.1 und 3.2 veranschaulichen die Bedeutung dieser Werte.

In Tabelle 3.11/85 in Abschnitt 3.3.9 sind vier Ergebnissätze für $\varphi^* = 55°$ (zwei Extremwerte von B), $\varphi^* = 60°$ und $\varphi^* = 70°$ angegeben. Für $\varphi^* = 65°$ gibt es keine Lösungen. Alle Lösungen sind natürlich mit den in Tabelle 3.8/41 dargestellten identisch, die mit dem HP-41 ermittelt wurden. Die Diskussion im vorigen Abschnitt 3.3.10 sind für dieses HP-85-Zahlenbeispiel voll gültig, weil dabei keine Rechner-Besonderheiten eingehen; sie müssen darum hier nicht wiederholt werden.

Ein Unterschied liegt aber bei der Arbeitsgeschwindigkeit: Während das Berechnen der Tabelle 3.8/41 mit dem HP-41 40 Minuten benötigt, läuft das HP-85-Programm für den gleichen Lösungsumfang (Tabelle 3.11/85) 4 Minuten und 15 Sekunden, wenn die Lösungsausgabe über den Bildschirm erfolgt. Für das Drucken wird natürlich etwas zusätzliche Zeit benötigt.

3.4 Praxisbeispiele für Vierwinkel-Zuordnungen

3.4.1 Achsschenkellenkung für Fahrzeuge mit kleinem Wenderadius

Bei nahezu allen selbstfahrenden Fahrzeugen wird die Vorderrad-Achsschenkellenkung verwendet. Sie garantiert auch bei Kurvenfahrt eine standsichere Vierpunktauflage. Die beiden Lenkräder müssen über ein Lenkgestänge für den Schwenkvorgang zwangsläufig gelenkig miteinander verbunden werden. Das früher noch vielfach verwendete Lenktrapez konnte den hierbei zu erfüllenden Winkelzuordnungs-Anspruch nur mit groben Annäherungen genügen, und dies vor allem, weil dieses Getriebe symmetrisch angeordnet wurde, wodurch naturgemäß wertvolle Entwurfsfreiheiten verloren gehen.

Deshalb werden bevorzugt geteilte Spurstangen verwendet, was den Übergang zu mehrgliedrigen, zunächst zu sechsgliedrigen Achsschenkellenkgetrieben bedeutet. Für normale Straßenfahrzeuge ist, wie für alle anderen Fahrzeuge auch, zwar ein möglichst kleiner Wenderadius erwünscht, der größere Radeinschlag verursacht aber konstruktive Schwierigkeiten, und deshalb begnügt man sich mit Kompromissen. Bei Spezialfahrzeugen werden aber oft kleine Wenderadien verlangt, bei landwirtschaftlichen Geräteträgern z.B., um in den raumbegrenzten Wirtschaftsbetrieben zum Zwecke der Ankopplung von Feldgeräten besser oder überhaupt rangieren zu können, vor allem aber auch bei den Feldarbeiten selbst, um ein möglichst kleines Vorgewende zu erhalten.

Jede Fahrzeuglenkung verlangt sowohl in Geradausfahrt als auch in Kurvenfahrt ein möglichst gleitfreies Rollen aller Räder auf der Fahrbahn, was allerdings bei hohen Anforderungen nur mit vielgliedrigen Lenkgestängen erreicht werden kann. Um in kosten-

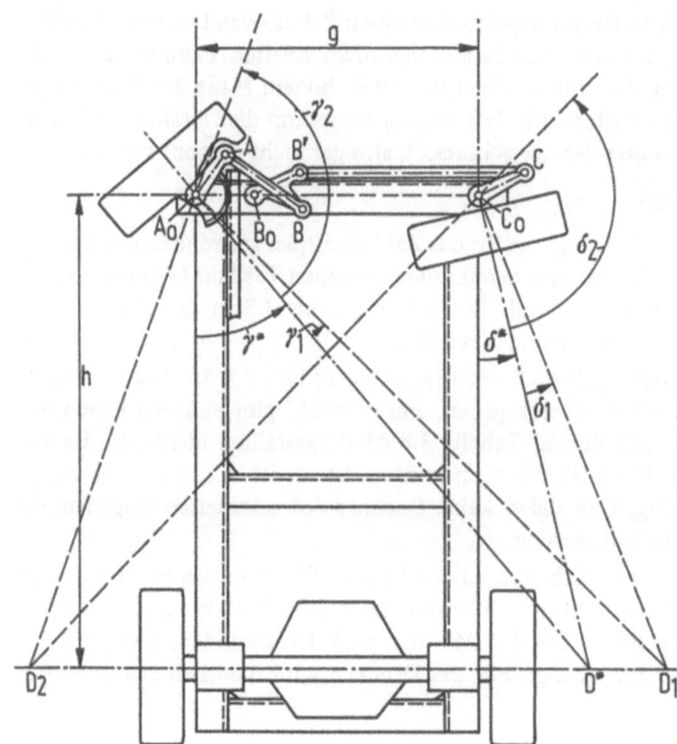

Bild 3.4
Geometrische Grundlagen für die Berechnung eines Achsschenkel-Lenkgestänges für ein selbstfahrendes landwirtschaftliches Fahrzeug auf der Grundlage der Vierwinkel-Zuordnungen

günstigen Grenzen zu bleiben, begnügt man sich mit den möglichen günstigsten Annäherungen. Das Funktionsgetriebe für die Achsschenkellenkung kann das vorgeschriebene Gesetz um so besser erfüllen, je kleiner der Bewegungsbereich ist.

Für die hier gestellte Aufgabe soll versucht werden, den abdeckbaren Bereich möglichst gut mit dem Vierwinkel-Zuordnungsprogramm anzunähern. Nach **Bild 3.4** ist ein reines Rollen aller vier Räder nur möglich, wenn sich die Achsen der zur Lenkung verschwenkten Vorderräder in einem Punkt D auf der festen Hinterachse schneiden. Der kleinste Wenderadius soll durch den Schnittpunkt D* und symmetrisch hierzu durch den auf der anderen Seite liegenden korrespondierenden Punkt vorgegeben sein. Dann ergeben sich für das linke Vorderrad der Anfangswinkel γ^* und für das rechte Vorderrad der Anfangswinkel δ^*. Wenn aus dieser Anfangsstellung heraus ein (Antriebs-) Verdrehwinkel γ_1 angegeben wird, errechnet sich der zugehörige (Abtriebs-) Verdrehwinkel δ_1 für die Spurweite g und den Achsabstand h:

$$\delta_1 = \text{arc tan}\,[\tan(\gamma^* + \gamma_1) - \frac{g}{h}] - \text{arc tan}\,(\gamma^* - \frac{g}{h}) \tag{3.27}$$

Wenn $(\gamma^* + \gamma_1) > 90°$ ist, müssen die Verlängerungen der Radachsen zur Winkelmessung herangezogen werden, Gl. (3.27) muß dann z.B. um einen Winkel δ_2 erweitert werden:

$$\delta_2 = \text{arc tan}\,[\tan(\gamma^* + \gamma_2) - \frac{g}{h}] - \text{arc tan}\,(\gamma^* - \frac{g}{h}) + 180° \tag{3.28}$$

Die Achsschenkellenkung soll aus dem Parallelkurbelgetriebe $B_0B'CC_0$ und dem Funktions-Gelenkviereck A_0ABB_0 bestehen. Das erstere soll lediglich zur winkeltreuen Bewegungsweiterleitung dienen, seine je zwei paarweise gleichlangen, gegenüberliegenden Glieder ermöglichen eine weitgehende Anpassung an die Platzverhältnisse, so daß dem Funktions-Gelenkviereck A_0ABB_0 die Erzeugung der Winkelzuordnungen bei wiederum vielfältigen Freiheiten zur Platzanpassung übergeben werden kann.

Für eine noch befriedigende Übertragungsgüte mit $\mu_{min} = \sim 30°$ kann das Parallelkurbelgetriebe einen Größtwinkel von $\sim 120°$ übertragen, und daraus ergibt sich auch bei gegebenen g und h der kleinste Fahrzeug-Wenderadius.

41 Für die nach **Tabelle 3.9/41** eingesetzten φ-Winkel (PHI: 12, 13, 14, 15) findet man für g = 1,5 und h = 2,5, für $\gamma^* = 40°$ nach den Gl. (3.27) und (3.28) die in Tabelle 3.9/41 ausgedruckten ψ-Winkel (PSI: 12, 13, 14, 15).

Nach Abtasten des gesamten Lösungsfeldes von $\varphi^* = 0°$ bis $\varphi^* = 360°$ ergibt sich nur ein enger Lösungsbereich bei $\varphi^* = 55°$. Die dafür gültigen Gelenkviereck-Abmessungen mit d = 0,3 sind als Ergebniswerte in Tabelle 3.9/41 ausgedruckt (A, B, C, D, S). Der Rest-

Tabelle 3.9/41 Vierwinkel-Berechnungsbeispiel für die Achsschenkellenkung eines selbstfahrenden landwirtschaftlichen Fahrzeuges

```
VIER-WINKEL
ZUORDNUNG
PHI*
         55.0000   ***
PHI:12,13,14,15
         31.6000   ***
         63.3000   ***
         94.9000   ***
        126.5531   ***
PSI:12,13,14,15
         53.9849   ***
         88.2496   ***
        108.5023   ***
        126.5531   ***
D,D-PHI
          0.3000   ***
          0.0000   ***
A*,D-A,A-MAX
          0.2000   ***
          0.1000   ***
          0.9000   ***
PHI:16,17
        130.0000   ***
         -2.0000   ***
-.-.-.-.-.

======
PHI*,PSI*,A,BD
         55.0000   ***
        -10.1039   ***
          0.2601   ***
          0.0258   ***
A,B,C,D,S
          0.2601   ***
          0.4914   ***
          0.2701   ***
          0.3000   ***
          1.0000   ***
MUE:1-2-3-4-5
         21.9005   ***
         51.2798   ***
         71.8226   ***
         85.2924   ***
         89.8272   ***
MUE:6-7
         69.7114   ***
         19.1901   ***
MUE:I-A
          1.1785   ***
         89.8396   ***
======
```

fehler B (BD) = 0,0258 ist in Anbetracht der hohen Anforderungen noch gering, er könnte mit dem Übergang zu größerem Minimal-Wenderadius unterboten werden. Das Gleiche gilt für den Übertragungswinkel $\mu_1 = 21{,}9°$, der für diese Lenkungsaufgabe gerade noch annehmbar sein dürfte, bei oben angegebener Änderung aber auch günstiger ausfallen würde. Damit zeigt sich hier der Vorzug der Rechner-Benutzung mit „Universal-Programm": die Sicherheit, die Grenzen des Möglichen erkennen und Kompromisse zwischen gegensätzlichen Anforderungen eingehen zu können.

Die Angaben über die Winkel μ_6, μ_7, μ_i und μ_a in Tabelle 3.9/41 sind ohne praktische Bedeutung, da das im Bild 3.4 dargestellte Funktions-Gelenkviereck über die Lagen 1 und 5 hinaus nicht bewegt werden soll.

85 Die mit dem HP-85 ermittelten Ergebnisse sind in **Tabelle 3.12/85** dargestellt. Die im Vergleich mit den HP-41-Ergebnissen in Tabelle 3.9/41 erkennbaren Abweichungen in den Nachkommastellen müssen wohl auf die verschiedenen internen Rechengenauigkeiten zurückgeführt werden.

Tabelle 3.12/85 HP-85-Ergebnisse zur Achsschenkellenkung für Fahrzeuge mit kleinem Wenderadius

Bildschirm

```
VIER-WINKEL-ZUORDNUNG
=====================

Eingangswerte:

  Phi(*)    =    55.0000
  Phi(12)   =    31.6000
  Phi(13)   =    63.3000
  Phi(14)   =    94.9000
  Phi(15)   =   126.5531
  Psi(12)   =    53.9849
  Psi(13)   =    88.2496
  Psi(14)   =   109.5023
  Psi(15)   =   126.5531
  d         =      .3000
  DeltaPhi=       0.0000
  a(*)      =      .2000
  Delta-a   =      .1000
  a(max)    =      .9000
  Phi(16)   =   130.0000
  Phi(17)   =    -2.0000
-----------------------
```

Drucker

```
Ergebnisse:

   Phi(*)  =    55.0000
   Psi(*)  =   -10.4164
   a       =      .2611
   B       =      .0260
   a       =      .2611
   b       =      .4938
   c       =      .2722
   d       =      .3000
   s       =     1.0000
   Mü(1)   ='   21.7754
   Mü(2)   =    51.0302
   Mü(3)   =    71.4562
   Mü(4)   =    84.8304
   Mü(5)   =    89.3283
   Mü(6)   =    89.2135
   Mü(7)   =    19.0729
   Mü(i)   =   999.9999
   Mü(a)   =    89.3406
----------------------
```

3.4.2 Berechnung beschleunigungsgünstiger Getriebe zur Herabsetzung der Massenkräfte

Zur Herabsetzung der Massenkräfte in den Getrieben wird mit Recht immer wieder vorgeschlagen, die Massen, also die Eigengewichte der Getriebeteile durch verstärkten Leichtbau zu reduzieren. Ein zusätzliches, weit wirksameres Mittel, geringere Massenkräfte zu erhalten, besteht in der Reduzierung der Beschleunigungen, insbesondere der Maximalbeschleunigungen. Große Fortschritte wurden hier bei der Konstruktion von Kurvengetrieben erzielt, weil mit ihnen nahezu jedes beliebige Bewegungsgesetz realisiert werden kann. Mit Gelenkgetrieben ist dies nicht so einfach. Um aber deren Vorzüge mehr als bisher ausnutzen zu können, ist es ratsam, den Entwurf dieser Getriebe mit Hinsicht auf den Beschleunigungsverlauf zielbewußt weiter zu entwickeln.

Ein Mittel hierfür kann die Methode der Vierwinkel-Zuordnung sein. In **Bild 3.5** und **Bild 3.6** sind zwei sechsgliedrige Getriebe dargestellt, die bei gleichmäßig umlaufender Antriebskurbel a_I ein zu förderndes Werkstück W mit möglichst geringer Beschleunigung im Transporthub bewegen sollen. Dieser Hubteil entspricht der Gleichlaufperiode von Kurbel a_I und Werkstückträger c_{II}. Im Rückhub, dem Leerlaufhub, braucht wegen der geringeren zu bewegenden Massen ohne das Werkstück W keine Rücksicht auf den Beschleunigungsverlauf genommen zu werden.

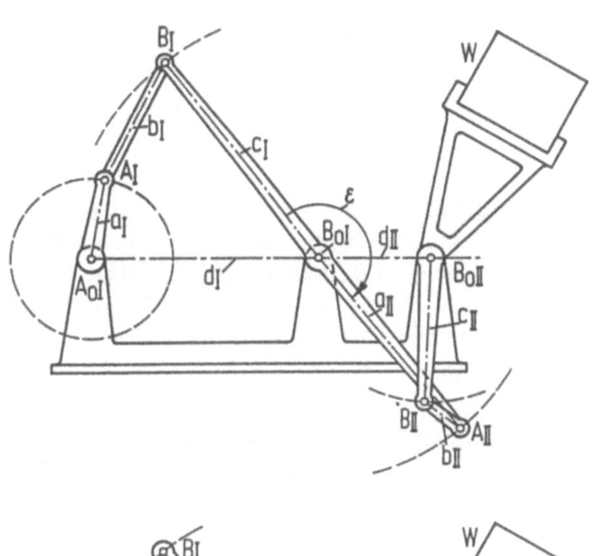

Bild 3.5
Beschleunigungsgünstiges Fördergetriebe, Lösungsfeld $\varphi^* = -50°$

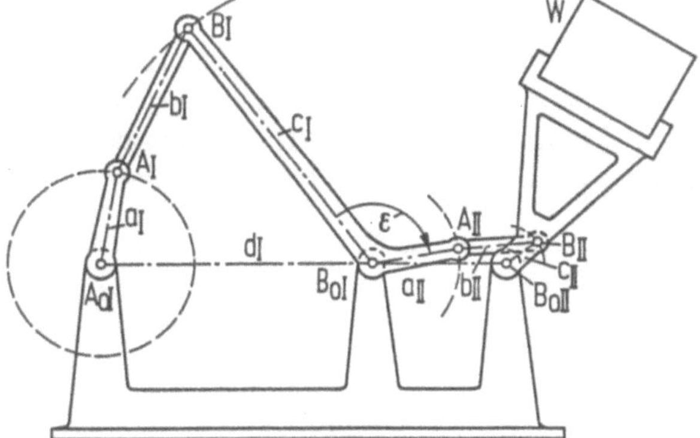

Bild 3.6
Beschleunigungsgünstiges Fördergetriebe, Lösungsfeld $\varphi^* = 10°$

Die Grund-Aufgabenstellung dieses Problems besteht nun in der Vorgabe des Schwingwinkels ψ_{0II}, den der Werkstückträger zu beschreiben hat, und in der Vorschrift, welcher Kurbelwinkelanteil φ_{0I} für den Hin- und für den Rückgang von W in Anspruch genommen werden soll. Der Schwingwinkel soll mit $\psi_{II} = 60°$ gegeben sein, für den Kurbelwinkel-Anteil kann der für diese Aufgabe günstigste Wert angenommen werden. Das Getriebe besteht aus zwei hintereinander geschalteten Gelenkvierecken. Es empfiehlt sich, das erste als Kurbelschwinge mit dem als zulässig erachteten Übertragungswinkel $\mu_{min} = 30°$ und dem sich daraus ergebenden Größt-Kurbelwinkel $\varphi_{0I} = 220°$ auszuwählen, wobei ein Schwingwinkel $\psi_{0I} = \varphi_{0I} - 180 = 40$ erzeugt wird. Für $d_I = 60$ (Bild 3.5 und 3.6) ergeben sich dann $b_I = 35{,}0895$; $a_I = 20{,}5212$; $c_I = 66{,}4090$.

Nun kommt es darauf an, die Abmessungen des Zweit-Gelenkvierecks so zu bestimmen, daß im Zusammenwirken mit dem Erstgetriebe die kleinste Maximalbeschleunigung im Langhub ($\varphi_{0I} = 220°$) entsteht. Wenn eine Masse über eine bestimmte Strecke in einer bestimmten Zeit bewegt werden soll, kann dies mit einer kleinstmöglichen konstant bleibenden Beschleunigung geschehen, bei der allerdings am Anfang und am Ende unliebsame Beschleunigungssprünge auftreten. Dieses Übergangsgesetz nach der quadratischen Parabel wird deshalb nicht in jedem Falle empfohlen, es kann aber sehr gut als Bezugsgesetz, wie im folgenden angeführt, verwendet werden. Für die quadratische Parabel gilt:

$$f = 2z^2 \tag{3.29}$$

$$f = 1 - 2(z-1)^2 \tag{3.30}$$

Wenn die Bewegungsphase in gleiche oder beliebige Teile von $z = 0$ bis $z = 1{,}0$ eingeteilt wird, ist Gl. (3.29) von $z = 0$ bis $z = 0{,}5$ und Gl. (3.30) von $z = 0{,}5$ bis $z = 1{,}0$ gültig. Dann muß sich die zu bewegende Masse für konstante Beschleunigung jedem beliebigen z entsprechend um den zugehörigen Betrag f bewegt haben. Hierbei sind der Weg und auch die Zeit mit „1" eingesetzt worden, so daß Gl. (3.29) und (3.30) für „bezogene" Werte gelten. Nimmt man für z fünf gleich entfernte Teilstrecken $z = 0; 0{,}25; 0{,}5; 0{,}75; 1{,}0$ an, so ergeben sich $f = 0; 0{,}125; 0{,}5; 0{,}875; 1{,}0$. Im Kurbelwinkel φ_{0I} entsprechen für z: $\varphi_{12} = 55°$; $\varphi_{13} = 110°$; $\varphi_{14} = 165°$; $\varphi_{15} = 220°$, und am Zwischen-Abtriebsglied c_I mit speziellem Gelenkviereck-Rechenprogramm die Winkel: $\psi_{12} = \varphi_{II12} = 10{,}3187°$; $\psi_{13} = \varphi_{II13} = 26{,}5173°$; $\psi_{14} = \varphi_{II14} = 36{,}6829$; $\psi_{15} = \varphi_{II15} = 40°$.

Wenn das End-Abtriebsglied c_{II} einen Schwingwinkel $\psi_{0II} = 60°$ beschreiben soll, so kommen für die Teilwinkel nach den oben angegebenen f-Werten die für c_{II} einzuhaltenden Winkel $\psi_{II} = f \cdot \psi_{0II}$ zustande; $\psi_{II12} = 7{,}5°$; $\psi_{II13} = 30°$; $\psi_{II14} = 52{,}5°$; $\psi_{II15} = 60°$.

41 Die Winkel φ_{II} und ψ_{II} sind in **Tabelle 3.10** und **Tabelle 3.11** für den HP-41 als Eingangswerte aufgeführt. Mit ihnen und den anderen Eingangswerten sollen nun mit dem Vierwinkel-Zurodnungs-Programm die Abmessungen des Zweit-Gelenkvierecks zur Anpassung an das Gesetz der quadratischen Parabel berechnet werden.

Tabelle 3.10/41 Eingangs- und Ergebniswerte des Fördergetriebes nach Bild 3.5

```
VIER-WINKEL
ZUORDNUNG
PHI*
        -50.0000     ***
PHI:12,13,14,15
         10.3187     ***
         26.5173     ***
         36.6829     ***
         40.0000     ***
PSI:12,13,14,15
          7.5000     ***
         30.0000     ***
         52.5000     ***
         60.0000     ***
D,D-PHI
         30.0000     ***
          0.0000     ***
A*,D-A,A-MAX
          1.0000     ***
         10.0000     ***
         80.0000     ***
PHI:16,17
        130.0000     ***
         -2.0000     ***
-.-.-.-.-.
```

```
======
PHI*,PSI*,A,BD
        -50.0000     ***
        -92.6051     ***
         58.7323     ***
          0.8430     ***
A,B,C,D,S
         58.7323     ***
         11.7472     ***
         38.0993     ***
         30.0000     ***
          1.0000     ***
MUE:1-2-3-4-5
        123.5570     ***
         93.0664     ***
         58.1649     ***
         41.6116     ***
         37.4659     ***
MUE:6-7
         -2.3997     ***
        131.2661     ***
MUE:I-A
         31.4029     ***
         -7.0202     ***
======
```

Tabelle 3.11/41 Eingangs- und Ergebniswerte zweier Fördergetriebe nach der Struktur des Bildes 3.6 für unterschiedliche Kurbellängen a

```
VIER-WINKEL
ZUORDNUNG
PHI*
         10.0000     ***
PHI:12,13,14,15
         10.3187     ***
         26.5173     ***
         36.6829     ***
         40.0000     ***
PSI:12,13,14,15
          7.5000     ***
         30.0000     ***
         52.5000     ***
         60.0000     ***
D,D-PHI
         30.0000     ***
          5.0000     ***
A*,D-A,A-MAX
          6.0000     ***
         10.0000     ***
         80.0000     ***
PHI:16,17
        130.0000     ***
         -2.0000     ***
-.-.-.-.-.
```

```
======
PHI*,PSI*,A,BD
         10.0000     ***
         49.6981     ***
          9.0051     ***
          0.7946     ***
A,B,C,D,S
          9.0051     ***
         23.3712     ***
          3.4259     ***
         30.0000     ***
          1.0000     ***
MUE:1-2-3-4-5
         47.1256     ***
         58.5535     ***
         86.0299     ***
        109.1293     ***
        118.2699     ***
MUE:6-7
         -5.2272     ***
         45.6670     ***
MUE:I-A
         42.9748     ***
         -6.0166     ***
======
```

```
======
PHI*,PSI*,A,BD
         10.0000
         37.5237
         19.0072
          0.6341
A,B,C,D,S
         19.0072
         18.0701
          8.4409
         30.0000
          1.0000
MUE:1-2-3-4-5
         31.6771
         47.5308
         79.9868
        105.4216
        115.3153
MUE:6-7
         -5.6944
         29.3743
MUE:I-A
         24.7947
         -6.5691
======
```

Für diese Aufgabe ergeben sich zwei Lösungsfelder, nämlich mit $\varphi^* = -50°$ (**Tabelle 3.10/41** bzw. **Tabelle 3.13/85**) und mit $\varphi^* = 10°$ (**Tabelle 3.11/41** bzw. **Tabelle 3.14/85**). Das Getriebe für $\varphi^* = -50°$ ist im Bild 3.5 dargestellt. Das Zweit-Gelenkviereck hat mit $\mu_5 = 37{,}4662°$ als kleinstem Übertragungswinkel ein gutes Laufverhalten, die Winkel μ_6, μ_7, μ_i, μ_a können unberücksichtigt bleiben, da das Gelenkviereck gar nicht in diese Bereiche bewegt wird. Der Winkel $\epsilon = -178{,}1036°$ als Verbindungswinkel zwischen den beiden Gelenkvierecken gilt für d_I und d_{II} in gestreckter Lage, er errechnet sich aus der Anfangslage von c_I und $\varphi^* = -50°$.

85 Für den HP-85 sind die entsprechenden Ergebnisse in **Tabelle 3.13/85** und **Tabelle 3.14/85** zusammengestellt.

Für $\varphi^* = 10°$ gibt es nach Tabelle 3.11/41 bzw. 3.14/85 sogar zwei Lösungen, nämlich mit $a = 9{,}0051$ und $a = 19{,}0072$. Die zweite ist der ersteren wegen größerem c (3,4259 : 8,4409) vorzuziehen, obwohl dies kein absoluter Hinderungsgrund zu sein braucht; denn alle Abmessungen sind Verhältniswerte, und bei maßstäblicher Veränderung des Gesamtgetriebes bleiben bekanntlich alle Übertragungs-Gesetzmäßigkeiten erhalten. Das erste Gelenkviereck hat sogar den günstigeren Kleinst-Übertragungswinkel ($\mu_1 = 47{,}1256° \div \mu_1 = 31{,}6771°$). Im Bild 3.6 ist das Getriebe für $\varphi^* = 10°$ dargestellt.

Tabelle 3.13/85 Eingangswerte und mit dem HP-85 ermittelte Ergebnisse für $\varphi^* = -50°$

```
VIER-WINKEL-ZUORDNUNG
=====================                Ergebnisse:

Eingangswerte:                        Phi(*)  =  -50.0000
                                      Fsi(*)  =  -92.6051
Phi(*)    =   -50.0000                a       =   58.7323
Phi(12)   =    10.3187                B       =     .8430
Phi(13)   =    26.5173                a       =   58.7323
Phi(14)   =    36.6829                b       =   11.7472
Phi(15)   =    40.0000                c       =   38.0993
Psi(12)   =     7.5000                d       =   30.0000
Psi(13)   =    30.0000                s       =    1.0000
Psi(14)   =    52.5000                Mü(1)   =' 123.5570
Psi(15)   =    60.0000                Mü(2)   =   93.0664
d         =    30.0000                Mü(3)   =   58.1649
DeltaPhi=       0.0000                Mü(4)   =   41.6116
a(*)      =     1.0000                Mü(5)   =   37.4659
Delta-a   =    10.0000                Mü(6)   =  999.9999
a(max)    =    80.0000                Mü(7)   =  131.2661
Phi(16)   =   130.0000                Mü(i)   =   31.4029
Phi(17)   =    -2.0000                Mü(a)   =  999.9999
-----------------------          --------------------------
```

Tabelle 3.14/85 Eingangswerte und mit dem HP-85 ermittelte Ergebnisse für $\varphi^* = 10°$

```
VIER-WINKEL-ZUORDNUNG
=====================

Eingangswerte:

 Phi(*)    =    10.0000
 Phi(12)   =    10.3187
 Phi(13)   =    26.5137
 Phi(14)   =    36.6829
 Phi(15)   =    40.0000
 Psi(12)   =     7.5000
 Psi(13)   =    30.0000
 Psi(14)   =    52.5000
 Psi(15)   =    60.0000
 d         =    30.0000
 DeltaPhi  =     5.0000
 a(*)      =     6.0000
 Delta-a   =    10.0000
 a(max)    =    80.0000
 Phi(16)   =   130.0000
 Phi(17)   =    -2.0000
-----------------------
```

```
Ergebnisse:

 Phi(*)    =    10.0000
 Psi(*)    =    49.7142
 a         =     9.0051
 B         =      .7966
 a         =     9.0051
 b         =    23.3699
 c         =     3.4251
 d         =    30.0000
 s         =     1.0000
 Mü(1)     =    47.1414
 Mü(2)     =    58.5700
 Mü(3)     =    86.0438
 Mü(4)     =   109.1582
 Mü(5)     =   118.3034
 Mü(6)     =   999.9999
 Mü(7)     =    45.6836
 Mü(i)     =    42.9906
 Mü(a)     =   999.9999
-----------------------
```

```
Ergebnisse:

 Phi(*)    =    10.0000
 Psi(*)    =    37.5321
 a         =    19.0072
 B         =      .6350
 a         =    19.0072
 b         =    18.0681
 c         =     8.4394
 d         =    30.0000
 s         =     1.0000
 Mü(1)     =    31.6848
 Mü(2)     =    47.5402
 Mü(3)     =    79.9942
 Mü(4)     =   105.4452
 Mü(5)     =   115.3435
 Mü(6)     =   999.9999
 Mü(7)     =    29.3818
 Mü(i)     =    24.8020
 Mü(a)     =   999.9999
-----------------------

Phi(*)-Ende    10.0000
-----------------------
```

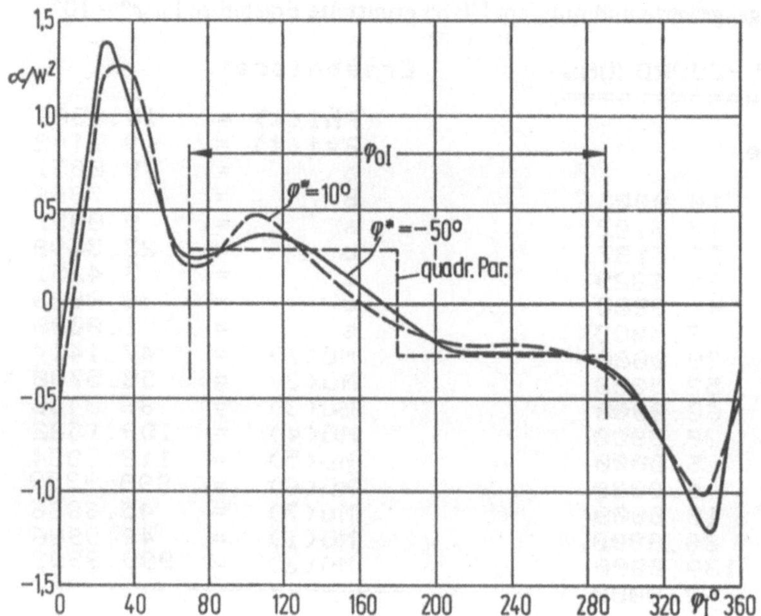

Bild 3.7 Annäherung der beschleunigungsgünstigen Bewegungsgesetze nach den Bildern 3.5 und 3.6 an das beschleunigungsgünstigste Gesetz der quadratischen Parabel

Im **Bild 3.7** wird gezeigt, wie weit durch die Vierwinkel-Zuordnung eine Anpassung an das geforderte Gesetz der quadratischen Parabel erreicht werden konnte. Die bezogenen Beschleunigungen sind über dem Kurbelwinkel φ_I aufgetragen. Im Bereich des vorgeschriebenen Gleichlauf-Kurbelwinkels φ_{0I} verläuft die Beschleunigung der quadratischen Parabel, wie gezeigt, in Rechteckform. Die Beschleunigungsverläufe für die beiden Gesamtgetriebe mit den Zweit-Gelenkvierecken $\varphi^* = -50°$ und $\varphi^* = 10°$ gleichen sich unterschiedlich an den Soll-Verlauf an.

Um Vergleichswerte für die Beschleunigungen zu schaffen, wurde der Beschleunigungsgrad δ_α mit dem Bezugsmaß $\delta_\alpha^* = 1$ der quadratischen Parbel eingeführt. Es ist [3]:

$$\delta_\alpha = \frac{\alpha_{max} \cdot \varphi_0^2 \cdot \pi}{\psi_0 \cdot 720} \tag{3.31}$$

mit α_{max} als der größten Beschleunigung im vorgegebenen, durch den Kurbelwinkel φ_0 begrenzten Bewegungsbereich, mit φ_0 selbst und mit dem Schwingwinkel ψ_0 des Abtriebsgliedes, hier also $\varphi_{0I} = 220°$ und $\psi_{0II} = 60°$. Für $\varphi^* = -50°$ ergibt sich $\alpha_{max} = 0{,}355$, für $\varphi^* = 10°$ ist $\alpha_{max} = 0{,}47$, damit für $\varphi^* = -50°$ ein $\delta_\alpha = 1{,}28$ und für $\varphi^* = 10°$ ein $\delta_\alpha = 1{,}72$, also $\delta_\alpha = 1{,}0$ der quadratischen Parabel als kleinstmöglichem Wert zugeordnet.

Um Vergleichswerte zu erhalten, seien die δ_α-Werte für verschiedene, allgemein verwendete Übergangskurven angeführt:

Einfache Sinoide (harmonische Bewegung): $\delta_\alpha = 1{,}248$
Geneigte Sinoide: $\delta_\alpha = 1{,}57$
5. Potenzkurve: $\delta_\alpha = 1{,}443$
Beschleunigungstrapez: $\delta_\alpha = 1{,}222$

Die hier für sechsgliedrige Getriebe erreichten Beschleunigungswerte sind also durchaus akzeptabel, und es lohnt sich, beim Einsatz von Gelenkgetrieben mehr als bisher die Maximalbeschleunigungen herabzusetzen.

3.4.3 Hebebühne für Geradführungs-Hub

Gelenkgetriebe bewegen sich im allgemeinen mit einem sich stetig veränderlichen Übersetzungsverhältnis, sie sind deshalb ungleichmäßig übersetzende Getriebe. Wegen ihrer besonderen Eigenschaften, große Kräfte bei kleinen Abmessungen übertragen zu können und Übertragungsgenauigkeiten bei geringen Abnutzungen mit langen Standzeiten einzuhalten, werden sie aber auch insbesondere für Schwingbewegungen gern zur Übertragung gleichmäßiger Bewegungen eingesetzt. Abgesehen von einigen Sonderbauformen können sie allerdings nur mit mehr oder weniger Annäherung gleichmäßig übersetzen.

Eine besondere Bedeutung spielt das konstante Übersetzungsverhältnis $i = -1$, wenn also An- und Abtriebsglied sich um gleiche, aber entgegengesetzte Winkel drehen.

41 Mit dem Vier-Winkel-Programm wurde zunächst versucht, für das Gelenkviereck die etwa größte, gleichmäßige Winkelübertragung $i = -1$ bei günstigen Übertragungswinkeln abzutasten. Nach **Tabelle 3.12/41** wurde ein Gesamt-Antriebswinkel $\varphi_{15} = 100°$ vorgegeben, und dafür ergaben sich günstige Abmessungen und noch befriedigende Übertragungsgüte.

Tabelle 3.12/41 Berechnung eines Gelenkvierecks für das angenähert konstante Übersetzungsverhältnis $i = -1$ für eine Hebebühne in verhältnismäßig großem Bewegungsbereich

```
VIER-WINKEL
ZUORDNUNG
PHI*
        -105.0000    ***
PHI:12,13,14,15
          25.0000    ***
          50.0000    ***
          75.0000    ***
         100.0000    ***
PSI:12,13,14,15
         -25.0000    ***
         -50.0000    ***
         -75.0000    ***
        -100.0000    ***
D,D-PHI
         100.0000    ***
           0.0000    ***
A*,D-A,A-MAX
           1.0000    ***
          10.0000    ***
          80.0000    ***
PHI:16,17
         110.0000    ***
         -10.0000    ***
-.-.-.-.-.

======
PHI*,PSI*,A,BD
        -105.0000    ***
         167.7332    ***
          35.1712    ***
           1.4147    ***
A,B,C,D,S
          35.1712    ***
          86.2641    ***
          34.1019    ***
         100.0000    ***
           1.0000    ***
MUE:1-2-3-4-5
         139.1905    ***
         103.8769    ***
          76.2132    ***
          53.9880    ***
          41.9625    ***
MUE:6-7
          41.9625    ***
         162.3113    ***
MUE:I-A
          41.5711    ***
          -1.6430    ***
======
```

85 **Die mit dem HP-85 ermittelten Ergebnisse sind in Tabelle 3.15/85 aufgelistet.**

Tabelle 3.15/85 HP-85-Ergebnisse zur Hebebühne für Geradführungshub

```
VIER-WINKEL-ZUORDNUNG
=====================          Ergebnisse:

Eingangswerte:                  Phi(*) = -105.0000
                                Psi(*) =  167.7332
  Phi(*)  = -105.0000           a      =   35.1712
  Phi(12) =   25.0000           B      =    1.4147
  Phi(13) =   50.0000           a      =   35.1712
  Phi(14) =   75.0000           b      =   86.2641
  Phi(15) =  100.0000           c      =   34.1019
  Psi(12) =  -25.0000           d      =  100.0000
  Psi(13) =  -50.0000           s      =    1.0000
  Psi(14) =  -75.0000           Mü(1)  =  139.1905
  Psi(15) = -100.0000           Mü(2)  =  103.8769
  d       =  100.0000           Mü(3)  =   76.2132
  DeltaPhi=    0.0000           Mü(4)  =   53.9880
  a(*)    =    1.0000           Mü(5)  =   41.9625
  Delta-a =   10.0000           Mü(6)  =  999.9999
  a(max)  =   80.0000           Mü(7)  =  162.3113
  Phi(16) =  110.0000           Mü(i)  =   41.5711
  Phi(17) =  -10.0000           Mü(a)  =  999.9999
--------------------------     ---------------------
```

Bild 3.8 zeigt eine mit Hydraulik-Zylinder angetriebene Hebebühne, die zwei gleiche Gelenkvierecke $A_0A'B'B_0$ und CC'D'D in symmetrischer Anordnung aufweist, beide mit freien Schenkeln in den Gelenken A und B miteinander verbunden. Da in beiden Gelenkvierecken durch $i = -1$ die Hebel A_0A und B_0B sowie CA und DB sich genau entgegengesetzt zueinander drehen, entsteht eine sich angenäherte Gerad-Senkrechtbewegung der Ladefläche. Je größer der $i = -1$-Bereich in den Teilgetrieben ist, um so höher kann die Ladefläche gehoben werden. Im eingefahrenen Zustand können sämtliche Hebel auf beachtlich kleinem Raum untergebracht werden.

3.4.4 Mittenzentrierende Spannvorrichtung

Die Funktion $y = -x$ läßt sich in kleineren Winkelbereichen mit beachtlicher Genauigkeit von Gelenkvierecken realisieren. Nach **Tabelle 3.13/41** bzw. **Tabelle 3.16/85** wurde ein Bewegungsbereich von $\varphi_{15} = 12^\circ$ zugrunde gelegt. Bei $\varphi^* = -37{,}35^\circ$ (interpoliert!) ergibt sich eine Restabweichung der Kreismittelpunkte von B = 0,006 mit einer Bezugs-Gestelllänge von d = 80, das sind also nur 0,0075 %. Eine Nachrechnung im vorgeschriebenen 120-Bereich ergibt die Übersetzungsverhältnisse $i_{max} = -1{,}00052$ und $i_{min} = -0{,}999246$. Wenn $i = -1$ als Sollmaß gilt, ergeben sich Abweichungen von $\delta = +0{,}052\,\%$ und $\delta = -0{,}075\,\%$. Wenn die Abweichungen auf die Winkelabweichungen bezogen werden, ergeben sich so geringe Fehler, daß die Fehler, die durch die zulässigen Toleranzen entstehen, diese Abweichungen überdecken.

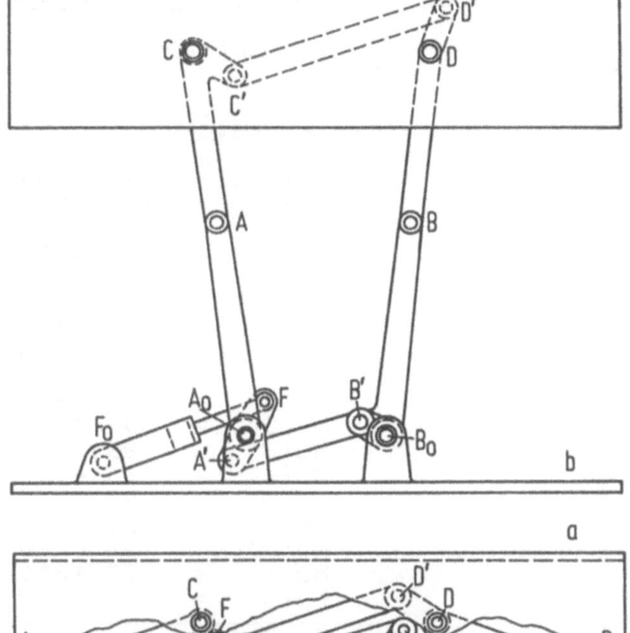

Bild 3.8
Hebebühne mit Gelenkviereckführung zur Parallel-Senkrechtbewegung, Ausnutzung des angenähert konstanten Übersetzungsverhältnisses i = − 1

Tabelle 3.13/41 Berechnung eines Gelenkvierecks als Spannvorrichtung für sehr genaue Übersetzungs-Konstanz i = − 1 in kleinem Bewegungsbereich

```
VIER-WINKEL
ZUORDNUNG
PHI*
        -37.3500    ***
PHI:12,13,14,15
          3.0000    ***
          6.0000    ***
          9.0000    ***
         12.0000    ***
PSI:12,13,14,15
         -3.0000    ***
         -6.0000    ***
         -9.0000    ***
        -12.0000    ***
D,D-PHI
         80.0000    ***
          0.0000    ***
A*,D-A,A-MAX
          1.0000    ***
         10.0000    ***
         60.0000    ***
PHI:16,17
         10.0000    ***
         -2.0000    ***
- - - - - -
======
PHI*,PSI*,A,BD
        -37.3500    ***
        153.8645    ***
         34.1492    ***
          0.0060    ***
A,B,C,D,S
         34.1492    ***
         42.0890    ***
         34.1451    ***
         80.0000    ***
          1.0000    ***
MUE:1-2-3-4-5
         95.6970    ***
         92.3487    ***
         89.2549    ***
         86.4144    ***
         83.8294    ***
MUE:6-7
         85.5242    ***
         98.0732    ***
MUE:I-A
         73.1100    ***
         -3.5114    ***
======
```

Tabelle 3.16/85 HP-85-Ergebnisse für eine mittenzentrierende Spannvorrichtung

VIER-WINKEL-ZUORDNUNG
======================

Eingangswerte:

Phi(*)	=	-37.3500
Phi(12)	=	3.0000
Phi(13)	=	6.0000
Phi(14)	=	9.0000
Phi(15)	=	12.0000
Psi(12)	=	-3.0000
Psi(13)	=	-6.0000
Psi(14)	=	-9.0000
Psi(15)	=	-12.0000
d	=	80.0000
DeltaPhi	=	0.0000
a(*)	=	1.0000
Delta-a	=	10.0000
a(max)	=	60.0000
Phi(16)	=	10.0000
Phi(17)	=	-2.0000

Ergebnisse:

Phi(*)	=	-37.3500
Psi(*)	=	153.8592
a	=	34.1482
B	=	.0057
a	=	34.1482
b	=	42.0921
c	=	34.1441
d	=	80.0000
s	=	1.0000
Mü(1)	=	95.6941
Mü(2)	=	92.3460
Mü(3)	=	89.2524
Mü(4)	=	86.4121
Mü(5)	=	83.8273
Mü(6)	=	85.5219
Mü(7)	=	98.0700
Mü(i)	=	73.1086
Mü(a)	=	999.9999

Die Übertragungswinkel nach Tabelle 3.13/41 bzw. 3.16/85 sind im Sollbereich so günstig, daß ein solches Gelenkviereck nach oben und unten wesentlich weiter bewegt werden kann, wobei hier das Übersetzungsverhältnis zwar höhere Abweichungen von − 1 aufweist, aber für gewisse Zwecke immer noch genügen kann.

Als Anwendungsbeispiel für dieses hochgenaue Getriebe ist im **Bild 3.9** eine Spannvorrichtung gezeigt, die quaderförmige Werkstücke W mit wechselnder Einspannbreite t genau symmetrisch zur Mittelachse spannt, so daß die einzubringende Bohrung auch die genaue Lage in W einnimmt.

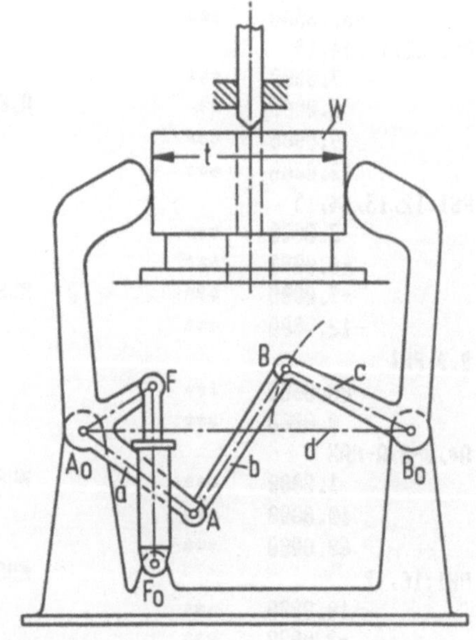

Bild 3.9
Spannvorrichtung mit genauer Mitten-Zentrierung in veränderlichem Spannbereich

Bei den Abmessungen des Gelenkvierecks, Tabelle 3.13/41 bzw. 3.16/85, fällt auf, daß mit a = 34,1492 und mit c = 34,1451 eine Getriebesymmetrie vorhanden ist, die aber nur für kleine Bewegungsbereiche mit Annäherungen angenommen werden kann. Den größeren Einfluß hat jedoch die Koppellänge b (= 42,0890), bzw. deren Verhältnis zur Gestellänge d (= 80). Die Symmetrie zwischen a und c ist bei größeren Bewegungsbereichen nicht mehr gegeben, die Verzerrungen in „ungleichmäßig übersetzenden" Gelenkvierecken üben hier einen größeren Einfluß aus.

3.4.5 Verklemmungsfreie Schubführungen großer Breite

Das Funktions-Gelenkviereck für die Funktion y = − x kann wegen der (Gegen-) Symmetrie der Drehbewegungen von a und c noch für eine Reihe weiterer Nutzanwendungen vorgesehen werden, z.B. für die Herabsetzung der Klemmgefahr bei breiten aber kurzen Führungen.

Nach **Bild 3.10** soll ein Lüftungsfenster W im Verhältnis zu seiner Breite nur ein kurzes Stück in seiner Führung bewegt werden. Aus Raum-Ersparnisgründen wird man deshalb auch die Fenster-Führung nur kurz gestalten, was aber zu recht unliebsamen Verklemmungen führen kann. Eine wirksame Hilfe kann hier ein Gelenkviereck mit der Funktion y = − x leisten. Mit dem Hebel a ist ein Führungshebel a', mit dem Hebel c ein zweiter Führungshebel c', beide in Symmetrie zueinander, fest verbunden. Beide Führungshebel sind mit den Koppeln e und f mit dem Fenster W gelenkig verbunden, das nun bei guter Dichtung mit verhältnismäßig großem Spiel seitlich nur noch gesichert, aber nicht mehr „geführt" zu werden braucht. Der Verschiebe-Mechanismus kann z.B. mit Hilfe einer Zahnsegment-Ritzel-Übersetzung von einer Handkurbel K aus angetrieben werden.

Das gleiche Prinzip wird bei einer Papierschneide-Maschine, **Bild 3.11**, verwendet. Es kommt hier nur auf die Bewegung des Preßhebels 7 an, der bei großer Breite und geringer Schubbewegung große Kräfte ausüben muß. Der Antrieb der Maschine erfolgt von der Kurbel 2' über die Koppel 3' auf das Messer 4', das die Preßhebel 9 und 11 beim Aufwärtsgang nach oben mitnimmt. Der Preßhebel 7 wird in einer Führung gehalten, die Verkantungsfreiheit sichern die Hebel 5 und 6, die in einem (y = − x −) Gelenkviereck 1 − 2 − 3 − 4 symmetrisch angelenkt sind [4].

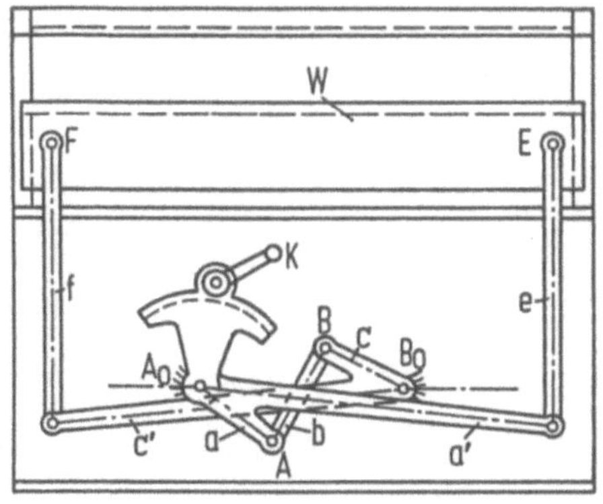

Bild 3.10
Verklemmfreie Fensterführung durch ein Gelenkviereck mit angenähert konstantem Übersetzungsverhältnis i = − 1

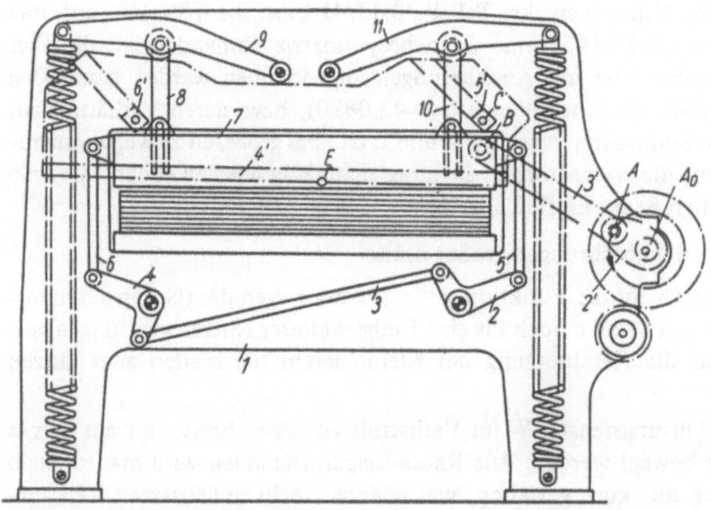

Bild 3.11 Verklemmfreie Messerbalkenbührung durch ein Gelenkviereck mit angenähert konstantem Übersetzungsverhältnis i = – 1

3.5 Literaturverzeichnis

[1] *Alt, H.:* Die Konstruktion der in der Getriebelehre benutzten Mittelpunktkurven, ZAMM 9 (1929), S. 423/425

[2] *Hain, K.:* Grenzen der Gelenkviereck-Funktionsgetriebe mit vermehrten Entwurfsfreiheiten, Feinwerktechnik und Meßtechnik 88 (1980), H. 5, S. 242/250

[3] Getriebe für Hub- und Schwingbewegungen, Richtlinie VDI 2130, Düsseldorf 1983, VDI-Verlag

[4] *Hain, K.:* Getriebelehre, Grundlagen und Anwendungen, Hanser-Verlag, München 1963.

4 Der rechnerische Getriebeentwurf zur Erzeugung gegebener Bahnkurven

4.1 Die Koppelkurven des Gelenkvierecks

Das einfachste Gelenkgetriebe, das Gelenkviereck, ist in der Lage, außerordentlich formvielfältige Koppelkurven zu erzeugen. Dieses Getriebe besteht nach **Bild 4.1** aus dem *Gestell* $A_0B_0 = d$, der *Kurbel* $A_0A = a$, der *Koppel* $AB = b$ und der *Schwinge* $B_0B = c$. Wenn die Abmessungen dem Grashofschen Satz [4.1] entsprechen (Summe aus kürzestem und längstem Glied kleiner als Summe aus den beiden restlichen Gliedern) und Kurbel a kürzestes Glied ist, kann diese Kurbel a umlaufen, das andere im Gestellpunkt B_0 gelagerte Glied c schwingt hin und her, das Getriebe heißt *Kurbelschwinge*. Wenn a und c umlaufen sollen, muß Gestell d kürzestes Glied sein, es entsteht die *Doppelkurbel*. Wenn der Grashofsche Satz nicht erfüllt ist, entstehen die „totalschwingenden" *Gelenkvierecke*, im gesamten Mechanismus kann kein Glied relativ zu einem anderen umlaufen [4.2].

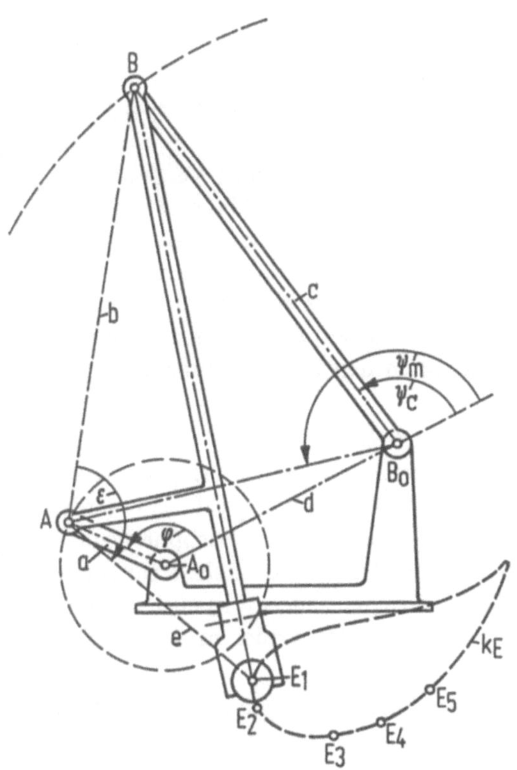

Bild 4.1
Grundlagen zur Berechnung eines Gelenkvierecks für 5 Genaupunkte auf einer gegebenen Bahnkurve

In allen Gelenkviereck-Strukturen beschreiben aber die Punkte E_i der Koppel b stark formunterschiedliche Kurven k_E in Abhängigkeit von der Lage des Punktes E in der Koppelebene b, gekennzeichnet z.B. durch die Polarkoordinaten ϵ und e, und natürlich auch in Abhängigkeit von der Getriebestruktur. Die Koppelkurven k_E des Gelenkvierecks sind 6. Grades; deshalb sind sie in „geschlossenen" Gleichungen nicht darstellbar.

Zur eindeutigen Kennzeichnung des Gelenkvierecks gehört nach Bild 4.1 noch die Angabe seines Bewegungsbereichs. Der „Zweischlag" aus den beiden Gliedern b und c kann nämlich oberhalb der Diagonalen B_0A oder auch unterhalb liegen. Deshalb soll noch der Bewegungsbereich durch einen Bereichsfaktor $s = \pm 1$ benutzt werden. Es ist $s = +1$, wenn nach Bild 4.1 der Winkel $\psi_m > \psi_c$ ist (beide im Bereich 0 bis 180° gemessen). Bei $\psi_m < \psi_c$ ist $s = -1$.

4.2 Koppelpunkt-Synthese mit Hilfe von Punktlagenreduktionen

Die eigentliche Getriebekonstruktion strebt Verfahren an, mit deren Hilfe für vorgegebene praktische Bedingungen ein oder eine Reihe gut geeigneter Getriebe unmittelbar berechnet werden kann. Im vorliegenden Fall ist also eine Bahnkurve auf Grund technologischer Vorschriften gegeben, und diese soll von dem Koppelpunkt eines Gelenkvierecks mit möglichst guter Annäherung erzeugt werden.

Da die Gelenkviereck-Koppelkurve eine Kurve 6. Grades ist, kann sie z.B. mit einem Kreis oder einer Geraden in höchstens sechs Punkten übereinstimmen, mit einer beliebigen Kurve unter systemgerechten Voraussetzungen in neun Punkten [4.3]. Es gibt aber noch keine Verfahren, diese neun Punkte als „Genaupunkte" zu realisieren. Als „klassische" Verfahren werden die Kreispunkt- und die Mittelpunktkurve empfohlen [4.3], womit jeweils unendlich viele Gelenkvierecke für vier, jedoch nur deren vier für fünf Genaupunkte gefunden werden können.

Mit Hilfe von *Punktlagenreduktionen*, die in einer von zwei möglichen Versionen hier zugrunde gelegt werden sollen [4.3, 4.4], können ∞^2 Gelenkvierecke (das sind unendlich viele Gelenkvierecke für fünf Genaupunkte mit noch zwei freien Parametern) für fünf Genaupunkte gefunden werden. Diese fünf Punkte dienen als Grundlage des hier benutzten Verfahrens zur Aufstellung eines Rechenprogramms, und als besonderer Vorzug soll herausgestellt werden, daß willkommene Auswahlmöglichkeiten, z.B. zum Erzeugen eines günstigen Laufverhaltens oder einer guten Anpassung an den zur Verfügung stehenden Einbauraum, offen bleiben.

Das Rechenprogramm beruht auf der „Zeichnungsfolge-Rechenmethode", nämlich auf dem rechnerischen Nachvollzug eines graphischen Verfahrens, womit die Vorzüge der graphischen und rechnerischen Verfahren gut miteinander in Einklang gebracht werden können. Diese Vorzüge sind: gute Übersicht in jeder Zwischenphase und Nachprüfmöglichkeit für jede der aufeinanderfolgenden Gleichungen, vor allem aber die hohe rechnerische Genauigkeit. Bei einem Rechenprogramm, das alle Variationen abdeckt, ist auch die Sorgfalt, wie sie bei graphischen Verfahren unbedingt vorausgesetzt werden muß, überhaupt nicht mehr erforderlich.

Nach **Bild** 4.2 soll zunächst das graphische Verfahren [4.4, 4.5] erläutert werden. Nach den Angaben des Bildes 4.1 sollen die fünf Punktlagen E_1 bis E_5 vom Koppelpunkt E nacheinander genau durchlaufen werden. Als erstes nimmt man zwei Punktpaare, z.B.

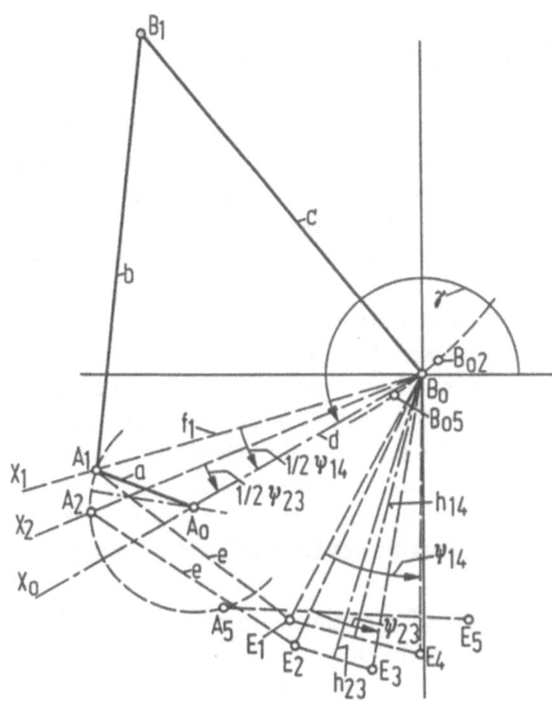

Bild 4.2
Konstruktion der Kurbel-Symmetrielagen als Voraussetzung für Punktlagenreduktionen

E_1-E_4 und E_2-E_3, so an, daß das eine in der Punktfolge das andere umschließt. Hier liegen also die Punkte E_2 und E_3 zwischen den Punkten E_1 und E_4. Man bringt die beiden Mittelsenkrechten h_{14} und h_{23} der Verbindungsgeraden E_1E_4 und E_2E_3 zum Schnitt B_0. Damit ergeben sich die Winkel $\sphericalangle E_1B_0E_4 = \psi_{14}$ und $\sphericalangle E_2B_0E_3 = \psi_{23}$.

Mit Annahme eines beliebigen Achsenkreuzes zeichnet man mit beliebig angenommenem Winkel γ den Strahl B_0X_0 und mit $1/2\ \psi_{14}$ und $1/2\ \psi_{23}$ in der angegebenen Richtung nach Bild 4.2 die Strahlen B_0X_1 und B_0X_2. Auf B_0X_1 nimmt man mit $B_0A_1 = f_1$ einen beliebigen Punkt A_1 an, womit sich die Entfernung $E_1A_1 = e$ ergibt. Der Kreis um E_2 mit e als Radius schneidet den Strahl B_0X_2 in A_2, und die Mittelsenkrechte auf A_1A_2 schneidet den Strahl B_0X_0 in A_0, und hiermit sind schon die Gliedlängen $A_0A_1 = a$ und $B_0A_0 = d$ bekannt.

Der Kreis um A_0 durch A_1 und A_2 mit dem Radius a wird von dem Kreisbogen um E_5 mit e als Radius in A_5 geschnitten. Nun macht man die Dreieckskonstruktionen $\Delta A_1E_1B_{02} = \Delta A_2E_2B_0$ und $\Delta A_1E_1B_{05} = \Delta A_5E_5B_0$, und man findet die Punkte B_{02} und B_{05}. Zum Schluß zeichnet man den einzig möglichen Kreis durch die drei Punkte B_0, B_{02}, B_{05}, und dessen Mittelpunkt bestimmt nun die Lage B_1 des Gelenkes B(vgl. Bild 4.1), womit alle fehlenden Abmessungen des Gelenkvierecks bekannt sind. Das Kennzeichnen der Punktlagenreduktionen besteht darin, daß die Lagen 4 und 3, die symmetrisch zu den Lagen 1 und 2 liegen, bei der Konstruktion vollkommen vernachlässigt werden können. Die Genaupunkte E_4 und E_3 werden in jedem Falle durchlaufen. Die Aufgabe, durch fünf Punkte einen Kreis zeichnen zu müssen, ist also auf einen Kreis durch nur drei Punkte zurückgeführt worden. In den folgenden Rechenprogrammen wird auch die Möglichkeit geboten, anstatt von fünf Genaupunkten nur deren vier zu erfüllen und dafür einen sehr wertvollen zusätzlichen freien Parameter zu erhalten. Auf entsprechende Einzelheiten soll später eingegangen werden.

Das graphische Verfahren nach Bild 4.2 nutzt zunächst recht einfach und übersichtlich aus, was auf der Fähigkeit des menschlichen Auges beruht: die Lage bestimmter Punkte relativ zueinander schnell und reihenfolgerichtig einzuordnen. Aus der Konstruktionsbeschreibung geht auch hervor, daß mehrfach Kreise und Geraden zum Schnitt gebracht werden müssen. In den Rechenprogrammen müssen aber die geometrischen Grundlagen beachtet werden, daß es nämlich immer je zwei solcher Schnittpunkte geben kann und daß die reellen Lösungen nur allein zu brauchbaren Ergebnissen führen. Wenn es keinen Schnittpunkt gibt, muß der Rechner dies vermerken. Das gilt auch für den Sonderfall, daß es nur einen Berührpunkt gibt. Die Mehrdeutigkeiten müssen durch entsprechende Algorithmen eingeplant werden. Hinzu kommen aber noch Gesichtspunkte, die von der reinen Getriebetheorie noch gar nicht geklärt werden konnten, nämlich ob die vorgeschriebenen E-Punkte überhaupt und vor allem in der verlangten Reihenfolge vom Koppelpunkt eines Gelenkvierecks erzeugt werden können. Der Rechner sollte aber Fragen nach der Güte der Bewegungsübertragung und nach der Struktur des Gelenkvierecks beantworten können.

Solche Probleme sind bisher nur zaghaft in Angriff genommen worden. Sie lassen sich naturgemäß mit um so geringerem Rechenaufwand lösen, je mehr man den Dialog zwischen Konstrukteur und Rechner noch Raum zu geben bereit ist! Die letztere Entscheidung setzt nämlich voraus, daß der Konstrukteur fähig ist und vor allem Zeit genug findet, sich in Bewegungsprobleme seiner Getriebe tief genug einzufühlen.

Im folgenden soll versucht werden, den Benutzer der Programme weitgehend von den tieferen Getriebeproblemen dadurch zu entlasten, daß der Rechner selbst möglichst viele Entscheidungen ohne Einwirkungen von außen selbst trifft, daß er möglichst viele Zwischenergebnisse ausdruckt und daß dem Benutzer genügend viele und übersichtliche Anweisungen und Hinweise gegeben werden, in welcher Richtung sich neue Kennwert-Annahmen empfehlen.

4.3 Berechnungsgrundlagen und Programmbeschreibung

4.3.1 Die fünf B_0-Reduktionen

Den Kernpunkt des hier behandelten Verfahrens bildet die zweimalige Reduktion des Gestellpunktes B_0 als Schnittpunkt zweier Mittelsenkrechten. Bei fünf Genaupunkten E_1 bis E_5 gibt es aber auch fünf Möglichkeiten einer solchen Reduktion. Diese Reduktionen sind in **Bild 4.3** bis **Bild 4.7** dargestellt. Mit B_{14-23}, B_{15-23}, B_{15-24}, B_{15-34}, B_{25-34} ist mit der ersten Doppelziffer das äußere E-Punktepaar gekennzeichnet, das in der gegebenen Reihenfolge das E-Punktepaar der zweiten Doppelziffer umschließt.

Mit einem Vor-Rechenprogramm sollen die Koordinaten dieser B_0-Punkte und die zugehörigen ψ-Winkel berechnet, für den Fortgang der Rechnung soll ein B_0-Punkt (gegebenenfalls mehrere nacheinander) ausgewählt, seine Koordinaten und die ψ-Winkel gespeichert werden. Da die gleiche Rechnung fünfmal durchzuführen ist, empfiehlt sich die Aufstellung eines Unterprogramms, das jeweils mit anderen E-Koordinaten gespeist wird.

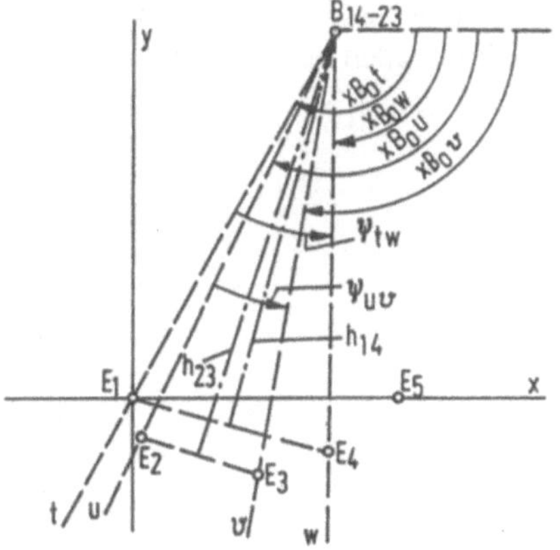

Bild 4.3

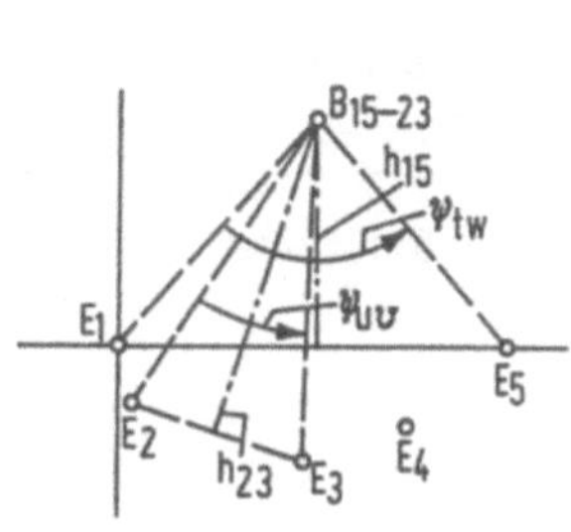

Bild 4.4

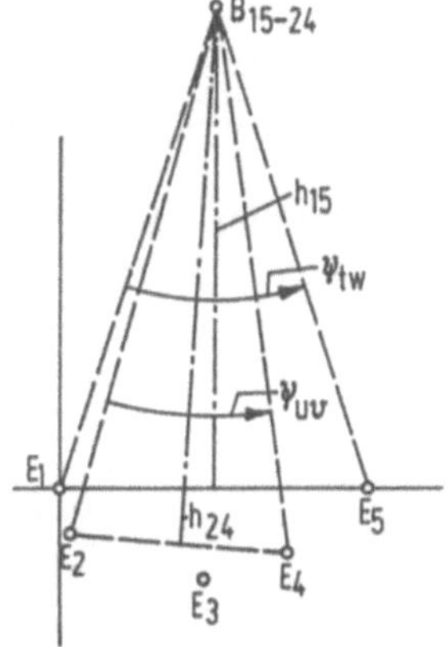

Bild 4.5

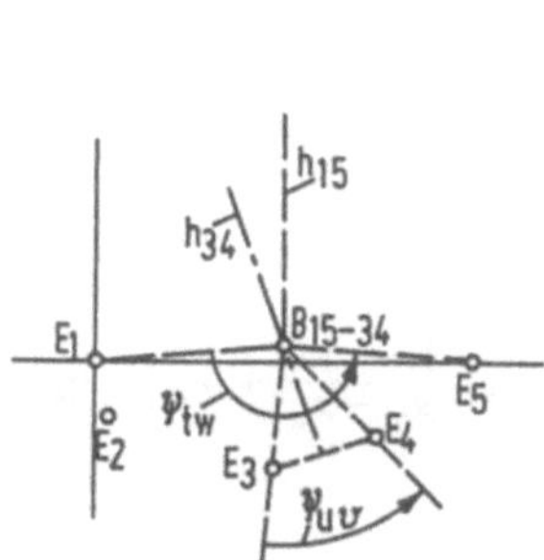

Bild 4.6

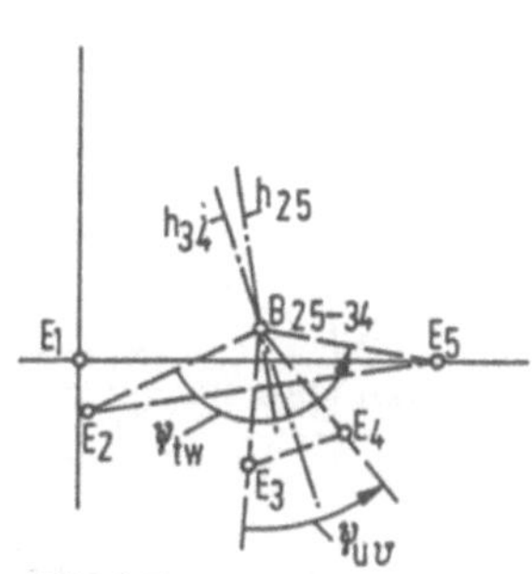

Bild 4.7

Bild 4.3 bis 4.7 Die fünffachen Möglichkeiten der Erzielung von Punktlagenreduktionen für 5 Genaupunkte
E-Punkt-Paarungen:
Bild 4.3: 14–23
Bild 4.4: 15–23
Bild 4.5: 15–24
Bild 4.6: 15–34
Bild 4.7: 25–34

Die unmittelbare Aufgabenstellung besteht in der Erfüllung von 5 Genaupunkten, deren Koordinaten in einem beliebigen Achsenkreuz-System gegeben sind. In den Bildern 4.3 bis 4.7 werden willkürlich E_1 als Ursprung und die Gerade $E_1 E_5$ als Abszisse vorgegeben. Das äußere Punktepaar erhält im Unterprogramm die Indizes tw, das innere Punktepaar die Indizes uv. Es sind also die Koordinaten x_t, y_t, x_w, y_w, x_u, y_u, x_v, y_v gegeben.

Das Unterprogramm *Mittelsenkrechten-Schnittpunkt* folgt der geometrischen Konstruktion. Zunächst werden die Mittelpunkt-Koordinaten der E-Geraden berechnet:

Unterprogramm Mittelsenkrechten-Schnittpunkt

HP-41:	*Label 40*	(siehe Tabelle 4.61)*)
HP-85:	*Zeile 4000*	(siehe Tabelle 4.71)*)

Die Gleichungen dafür sind:

$$\frac{x_t + x_w}{2} = x_{tw} \tag{4.1}$$

$$\frac{y_t + y_w}{2} = y_{tw} \tag{4.2}$$

$$\frac{x_u + x_v}{2} = x_{uv} \tag{4.3}$$

$$\frac{y_u + y_v}{2} = y_{uv} \tag{4.4}$$

Zur Berechnung der B_0-Schnittpunkte braucht man die Richtungs-Tangenten der Mittelsenkrechten:

$$\tan\left[\arc\cos\frac{|x_w - x_t|'}{x_w - x_t} + \arctan\frac{y_w - y_t}{x_w - x_t} + 90\right] = m_{tw} \tag{4.5}$$

$$\tan\left[\arc\cos\frac{|x_v - x_u|}{x_v - x_u} + \arctan\frac{y_v - y_u}{x_v - x_u} + 90\right] = m_{uv} \tag{4.6}$$

41

Mit Benutzung der RP-Taste des Rechners HP-41 genügen folgende Gleichungsansätze:

$(y_w - y_t)$ ENTER $(x_w - x_t)$: RP → [ ] $\gtrless$ + 90 = tan = m_{tw} (4.5/41)

$(y_v - y_u)$ ENTER $(x_v - x_u)$: RP → [ ] $\gtrless$ + 90 = tan = m_{uv} (4.6/41)

Zeile 4020:

85

Für den HP-85 können die Gleichungen (4.5) und (4.6) mit der Anweisung ATN2(Y, X) programmiert werden:

m_{tw} → M8 = TAN(ATN2(W2 – T2, W1 – T1) + 90) (4.5/85)

m_{uv} → M9 = TAN(ATN2(V2 – U2, V1 – U1) + 90) (4.6/85)

Eine Referenzliste der Variablennamen ist in Tabelle 4.70 zu finden.

---

*) Diese Tabellen finden Sie in den Abschnitten 4.6 bzw. 4.7.

Hiermit erhält man die B_0-Koordinaten x_0 und y_0:

$$\frac{m_{tw} \cdot x_{tw} - m_{uv} \cdot x_{uv} + y_{uv} - y_{tw}}{m_{tw} - m_{uv}} = x_0 \tag{4.7}$$

$$m_{tw}(x_0 - x_{tw}) + y_{tw} = y_0 \tag{4.8}$$

Nach Bild 4.3 sollen nun die Winkel ψ_{tw} und ψ_{uv} berechnet werden, wenn die Winkel der Strahlen B_0t, B_0w, B_0u, B_0v als Winkel zur x-Achse vorher bestimmt wurden:

$$\text{arc cos}\,\frac{|x_t - x_0|}{x_t - x_0} + \text{arc tan}\,\frac{y_t - y_0}{x_t - x_0} = \sphericalangle\, xB_0t \tag{4.9}$$

$$\text{arc cos}\,\frac{|x_w - x_0|}{x_w - x_0} + \text{arc tan}\,\frac{y_w - y_0}{x_w - x_0} = \sphericalangle\, xB_0w \tag{4.10}$$

$$\sphericalangle\, xB_0w - \sphericalangle\, xB_0t = \psi_{tw} \tag{4.11}$$

$$\text{arc cos}\,\frac{|x_u - x_0|}{x_u - x_0} + \text{arc tan}\,\frac{y_u - y_0}{x_u - x_0} = \sphericalangle\, xB_0u \tag{4.12}$$

$$\text{arc cos}\,\frac{|x_v - x_0|}{x_v - x_0} + \text{arc tan}\,\frac{y_v - y_0}{x_v - x_0} = \sphericalangle\, xB_0v \tag{4.13}$$

$$\sphericalangle\, xB_0v - \sphericalangle\, xB_0u = \psi_{uv} \tag{4.14}$$

41

Mit der Taste RP des HP-41 findet man:

$(y_t - y_0)$ ENTER $(x_t - x_0)$: RP → [ ] $\gtrless \sphericalangle\, xB_0t$ (4.9/41)

$(y_w - y_0)$ ENTER $(x_w - x_0)$: RP → [ ] $\gtrless - \sphericalangle\, xB_0t = \psi_{tw}$ (4.11/41)

$(y_v - y_0)$ ENTER $(x_v - x_0)$: RP → [ ] $\gtrless \sphericalangle\, xB_0v$ (4.13/41)

$-(y_u - y_0)$ ENTER $(x_u - x_0)$: RP → [ ] $\gtrless + \sphericalangle\, xB_0v = \psi_{uv}$ (4.14/41)

RETURN (Ende Label 40)

Zeile 4032:

85

Mit der Anweisung ATN2(Y, X) erhalten wir beim HP-85:

ψ_{tw} → P8 = ATN2(W2–Y0, W1 – X0) – ATN2(T2 – Y0, T1 – X0) (4.11/85)

ψ_{uv} → P9 = ATN2(V2 – Y0, V1 – X0) – ATN2(U2 – Y0, U1 – X0) (4.14/41)

4.3.2 Übersicht über fünffach unterschiedliche B_0-Koordinaten

Wie bereits erwähnt, gibt es bei fünf gegebenen E-Punkten eine fünffache Auswahl der Paarungen. Über diese soll nun mit Hilfe des Unterprogramms *Mittelsenkrechten-Schnittpunkt* (Label 40 bzw. Zeile 4000) eine Übersicht mit Ausdruck der jeweiligen B_0-Koordinaten und der ψ-Winkel vom Rechner zur Verfügung gestellt werden.

Zunächst ist ein weiteres Unterprogramm für das Ausdrucken vorzusehen:

Unterprogramm Ausdruck der B_0-Kennwerte

41

Label 39

$x_{Bo}, y_{Bo}, \psi_{tw}, \psi_{uv}$, PRINT
RETURN

85

Zeile 3900

DISP $x_{Bo}, y_{Bo}, \psi_{tw}, \psi_{uv}$
RETURN

Zur Schaffung einer allgemeinen Übersicht werden nacheinander sämtliche fünf Paarungsmöglichkeiten abgefragt, dann aber auch die Weitergabe an die nächstfolgenden Leitprogramme (Label 41 bis 45 beim HP-41 bzw. Startzeile 4100 bis 4500 beim HP-85) veranlaßt. Nach Durchlaufen des letzten Leitprogramms (Label 45 bzw. Startzeile 4500) stoppt der Rechner, um Gelegenheit zur Durchsicht und zum Vergleich in den Gesamt-Übersichtsprotokollen zu geben.

41

Zur Ermöglichung des Durchlaufs wird beim HP-41 ein Hilfsspeicher $1 = R_{09}$ benutzt. Wenn gilt $0 = R_{09}$, wird, wie später zu erläutern ist, nur ein Paarungsprogramm abgerufen.

85

Beim HP-85-Programm sind die verschiedenen Betriebsarten mit den Funktionstasten aufrufbar (Anweisungen ON KEY # am Programmanfang).

Taste 3: Einzellage (1 LAGE)
Taste 7: Durchlauf (VORPR)

Paarung der Mittelsenkrechten 14–23

$$x_1 = x_t, y_1 = y_t, x_2 = x_u, y_2 = y_u, x_3 = x_v, y_3 = y_v, x_4 = x_w, y_4 = y_w$$

41

Label 41
…
XEQ 40 – XEQ 39
IF $R_{09} = 0$
RETURN
XEQ 42

85

Leile 4100
…
GOSUB 4000
…
GOSUB 3900
RETURN

Paarung der Mittelsenkrechten 15–23

$x_1 = x_t, y_1 = y_t, x_2 = x_u, y_2 = y_u, x_3 = x_v, y_3 = y_v, x_5 = x_w, y_5 = y_w$

41

Label 42

```
...
XEQ 40 – XEQ 39
IF R09 = 0
RETURN
XEQ 43
```

85

Zeile 4200

```
...
GOSUB 4000
...
GOSUB 3900
RETURN
```

Paarung der Mittelsenkrechten 15–24

$x_1 = x_t, y_1 = y_t, x_2 = x_u, y_2 = y_u, x_4 = x_v, y_4 = y_v, x_5 = x_w, y_5 = y_w$

41

Label 43

```
...
XEQ 40 – XEQ 39
IF R09 = 0
RETURN
XEQ 44
```

85

Zeile 4300

```
...
GOSUB 4000
...
GOSUB 3900
RETURN
```

Paarung der Mittelsenkrechten 15–34

$x_1 = x_t, y_1 = y_t, x_3 = x_u, y_3 = y_u, x_4 = x_v, y_4 = y_v, x_5 = x_w, y_5 = y_w$

41

Label 44

```
...
XEQ 40 – XEQ 39
IF R09 = 0
RETURN
XEQ 45
```

85

Zeile 4400

```
...
GOSUB 4000
...
GOSUB 3900
RETURN
```

Paarung der Mittelsenkrechten 25–34

$x_2 = x_t, y_2 = y_t, x_3 = x_u, y_3 = y_u, x_4 = x_v, y_4 = y_v, x_5 = x_w, y_5 = y_w$

41

Label 45

```
...
XEQ 40 – XEQ 39
STOP
```

85

Zeile 4500

```
...
GOSUB 4000
...
GOSUB 3900
RETURN
```

Um die Eingangswerte des Gesamtprogramms festzuhalten, werden sie mit einem Einführungsprogramm ausgedruckt. Es sind dies die Koordinaten x, y der fünf gegebenen Genaupunkte E_1 bis E_5, bezogen auf ein beliebig in der Ebene liegendes Achsenkreuz. Die Druckroutinen sind:

HP-41: *Label 36*	HP-85: *Zeile 3600*

41 Setzt man den Hilfsspeicher $R_{09} = 1$ und beginnt mit XEQ 41, also dem ersten Mittelsenkrechten-Programm, so werden sämtliche fünf Programme, Label 41 bis Label 45, durchgerechnet und die Ergebnisse ausgedruckt. Mit $R_{09} = 0$ kann aber jederzeit das einzelne der Unterprogramme 41 bis 45 für sich abgerufen werden, wobei wahlweise die Eingangsgrößen mit Label 36 festgehalten werden können.

85 Beim HP-85 werden diese Betriebsarten mit den Funktionstasten 3 bzw. 7 aufgerufen.

Für die später zu behandelnde eigentliche Maßsynthese ist es ratsam, ein Achsenkreuz mit dem Ursprung B_0 anzunehmen. Seine Winkellage ist ohne Einfluß auf die Rechenergebnisse, und deshalb soll lediglich eine einfache Parallelverschiebung zum Ursprungs-Achsenkreuz vorgenommen werden. Die Koordinaten-Transformation auf den Ursprung B_0 verändert die Koordinaten von x_1 auf $x_{1.}$, von y_1 auf $y_{1.}$ usw.:

Koordinatentransformation auf den Ursprung B_0

HP-41: *Label 38*	HP-85: *Zeile 3800*

$$x_1 - x_0 = x_{1.},\ y_1 - y_0 = y_{1.},\ x_2 - x_0 = x_{2.},\ y_2 - y_0 \hat{=} y_{2.},\ x_3 - x_0 = x_{3.},\ y_3 - y_0 = y_{3.},$$
$$x_4 - x_0 = x_{4.},\ y_4 - y_0 = y_{4.},\ x_5 - x_0 = x_{5.},\ y_5 - y_0 = y_{5.}$$

Um jedes der fünf Auswahlprogramme auch für sich und beliebig nacheinander benutzen zu können, ist auch ein „Rück-Transformationsprogramm" vorgesehen, um die jeweilige Neueingabe der Eingangsgrößen zu vermeiden und auch Speicherplätze einsparen zu können:

Koordinaten-Rücktransformation auf das Eingangs-Achsenkreuz

HP-41: *Label 37*	HP-85: *Zeile 3700*

$$x_{1.} + x_0 = x_1,\ y_{1.} + y_0 = y_1,\ x_{2.} + x_0 = x_2,\ y_{2.} + y_0 = y_2,\ x_{3.} + x_0 = x_3,\ y_{3.} + y_0 = y_3,$$
$$x_{4.} = x_0 = x_4,\ y_{4.} + y_0 = y_4,\ x_{5.} + x_0 = x_5,\ y_{5.} + y_0 = y_5$$

4.3.3 Vorbereitung zum Hauptprogramm nach Festlegen auf eine Mittelsenkrechten-Paarung

Für jede einzelne der fünf sich anbietenden Mittelsenkrechten-Paarungen muß nun die Benutzung des nachfolgenden Haupt-Synthese-Programms ermöglicht werden, d.h. den jeweils zwei zugeordneten Paarungen und dem fünften Einzelpunkt (vgl. Bild 4.2) müssen die programmgerechten Zuordnungen erteilt werden. Von besonderer Wichtigkeit ist, welche Lage der Zusatzpunkt E_5 relativ zu den Paarungspunkten einnehmen soll. Auf die praktischen Forderungen hierfür soll später eingegangen werden.

41 Das B_0-Auswahl-Gesamtprogramm ist für den Rechner 41C auf einem besonderen „File“ 13 des Massenspeichers untergebracht worden, deshalb wird, wenn die endgültige Wahl auf eine Mittelsenkrechten-Paarung gefallen ist, automatisch durch Programm auf das nächste File 12, das Haupt-Synthese-Programm enthaltend, umprogrammiert. Die fünf Übergangs-Labels sind:

Label 51: Übergangs-Label Nr. 1 für Haupt-Programm
XEQ 36: Ausdruck der Eingangswerte,
XEQ 41: Paarung der Mittelsenkrechten 14–23,
XEQ 38: E-Koordinaten mit B_0-Ursprung A_5 jenseits von A_4,
α 12 α (Übergang auf File 12) "READP"

Label 52: Übergangs-Label Nr. 2 für Haupt-Programm
XEQ 36: Ausdruck der Eingangswerte,
XEQ 42: Paarung der Mittelsenkrechten 15-23,
$x_4 = x_5$, $y_4 = y_5$, $x_w = x_4$, $y_w = y_4$
XEQ 38: E-Koordinaten mit B_0-Ursprung,
A_5 zwischen A_3 und A_4,
α 12 α (Übergang auf File 12) "READP"

Label 53: Übergangs-Label Nr. 3 für Haupt-Programm
XEQ 36: Ausdruck der Eingangswerte,
XEQ 43: Paarung der Mittelsenkrechten 15–24
$x_3 = x_5$, $y_3 = y_5$, $x_w = x_4$, $y_w = y_4$, $x_v = x_3$, $y_v = y_3$
XEQ 38: E-Koordinaten mit B_0-Ursprung
A_5 zwischen A_2 und A_3
α 12 α (Übergang auf File 12) "READP"

Label 54: Übergangs-Label Nr. 4 für Haupt-Programm
XEQ 36: Ausdruck der Eingangswerte,
XEQ 44: Paarung der Mittelsenkrechten 15–34
$x_2 = x_5$, $y_2 = y_5$, $x_u = x_2$, $y_u = y_2$, $x_v = x_3$, $y_v = y_3$, $x_w = x_4$, $y_w = y_4$
XEQ 38: E-Koordinaten mit B_0-Ursprung
A_5 zwischen A_1 und A_2
α 12 α (Übergang auf File 12) "READP"

Label 55: Übergangs-Label Nr. 5 für Haupt-Programm
XEQ 36: Ausdruck der Eingangswerte,
XEQ 45: Paarung der Mittelsenkrechten 25–34
$x_1 = x_5, y_1 = y_5, x_t = x_1, y_t = y_1, x_u = x_2, y_u = y_2, x_v = x_3,$
$y_v = y_3, x_w = x_4, y_w = y_4$
XEQ 38: E-Koordinaten mit B_0-Ursprung
A_5 jenseits von A_1
α 12 α (Übergang auf File 12) "READP"

85 Anders als beim HP-41 sind beim HP-85 alle Programmteile speicherresident. Die Aufrufe erfolgen über Funktionstasten, wie es das folgende Schema zeigt.

Aus den Einzellagenberechnungen kann aber auch über ein Bildschirmmenü der Übergang zum Hauptprogramm gewählt werden (s. Abbildung).

Die fünf Übergangsroutinen sind in das Programmsegment Zeile 900 bis Zeile 992 eingebettet. Jeweils nach einem Aufruf (GOSUB 5100 usw.) kann gewählt werden zwischen

- Übergang zum Hauptprogramm: GOTO 1200
- Andere Einzellage (mit Koordinaten-Rücktransformation): GOSUB 3700
- Neuanfang: GOTO 5

Die *Übergangsroutinen* (Anfangszeilen 5100 bis 5500) sind jeweils folgendermaßen aufgebaut:

GOSUB 3600 ! Ausdruck der Eingangswerte
GOSUB 4X00 ! Aufruf der Einzellage (X = 1, ..., 5)

Variablenzuweisung

GOSUB 3800 ! Koordinaten-Transformation
PRINT "... (relative Lagen) ..."
RETURN

Die Variablenzuweisungen und Ausgaben der jeweiligen relativen Lagen sind:

Zeile 5100

A_5 jenseits von A_4

Zeile 5200

$x_4 = x_5, y_4 = y_5, x_W = x_4, y_W = y_4$
A_5 zwischen A_3 und A_4

Zeile 5300

$x_3 = x_5, y_3 = y_5, x_W = x_4, y_W = y_4, x_V = x_3, y_V = y_3$
A_5 zwischen A_2 und A_3

Zeile 5400

$x_2 = x_5, \ldots$
A_5 zwischen A_1 und A_2

Zeile 5500

$x_1 = x_5, \ldots$
A_5 jenseits von A_1

4.3.4 Zahlenbeispiel für B_0-Auswahl

In Übereinstimmung mit Bild 4.1 und 4.2 sollen fünf E-Punktlagen mit dem Ursprung E_1 und der Abszisse $E_1 E_5$ gegeben sein. Hierbei ist darauf zu achten, daß der Rechner mit zusammenfallenden 0-Koordinaten nicht rechnen kann, er würde an bestimmten Stellen „Error" melden und sich stillsetzen. Ein sehr einfaches Mittel besteht hier darin, die Nullwerte durch „sehr kleine" Werte zu ersetzen, und zwar für $x = 0$ und $y = 0$ unterschiedliche Werte. Die Genauigkeit der Ergebnisse wird dadurch so geringfügig in Abhängigkeit von der angenäherten Nullstellenzahl beeinflußt, daß hiermit ohne Bedenken gearbeitet werden kann. Selbstverständlich kann man das Achsenkreuz, das ja ganz beliebig gewählt werden kann, auch so anordnen, daß überhaupt keine zusammenfallenden Nullstellen entstehen.

41

Nach **Tabelle 4.1/41** wurde x_1 = 1,0–08 und y_1 = 1,0–05 gewählt. Die Rechnung wird mit dem Abruf XEQ 36 eingeleitet, die Eingangswerte, hier die Koordinaten x_1, y_1 bis x_5, y_5 der fünf E-Punkte, werden ausgedruckt. Es sind auch die Belegungen mit den zugehörigen Speicher-Registern, R_{11} bis R_{15} für x_1 bis x_5, R_{21} bis R_{25} für y_1 bis y_5, kenntlich gemacht. Mit der Leitziffer 1 = R_{09} wird nach Abruf XEQ 41 das Laufprogramm für alle fünf Variationen der Mittelsenkrecht-Paarungen M-S: 14–23 bis M-S: 25–34 eingeleitet und zum Schluß stillgesetzt. Für jede Paarung werden die B_0-Koordinaten x_{B0}, y_{B0} sowie die Winkel ψ_{tw}, ψ_{uv} ausgedruckt. Die in Klammern eingesetzten Abrufe (XEQ) beziehen sich auf den Einzel-Abruf eines der fünf Programme mit 0 = R_{09}.

Nun hat man eine gute Übersicht über den Platzbedarf für die B_0-Punkte und über die Größe der ψ-Winkel, um eine Entscheidung über die Wahl der zweckmäßigen Paarung zu treffen, bzw. um nur einige der fünf Paarungen miteinander zu vergleichen. Wenn z.B. Label 41 mit der Paarung M-S: 14–23 im einzelnen betrachtet werden soll, empfiehlt sich nach **Tabelle 4.2/41** zunächst mit XEQ 36 der Ausdruck der Eingangswerte. Dann erfolgt mit 0 = R_{09} und XEQ 41 die Berechnung der B_0-Koordinaten und der für Label 41 allein gültigen Winkel ψ_{tw} und ψ_{uv}. Mit XEQ 38 ist nunmehr die Koordinaten-Transformation auf B_0 als Ursprung und ohne Achsenkreuz-Drehung möglich. Die neuen Koordinaten erhalten dieselben Speicherplätze; denn die ersteren werden bei Weiterrechnung nicht mehr gebraucht (in der Bezeichnung erhalten die neuen Speicher einen Punkt nach der Fußzeichenziffer: $x_{1.}$, $y_{1.}$, ...).

Sollte aber der Wunsch nach der Einzelberechnung einer zweiten M-S-Paarung bestehen, so kann man mit XEQ 37 eine Koordinaten-Rück-Transformation in die Ursprungswerte vorsehen. XEQ 37 wird überflüssig, wenn man den Wechsel vom B_0-File auf den Hauptfile manuell im Massenspeicher oder durch Eingabe neuer Magnet-Speicherkarten bei Erhalt aller Speicher-Register vorsieht.

Wenn man aber den Übergang vom Vorprogramm-File zum Haupt-File des Massenspeichers vom Rechner selbsttätig vorsieht, ist auf alle Fälle die Rücktransformation mit XEQ 37 erforderlich, denn in dem Abruf-Programm Label 51 bis Label 55 (Label 51 entspricht Label 41, Label 52 dem Label 42 usw.) erscheinen beide Achsenkreuz-Koordinaten noch einmal, um in jeder Rechen-Zwischenstufe die Übersicht über sämtliche Eingangs- und Zwischenergebnisse zu behalten.

Wenn man sich nun nach Ergebniswerten von Tabelle 4.1/41 oder Tabelle 4.2/41 für eine der fünf möglichen B_0-Konfigurationen entschieden hat und den programmierten Übergang zum eigentlichen Haupt-Programm benutzen will, kann man nach **Tabelle 4.3/41** vorgehen. Den M-S-Kombinationen Label 41 bis Label 45 sind genau mit der gleichen Endziffer die Labels 51 bis 55 zugeordnet.

Nach Tabelle 4.3/41 wurde die Kombination M-S: 14–23, also Label 41, dem Label 51 als Aufrufmarke zugeordnet. In dem Laufprogramm werden zunächst die Ursprungs-Eingangswerte x_1, y_1 bis x_5, y_5 ausgedruckt, dann die B_0-Koordinaten x_{B0} und y_{B0} und die Winkel ψ_{tw} und ψ_{uv} berechnet und ausgedruckt, und schließlich wird die Koordinaten-Transformation mit B_0 als Ursprung vorgenommen. Die Koordinaten erhalten die Bezeichnungen $x_{1.}$, $y_{1.}-x_{2.}$, $y_{2.}$ usw. Es wird auch die Lage des Gelenkpunktes A_5 relativ zu den „Reduktionslagen" A_1 bis A_4, hier „jenseits von A_4" angezeigt, bis dann der programmierte (automatische) Übergang zum Hauptprogramm „Koppelpunkt-Synthese" erfolgt.

In Tabelle 4.61 ist das Gesamt-Vorprogramm für die Koppelpunkt-Synthese für den Rechner HP-41CV ausgedruckt. Mit Rücksicht auf den Massenspeicher trägt dieses Vorprogramm den Label-Namen „HN 13". Beim Abruf aus dem Massenspeicher muß zunächst die Anzahl der Speicher mit „XEQ α size α 055" in den Rechner eingegeben werden und danach erfolgt der Abruf mit

α 12 α

XEQ α READP α

Tabelle 4.1/41 Übersicht über fünf B_0-Reduktionen

XEQ 36

======	
BO-EING.	Eingangswerte:
X1,Y1,X2,Y2	E-Punkt-Koordinaten
1.0000-08	$x_1 = R_{11}$
1.0000-05	$y_1 = R_{21}$
1.1000	$x_2 = R_{12}$
-6.9000	$y_2 = R_{22}$
X3,Y3,X4,Y4	
22.0000	$x_3 = R_{13}$
-13.7000	$y_3 = R_{23}$
34.6000	$x_4 = R_{14}$
-9.3000	$y_4 = R_{24}$
X5,Y5	
47.2000	$x_5 = R_{15}$
0.0000	$y_5 = R_{25}$

(Tabelle 4.1/41 Fortsetzung)

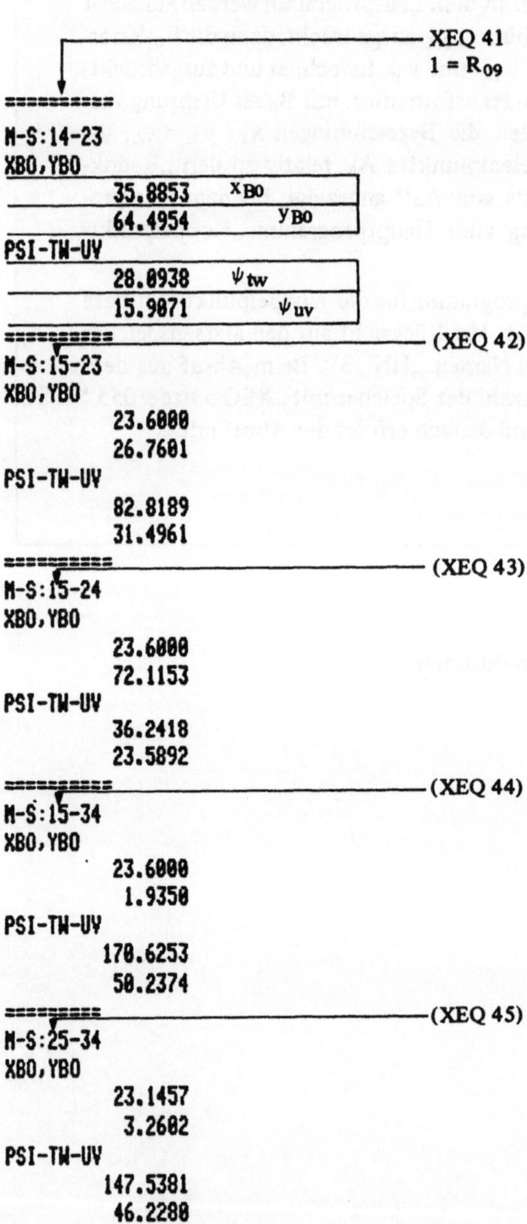

Tabelle 4.2/41 Programm zur Berechnung einer B_0-Reduktion mit Koordinaten-Rücktransformationen

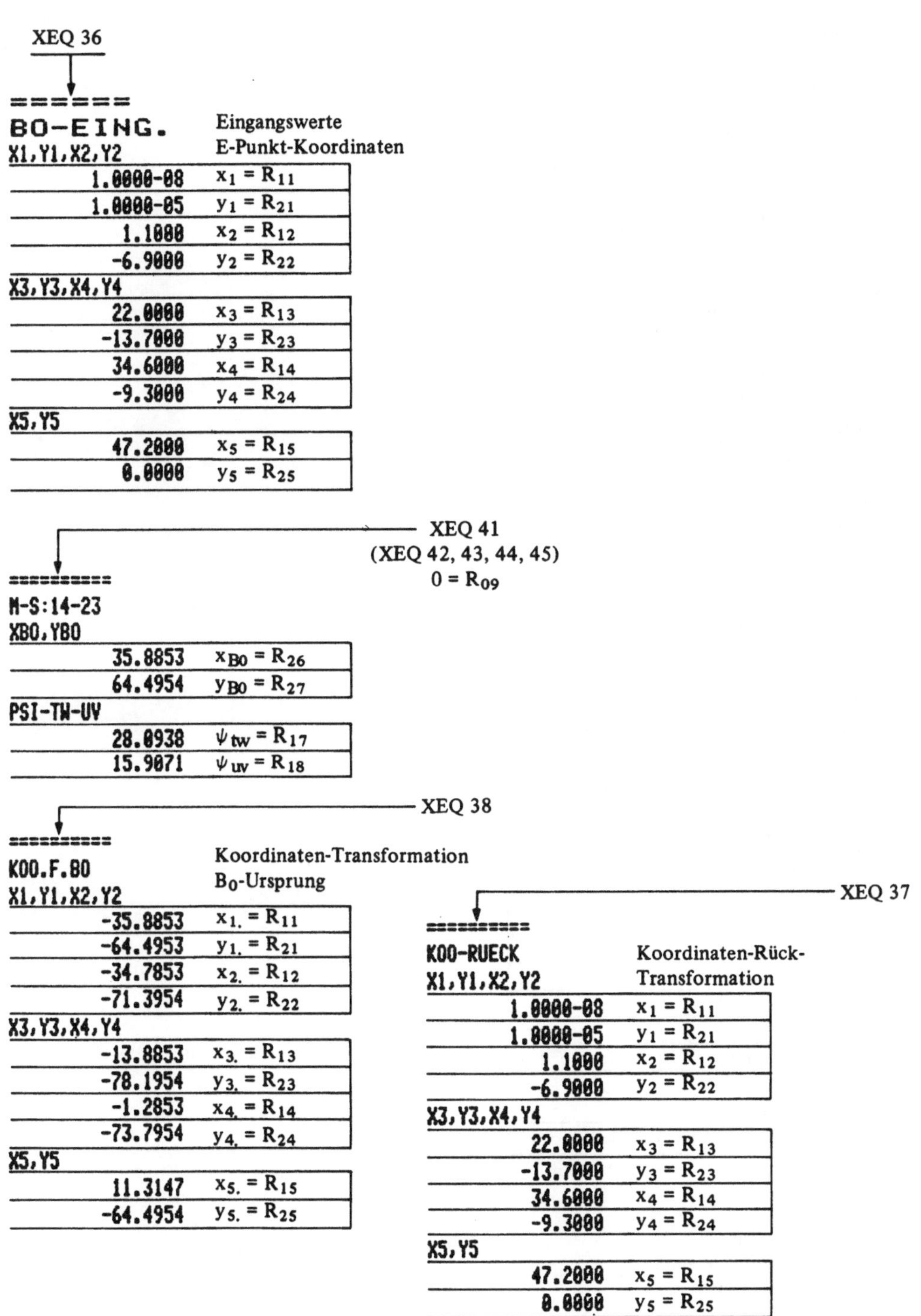

XEQ 36

======
BO-EING. — Eingangswerte
X1,Y1,X2,Y2 — E-Punkt-Koordinaten

1.0000-08	$x_1 = R_{11}$
1.0000-05	$y_1 = R_{21}$
1.1000	$x_2 = R_{12}$
-6.9000	$y_2 = R_{22}$
X3,Y3,X4,Y4	
22.0000	$x_3 = R_{13}$
-13.7000	$y_3 = R_{23}$
34.6000	$x_4 = R_{14}$
-9.3000	$y_4 = R_{24}$
X5,Y5	
47.2000	$x_5 = R_{15}$
0.0000	$y_5 = R_{25}$

XEQ 41
(XEQ 42, 43, 44, 45)
$0 = R_{09}$

==========
M-S:14-23
XBO,YBO

35.8853	$x_{B0} = R_{26}$
64.4954	$y_{B0} = R_{27}$
PSI-TW-UV	
28.0938	$\psi_{tw} = R_{17}$
15.9071	$\psi_{uv} = R_{18}$

XEQ 38

==========
KOO.F.BO — Koordinaten-Transformation B_0-Ursprung
X1,Y1,X2,Y2

-35.8853	$x_{1.} = R_{11}$
-64.4953	$y_{1.} = R_{21}$
-34.7853	$x_{2.} = R_{12}$
-71.3954	$y_{2.} = R_{22}$
X3,Y3,X4,Y4	
-13.8853	$x_{3.} = R_{13}$
-78.1954	$y_{3.} = R_{23}$
-1.2853	$x_{4.} = R_{14}$
-73.7954	$y_{4.} = R_{24}$
X5,Y5	
11.3147	$x_{5.} = R_{15}$
-64.4954	$y_{5.} = R_{25}$

XEQ 37

==========
KOO-RUECK — Koordinaten-Rück-Transformation
X1,Y1,X2,Y2

1.0000-08	$x_1 = R_{11}$
1.0000-05	$y_1 = R_{21}$
1.1000	$x_2 = R_{12}$
-6.9000	$y_2 = R_{22}$
X3,Y3,X4,Y4	
22.0000	$x_3 = R_{13}$
-13.7000	$y_3 = R_{23}$
34.6000	$x_4 = R_{14}$
-9.3000	$y_4 = R_{24}$
X5,Y5	
47.2000	$x_5 = R_{15}$
0.0000	$y_5 = R_{25}$

Tabelle 4.3/41 Übergang vom B_0-Auswahlprogramm zum Hauptprogramm „Koppelpunkt-Synthese"

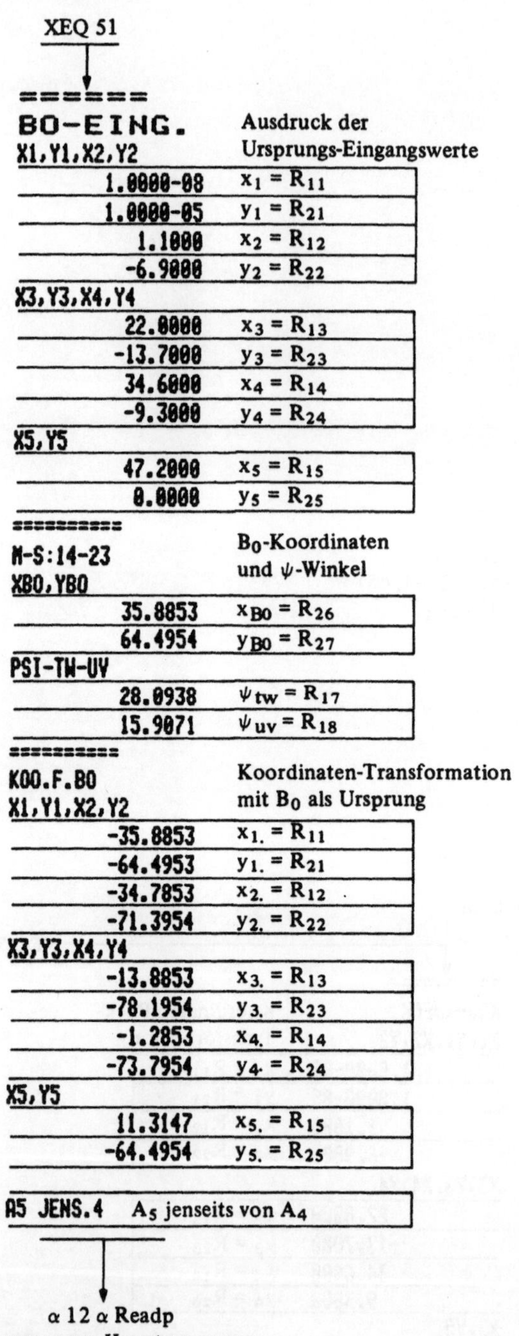

XEQ 51

======

BO-EING. — Ausdruck der Ursprungs-Eingangswerte

X1,Y1,X2,Y2

1.0000-08	$x_1 = R_{11}$
1.0000-05	$y_1 = R_{21}$
1.1000	$x_2 = R_{12}$
-6.9000	$y_2 = R_{22}$

X3,Y3,X4,Y4

22.0000	$x_3 = R_{13}$
-13.7000	$y_3 = R_{23}$
34.6000	$x_4 = R_{14}$
-9.3000	$y_4 = R_{24}$

X5,Y5

47.2000	$x_5 = R_{15}$
0.0000	$y_5 = R_{25}$

==========

M-S:14-23 — B_0-Koordinaten und ψ-Winkel

XBO,YBO

35.8853	$x_{B0} = R_{26}$
64.4954	$y_{B0} = R_{27}$

PSI-TW-UV

28.0938	$\psi_{tw} = R_{17}$
15.9071	$\psi_{uv} = R_{18}$

==========

KOO.F.BO — Koordinaten-Transformation mit B_0 als Ursprung

X1,Y1,X2,Y2

-35.8853	$x_{1.} = R_{11}$
-64.4953	$y_{1.} = R_{21}$
-34.7853	$x_{2.} = R_{12}$
-71.3954	$y_{2.} = R_{22}$

X3,Y3,X4,Y4

-13.8853	$x_{3.} = R_{13}$
-78.1954	$y_{3.} = R_{23}$
-1.2853	$x_{4.} = R_{14}$
-73.7954	$y_{4.} = R_{24}$

X5,Y5

11.3147	$x_{5.} = R_{15}$
-64.4954	$y_{5.} = R_{25}$

A5 JENS.4 — A_5 jenseits von A_4

α 12 α Readp

Übergang zum Hauptprogramm Koppelpunkt-Synthese

85 Nach **Tabelle 4.1/85** wurde $x_1 = 1{,}0 \cdot 10^{-8}$ und $y_1 = 1{,}0 \cdot 10^{-5}$ gewählt. Die Eingabe der Eingangswerte (Koordinaten x_1, y_1 bis x_5, y_5 der fünf E-Punkte) wird durch Drücken der Funktionstaste # 2 (WERTE) begonnen. Anzeigen bzw. Ausdrucken wird mit Taste # 8 (CHECK) veranlaßt. Zur einfachen Überprüfung ist ein „Testlauf" aufrufbar (Taste # 5). Dadurch wird das Vorprogramm (Übersicht über fünf B_0-Reduktionen) mit den in Tabelle 4.1/85 gezeigten Eingangswerten gestartet.

Sind Eingangswerte über WERTE (Taste # 2) eingegeben, wird die B_0-Auswahl mit Taste # 7 (VORPR) gestartet. Einzelaufrufe der fünf Paarungs-Programme werden durch Taste # 3 (1 LAGE) ausgelöst. Einzelheiten hierzu können der Anweisungsliste für das Vorprogramm (Tabelle 4.71) und den zugehörigen Struktogrammen (Tabelle 4.72) entnommen werden. Tabelle 4.73 stellt den vollständigen Ablauf des Vorprogramms mit Berechnung der Einzellagen und Übergang zum Hauptprogramm dar.

Tabelle 4.1/85 zeigt für jede der fünf Mittelsenkrechten-Paarungen die B_0-Koordinaten x_{B0}, y_{B0} und die Winkel ψ_{tw}, ψ_{uv}. Damit ergibt sich ein guter Überblick über den Platzbedarf für die B_0-Punkte und über die Größe der ψ-Winkel, wodurch die Auswahl der zweckmäßigen Paarungen möglich wird.

Anders als beim HP-41-Programm gibt es hier keinen Unterschied zwischen Einzellagen-Vergleich und Übergang zum Hauptprogramm. Nach erfolgter Vorauswahl der MS-Paarung wird mit Taste # 3 die gewählte Einzellage gerufen (vgl. **Tabelle 4.2/85**). Eine Koordinaten-Transformation auf B_0 als Ursprung und ohne Achsenkreuz-Drehung wird angeschlossen. Sollte der Wunsch nach einer zweiten MS-Paarung bestehen, kann dies hiernach per Tastendruck veranlaßt werden. Es steht aber auch die Möglichkeit des Neuanfangs zur Verfügung. Schließlich kann drittens der Übergang zum Hauptprogramm ausgelöst werden. **Tabelle 4.3/85** zeigt den vollständigen Dialog bis zum Startpunkt des Hauptprogramms.

In Tabelle 4.71 ist das gesamte Vorprogramm für den HP-85 aufgelistet. Tabelle 4.72 zeigt die zugehörigen Struktogramme. Tabelle 4.70 gibt die Zuordnung der Variablennamen in den Gleichungen zu den im Programm verwendeten an.

Tabelle 4.1/85 Übersicht über fünf B_0-Reduktionen, Start des Vorprogramms mit Funktionstaste #7 (VORPR)

```
***  V O R P R O G R A M M  ***
*    ----------------------    *
*    mit Berechnung aller      *
*      5 Bo-Reduktionen        *
********************************

********************************
*      Die derzeit gültigen    *
*      Eingangswerte sind:     *

X1/Y1  =  1.000E-008  1.000E-005
X2/Y2  =  1.100E+000 -6.900E+000
X3/Y3  =  2.200E+001 -1.370E+001
X4/Y4  =  3.460E+001 -9.300E+000
X5/Y5  =  4.720E+001  0.000E+000
================================

 Mittelsenkrechte  14 - 23
 -------------------------

     X(Bo) =     35.885
     Y(Bo) =     64.495

   PSI(tw) =     28.094
   PSI(uv) =     15.907
================================

 Mittelsenkrechte  15 - 23
 -------------------------

     X(Bo) =     23.600
     Y(Bo) =     26.737

   PSI(tw) =     82.869
   PSI(uv) =     31.513
================================

 Mittelsenkrechte  15 - 24
 -------------------------

     X(Bo) =     23.600
     Y(Bo) =     72.161

   PSI(tw) =     36.220
   PSI(uv) =     23.576
================================

 Mittelsenkrechte  15 - 34
 -------------------------

     X(Bo) =     23.600
     Y(Bo) =      1.959

   PSI(tw) =    170.508
   PSI(uv) =     50.167
================================

 Mittelsenkrechte  25 - 34
 -------------------------

     X(Bo) =     23.146
     Y(Bo) =      3.260

   PSI(tw) =    147.538
   PSI(uv) =     46.228
```

Tabelle 4.2/85 Berechnung einer B_0-Reduktion (Paarung 14–23) mit Koordinaten-Transformation und -Rücktransformation. Start mit Funktionstaste #3 (1 LAGE)

```
***  E I N Z E L L A G E N   ***
*    ---------------------      *
*      mit Übergang zum         *
*       Hauptprogramm           *
*********************************


*********************************
*      Die derzeit gültigen     *
*      Eingangswerte  sind:     *

X1/Y1   =   1.000E-008  1.000E-005
X2/Y2   =   1.100E+000 -6.900E+000
X3/Y3   =   2.200E+001 -1.370E+001
X4/Y4   =   3.460E+001 -9.300E+000
X5/Y5   =   4.720E+001  0.000E+000

==================================

 Mitteisenkrechte   14 - 23
 --------------------------

      X(Bo) =     35.885
      Y(Bo) =     64.495

    PSI(tw) =     28.094
    PSI(uv) =     15.907

==================================

Koordinaten-Transformation
auf den Ursprung Bo :
----------------------------------

X1/Y1   = -3.589E+001 -6.450E+001
X2/Y2   = -3.479E+001 -7.140E+001
X3/Y3   = -1.389E+001 -7.820E+001
X4/Y4   = -1.285E+000 -7.380E+001
X5/Y5   =   1.131E+001 -6.450E+001

==================================
A(5) jenseits von A(4)
----------------------------------


==================================

Koordinaten-Rücktransformation
auf das Eingangs-Achsenkreuz :
----------------------------------

X1/Y1   =   1.000E-008  1.000E-005
X2/Y2   =   1.100E+000 -6.900E+000
X3/Y3   =   2.200E+001 -1.370E+001
X4/Y4   =   3.460E+001 -9.300E+000
X5/Y5   =   4.720E+001  0.000E+000
```

Tabelle 4.3/85 Vollständiger Dialog im Vorprogramm mit einer Einzellage bis zum Beginn des Hauptprogramms

```
*****   GETRIEBE-ENTWURF   *****

*         zur  Erzeugung        *
*     gegebener Bahnkurven      *
*********************************


    Informationen zum gesamtem
    Programmpaket können  über
        FUNKTIONSTASTE  #1
      abgerufen werden !!!!!

---------------------------------
TEST     KOORD      VORPR    CHECK
INFO     WERTE      1LAGE    HAUPT
```

WERTE (Taste #2)

```
***        WERTEEINGABE       ***
*********************************

Eingabe der Eingangswerte :

X 1 / Y 1   = ?
1E-8,1E-5
X 2 / Y 2   = ?
1.1,-6.9
X 3 / Y 3   = ?
22,-13.7
X 4 / Y 4   = ?
34.6,-9.3
X 5 / Y 5   = ?
47.2,0
```

CHECK (Taste #8)

```
***    Die derzeit gültigen     ***
*      Eingangswerte  sind:       *

X1/Y1   = -3.589E+001 -6.450E+001
X2/Y2   = -3.479E+001 -7.140E+001
X3/Y3   = -1.389E+001 -7.820E+001
X4/Y4   = -1.285E+000 -7.380E+001
X5/Y5   =  1.131E+001 -6.450E+001
---------------------------------

Ausdrucken mit Taste         >>> [*]
Andern der Eingangswerte >>> [-]
Weiterarbeiten durch         >>> [+]
?
```

Tabelle 4.3/85 (Fortsetzung 1)

```
***  E I N Z E L L A G E N   ***
*    --------------------      *
*       mit Obergang zum       *
*        Hauptprogramm         *
********************************

Wählen Sie die Einzellage:
--------------------------------
   14 - 23  >>>  [1]
   15 - 23  >>>  [2]
   15 - 24  >>>  [3]
   15 - 34  >>>  [4]
   25 - 34  >>>  [5]
?
```

1LAGE (Taste #3)

1 RETURN

```
***   Die derzeit gültigen    ***
*     Eingangswerte  sind:      *

X1/Y1  =  1.000E-008  1.000E-005
X2/Y2  =  1.100E+000 -6.900E+000
X3/Y3  =  2.200E+001 -1.370E+001
X4/Y4  =  3.460E+001 -9.300E+000
X5/Y5  =  4.720E+001  0.000E+000
--------------------------------

Ausdrucken mit Taste      >>> [*]
Andern der Eingangswerte  >>> [-]
Weiterarbeiten durch      >>> [+]
?
```

+ RETURN

```
================================

 Mittelsenkrechte  14 - 23
 ------------------------

     X(Bo) =     35.885
     Y(Bo) =     64.495

   PSI(tw) =     28.094
   PSI(uv) =     15.907

--------------------------------
Ausdrucken mit  >>>    [*]
Weiter mit      >>>    [+]
?
```

+ RETURN

Tabelle 4.3/85 (Fortsetzung 2)

```
================================
Koordinaten-Transformation
auf den Ursprung Bo :
--------------------------------

X1/Y1   = -3.589E+001 -6.450E+001
X2/Y2   = -3.479E+001 -7.140E+001
X3/Y3   = -1.389E+001 -7.820E+001
X4/Y4   = -1.285E+000 -7.380E+001
X5/Y5   =  1.131E+001 -6.450E+001
--------------------------------
Ausdrucken mit Taste     >>>  [*]
Weiterarbeiten durch     >>>  [+]     + RETURN
?


================================
A(5) jenseits von A(4)
--------------------------------



********************************

WAHLEN SIE :
--------------------------------

Obergang
zum Hauptprogramm        >>>  [/]     / RETURN

Neuanfang                >>>  [-]

andere Einzellage        >>>  [+]
?



*  H A U P T P R O G R A M M   *
*  -------------------------   *
*mit Berechnung der Kurbellagen*
*         und des              *
*   Gesamt-Gelenkvierecks      *
********************************

Zur Wahl stehen:

Kurbellagen-Obersicht   >>>>  [0]
5-Punkte-Synthese       >>>>  [5]
4-Punkte-Synthese       >>>>  [4]
Andere Einzellage       >>>>  [-]
?
```

4.3.5 Berechnung der Kurbellagen

Wenn nun nach **Bild 4.8** eine der fünf B_0-Lagen festgelegt ist und die E-Koordinaten mit Bezug auf den B_0-Ursprung berechnet worden sind, soll die Rechnung in aufeinanderfolgenden Schritten nach der für Bild 4.2 angegebenen Konstruktions-Beschreibung durchgeführt werden.

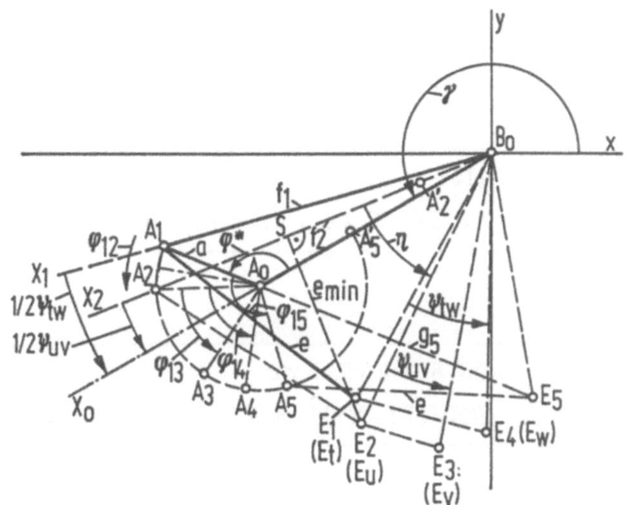

Bild 4.8
Zeichnerische Grundlagen zur Berechnung der Kurbellagen-Symmetrien zur Einbeziehung der Lage 5

Nach Bild 4.8 hat man zunächst die freien Parameter γ und f_1 zur Verfügung, die also als Eingangsgrößen neben den E-Koordinaten zu berücksichtigen sind. Es sind: $E_1 = E_t$, $E_4 = E_w$, $E_2 = E_u$, $E_3 = E_v$. Die Symmetrielagen-Berechnung erfolgt in einem Unterprogramm. Aus γ, f_1, $1/2\ \psi_{tw}$ werden zuerst die Koordinaten von A_1 berechnet:

Symmetrielagen-Berechnung

HP-41: *Label 20* (vgl. Tabelle 4.65)	HP-85: *Zeile 2000* (vgl. Tabelle 4.71 und 4.74)

$$f_1 \cdot \cos\left(\gamma - \frac{\psi_{tw}}{2}\right) = x_{A1} \qquad (4.15)$$

$$f_1 \cdot \sin\left(\gamma - \frac{\psi_{tw}}{2}\right) = y_{A1} \qquad (4.16)$$

41 Mit HP-41C findet man:

$$\left(\gamma - \frac{\psi_{tw}}{2}\right) \text{ ENTER } f_1 : \text{ PR} \rightarrow x_{A1} \gtrless y_{A1} \qquad (4.16/41)$$

Zeile 2036:

85 Beim HP-85 müssen die Gleichungen (4.15) und (4.16) direkt programmiert werden, z.B.

$x_{A1} \rightarrow$ X1 = F1 * COS(G−P8/2) (4.15/85)

Nun ergibt sich:

$$\sqrt{(x_t - x_{A1})^2 + (y_t - y_{A1})^2} = e \tag{4.17}$$

41 Mit HP-41C:

$(y_{A1} - y_t)$ ENTER $(x_{A1} - x_t)$: RP → e (4.17/41)

Zeile 2042:

85 Für den HP-85 schreiben wir

e → E = SQR((T2−Y1)↑2+(T1−X1)↑2) (4.17/85)

Nun muß der Kreisbogen um E_u mit e als Radius zum Schnitt A_2 mit dem Strahl B_0X_2 gebracht werden, und hier ist eine Abfrage erforderlich, ob ein solcher Schnittpunkt überhaupt erreicht werden kann.

Im rechtwinkligen Dreieck B_0SE_u berechnet man:

$$\text{arc cos}\,\frac{|x_u|}{x_u} + \text{arc tan}\,\frac{y_u}{x_u} - \gamma + \frac{\psi_{uv}}{2} = \eta \tag{4.18}$$

und findet ($B_0E_u = \sqrt{x_u^2 + y_u^2}$):

$$\sqrt{x_u^2 + y_u^2} \cdot \sin\eta = e_{min} \tag{4.19}$$

41 Mit HP-41C:

y_u ENTER x_u: RP → $B_0E_u \gtrless -\gamma + \frac{\psi_{uv}}{2} = \eta$ (4.18/41)

Nun gilt für die IF-Schranke:

IF: $(e - e_{min}) < 0$ XEQ 19 (4.20/41)

und damit der Übergang zum später aufgeführten Label 19.

Zeile 2046:

85 η wird auch mit der ATN2-Anweisung berechnet:

$\eta \rightarrow$ E0 = ATN2(U2, U1) − G + P9/2 (4.18/85)

e_{min} wird direkt entsprechend Gl. (4.19) programmiert. Um feststellen zu können, ob ein Schnittpunkt möglich ist, wird eine Hilfsgröße gebildet:

$H9 = e^2 - e_{min}^2$

und dann mit der Anweisung

IF H9 <= 0 THEN 1900

im negativen Fall zum Programmsegment 1900 verzweigt. Dort wird J = 1 gesetzt, um im Programmteil „Kurbellagen-Übersicht“ (2300) entsprechende Entscheidungen erzielen zu können.

Der Kreis um E_u mit e als Radius schneidet (wenn die IF-Schranke nicht anspricht) den Strahl B_0X_2 in zwei Punkten A_2 und A_2', die beide, wenn das Programm mit allen seinen Möglichkeiten voll zu durchfahren ist, berücksichtigt werden müssen (Bild 4.8). Deshalb wird ein Zusatz-Kennwert $p = \pm 1$ eingeführt, mit dem die Strecke A_2B_0 $(A_2'B_0) = f_2$ berechnet wird:

$$B_0E_u \cdot \cos\eta + p \cdot e_{min} = f_2 \tag{4.21}$$

Die Koordinaten von A_2 ergeben sich zu:

$$f_2 \cdot \cos(\gamma - \frac{\psi_{uv}}{2}) = x_{A2}; \ f_2 \cdot \sin(\gamma - \frac{\psi_{uv}}{2}) = y_{A2} \tag{4.22}$$

41 Mit HP-41C:

$(\gamma - \frac{\psi_{uv}}{2})$ ENTER f_2 : PR $\rightarrow x_{A2} \gtrless y_{A2}$ (4.22/41)

Zeile 2058:

85 Gl. (4.21) und Gl. (4.22) werden wieder direkt hingeschrieben, wobei aber e_{min} = SQR(H9) ist.

Den Gestellpunkt A_0 findet man als Schnittpunkt der Mittelsenkrechten von A_1A_2 mit dem Strahl B_0X_0:

$$\tan\left(\arc\cos\frac{|x_{A2} - x_{A1}|}{x_{A2} - x_{A1}} + \arc\tan\frac{y_{A2} - y_{A1}}{x_{A2} - x_{A1}} + 90\right) = m_2 \tag{4.23}$$

41 Mit HP-41C:

$(y_{A2} - y_{A1})$ ENTER $(x_{A2} - x_{A1})$: RP → [ ] $\gtrless$ + 90 = TAN = m_2 (4.23/41)

Zeile 2064:

85	Mit HP-85:
	$m_2 \rightarrow$ M2 = TAN(ATN2(Y2 − Y1, X2 − X1) + 90) (4.23/85)

$$\frac{-m_2 \cdot \dfrac{x_{A1}+x_{A2}}{2} + \dfrac{y_{A1}+y_{A2}}{2}}{\tan\gamma - m_2} = x_{A0} \tag{4.24}$$

$$\tan\gamma \cdot x_{A0} = y_{A0} \tag{4.25}$$

Nun lassen sich die Kurbellänge a und der Winkel φ^*, den a mit dem Gestell $B_0A_0 = d$ einschließt, berechnen:

$$\sqrt{(y_{A1}-y_{A0})^2 + (x_{A1}-x_{A0})^2} = a \tag{4.26}$$

$$\arccos\frac{|x_{A1}-x_{A0}|}{x_{A1}-x_{A0}} + \arctan\frac{y_{A1}-y_{A0}}{x_{A1}-x_{A0}} = \delta \tag{4.27}$$

$$\delta - \gamma + 180 = \varphi^* \tag{4.28}$$

41	Mit HP-41C:
	$(y_{A1}-y_{A0})$ ENTER $(x_{A1}-x_{A0})$: RP $\rightarrow a \gtrless = \delta - \gamma + 180 = \varphi^*$ (4.28/41)

Zeile 2072:

85	Berechnung von δ und φ^*:
	$\delta \rightarrow$ D1 = ATN2(Y1 − Y7, X1 − X7) (4.27/85)
	$\varphi^* \rightarrow$ F0 = D1 + ACS(SGN(D1)) * 2 − G + 180 (4.28/85)
	Weil arc cos (1) = 0 und arc cos (− 1) = π = 180°, wird durch den Term ACS(SGN(D1)) * 2 eine Korrektur mit 0 oder 360° vorgenommen.

Das Haupt-Merkmal der hier verwendeten Punktlagenreduktionen besteht in den Symmetrie-Kurbellagen. Die Kurbellagen A_0A_1 und A_0A_4 (A_0A_t und A_0A_w), sowie A_0A_2 und A_0A_3 (A_0A_u und A_0A_v) liegen symmetrisch zum Gestell B_0A_0. Es ist aber in jedem Falle wissenswert, welche Winkel $\varphi_{12}, \varphi_{13}, \varphi_{14}$ die Kurbellagen A_0A_2, A_0A_3, A_0A_4 mit der Anfangskurbellage A_0A_1 einschließen: In den folgenden Gleichungen wird durch „(sign arc cos) · 2" die Zuordnung in den vorzeichengerechten Quadranten erzwungen, um die Differenzen mit φ^* genau der Symmetrielage, bezogen auf $\varphi = 0°$ oder $\varphi = 180°$ entsprechend zu erhalten. Sämtliche Winkel werden dadurch also nur mit positivem Vorzeichen ausgewiesen:

$$\arccos\frac{|x_{A2}-x_{A0}|}{x_{A2}-x_{A0}} + \arctan\frac{y_{A2}-y_{A0}}{x_{A2}-x_{A0}} + (\text{sign arc cos}) \cdot 2 - \delta = \varphi_{12} \tag{4.29}$$

$$f_2 \cdot \cos\left(\gamma + \frac{\psi_{uv}}{2}\right) = x_{A3} \quad (4.30)$$

$$f_2 \cdot \sin\left(\gamma + \frac{\psi_{uv}}{2}\right) = y_{A3} \quad (4.31)$$

$$\text{arc cos}\,\frac{|x_{A3} - x_{A0}|}{x_{A3} - x_{A0}} + \text{arc tan}\,\frac{y_{A3} - y_{A0}}{x_{A3} - x_{A0}} + (\text{sign arc cos}) \cdot 2 - \delta = \varphi_{13} \quad (4.32)$$

$$f_1 \cdot \cos\left(\gamma + \frac{\psi_{tw}}{2}\right) = x_{A4} \quad (4.33)$$

$$f_1 \cdot \sin\left(\gamma + \frac{\psi_{tw}}{2}\right) = y_{A4} \quad (4.34)$$

$$\text{arc cos}\,\frac{|x_{A4} - x_{A0}|}{x_{A4} - x_{A0}} + \text{arc tan}\,\frac{y_{A4} - y_{A0}}{x_{A4} - x_{A0}} + (\text{sign arc cos}) \cdot 2 - \delta = \varphi_{14} \quad (4.35)$$

Das Zeichen „sign“ bezieht sich auf das Vorzeichen des Klammerausdruckes ± 1, der darauffolgende Summand auf 0° oder 360°.

41 Mit HP-41C:

$(y_{A2} - y_{A0})$ ENTER $(x_{A2} - x_{A0})$: RP → a $\gtrless$ + (sign arc cos) · 2 − δ = φ_{12} (4.29/41)

$\left(\gamma + \frac{\psi_{uv}}{2}\right)$ ENTER f_2 : PR → $x_{A3} \gtrless y_{A3}$ (4.31/41)

$(y_{A3} - y_{A0})$ ENTER $(x_{A3} - x_{A0})$: RP → [ ] $\gtrless$ + (sign arc cos) · 2 − δ = φ_{13} (4.32/41)

$\left(\gamma + \frac{\psi_{tw}}{2}\right)$ ENTER f_1 : PR → $x_{A4} \gtrless y_{A4}$ (4.34/41)

$(y_{A4} - y_{A0})$ ENTER $(x_{A4} - x_{A0})$: RP → [ ] $\gtrless$ + (sign arc cos) · 2 − δ = φ_{14} (4.35/41)

Zeile 2078:

85 φ_{12}, φ_{13} und φ_{14} (Gleichungen 4.29 bis 4.35) werden mit dem HP-85 ebenso gelöst wie Gl. (4.28).

Schließlich wird noch der „zentrische“ Winkel φ_m berechnet, der entweder durch Deck- oder Strecklage von a mit d zustande kommt:

$$\frac{\varphi_{13} + \varphi_{12}}{2} + \varphi^* = \varphi_m \quad (4.36)$$

Mit der für das Zustandekommen eines A_2-Schnittpunktes aufgestellten IF-Schranke wurde innerhalb des Unterprogramms „Symmetrielagen-Berechnung" ein weiteres Unterprogramm aufgerufen:

41 *Label 19*

A2 ? ? ? ? PRINT

γ, f_1, p, h PRINT

XEQ 25

RETURN

85 *Zeile 1900*

J = 1

„Es ist kein A_2-Schnittpunkt möglich mit:"

γ, f_1, p, h

RETURN

Bisher waren nach Bild 4.8 die zwei Symmetrie-Punktpaare $A_1 A_4$ $(A_t A_w)$ und $A_2 A_3$ $(A_u A_v)$ berechnet worden, wobei auch mit dem Unterprogramm Label 19 (HP-41C) bzw. Anfangszeile 1900 (HP-85) auf den Abbruch der Rechnung hingewiesen wurde, falls es keinen Punkt A_2 (und A_3) geben kann. Nun muß aber noch der letzte Punkt E_5, der in keinem Symmetrie-Zusammenhang steht, in die Betrachtungen einbezogen werden. Er ergibt sich als Schnittpunkt des Kurbelkreises, also des Kreises um A_0 durch A_1 mit dem Kreisbogen, den man um E_5 mit e als Radius schlägt, und es ist klar, daß es hier entweder wieder zwei Schnittpunkte A_5 und A_5' oder keinen solchen gibt, abgesehen von dem Sonderfall für nur einen Punkt A_5, wenn der e-Kreisbogen nur berührt wird.

Für die beiden reellen Möglichkeiten werden ein Kennwert $h = \pm 1$ und eine IF-Schranke vorgesehen. Das folgende Programmsegment „Berechnung von A_5" gilt also lediglich zur Berücksichtigung von E_5 bzw. A_5.

Im Dreieck $E_5 A_0 A_5$ kennt man $A_0 A_5 = a$, $E_5 A_5 = e$ und $B_0 E_5$, sowie $\sphericalangle x A_0 E_5$ ($\sphericalangle x A_0 E_5$ = Winkel, den $A_0 E_5$ mit der x-Achse einschließt) lassen sich berechnen:

$$\sqrt{(y_{E5} - y_{A0})^2 + (x_{E5} - x_{A0})^2} = g_5 \tag{4.37}$$

$$\arccos \frac{|x_{E5} - x_{A0}|}{x_{E5} - x_{A0}} + \arctan \frac{y_{E5} - y_{A0}}{x_{E5} - x_{A0}} + (\text{sign arc cos}) \cdot 2 = \sphericalangle x A_0 E_5 \tag{4.38}$$

41 Mit HP-41C: *Label 25*

$(y_{E5} - y_{A0})$ ENTER $(x_{E5} - x_{A0})$: RP $\rightarrow g_5 \gtrless +$ (sign arc cos) $\cdot 2 = \sphericalangle x A_0 E_5$

(4.38/41)

85 *Zeile 2500* (A5-Berechnung)

g_5 wird direkt mit der SQR-Anweisung berechnet, danach folgt:

D5 = ATN2(Y(5) – Y7, X(5) – X7)

$\measuredangle\, xA_0E_5$ → W5 = D5 + ACS(SGN(D5)) * 2 (4.38/85)

Mit $\lambda = \measuredangle\, E_5A_0A_5$ kann nachgeprüft werden, ob die Schnittpunkte A_5 und A_5' zustande kommen können. Ist nämlich $|\cos\lambda| > 1$; so läßt sich Dreieck $E_5A_0A_5$ nicht zeichnen, also:

$$\frac{g_5^2 + a^2 - e^2}{2 \cdot g_5 \cdot a} = \cos\lambda \qquad (4.39)$$

41 IF: $|\cos\lambda| > 1$ XEQ 24

Zeile 2510:

85 Mit $\cos\lambda$ = C1 schreiben wir:

C1 = $(g_5^2 + a^2 - e^2)/2/g_5/a$ (4.39/85)

IF ABS(C1) > 1 THEN 2400

Es gilt:

p = ± 1 Kennwert für A_2 (A_u) und A_2'

h = ± 1 Kennwert für A_5 und A_5'

φ_{15} Kurbelwinkel zwischen Kurbellagen A_0A_1 und A_0A_5.

Nun läßt sich φ_{15} mit Berücksichtigung von h berechnen:

$$(\measuredangle\, xA_0E_5 - h \cdot \lambda - \varphi^* - \gamma + 180) + (\text{sign arc cos}) \cdot 2 = \varphi_{15} \qquad (4.40)$$

Die interessierenden Kennwerte werden ausgedruckt:

41 p, φ_{15}, h PRINT

RETURN (Ende Label 25)

Zeile 2514:

85 Der Rest des A_5-Unterprogramms ist:

λ → L = ACS(C1)

P5 = $\measuredangle\, xA_0E_5 - (h * \lambda) - \varphi^* - \gamma + 180$

φ_{15} → P5 = P5 + ACS(SGN(P5)) * 2 (4.40/85)

Das für A_5 gültige Unterprogramm ist:

41 *Label 24*

A_5 ? ? ? ? PRINT

γ, f_1, p, h PRINT

RETURN

85 *Zeile 2400*

„Es ist kein A_5-Schnittpunkt möglich mit:“

γ, f_1, p, h

RETURN

Zu den bisher vorgestellten Programmen ist hinzuzufügen, daß man je nach Aufwand bei oft wiederkehrenden Teil-Gleichungen entsprechende, beliebig oft abrufbare Unterprogramme einrichtet. Hier wurde der besseren Übersicht halber gelegentlich auf solche Unterprogramme verzichtet.

Das Abtasten zum Erreichen reeller Konstruktionsdaten soll vom Rechner automatisch vorgenommen werden. Ein Haupt-Einführungsprogramm soll die vierfach möglichen Ergebnisse für $p = \pm 1$ und für $h = \pm 1$ nacheinander aufteilen und die Ergebnisse insgesamt ausdrucken, so daß an Hand eines solchen Übersichts-Schriebes reichlich Vergleichsmöglichkeiten vorhanden sind. Mit Variationen der Eingangswerte ist es möglich, eine Vor-Auswahl für ein günstiges Gelenkviereck zu treffen.

Der im folgenden erläuterte Programmablauf soll durch die Beschreibung der miteinander in Verbindung zu bringenden Programmteile gleichzeitig aber auch durch Verfolgung des Flußdiagrammes (Tabelle 4.62 bzw. 4.74 und 4.75) kenntlich gemacht werden.

41 Das Eingangs-Label: *Label 23*

$+1 = p$; $+1 = h$, XEQ 21, XEQ 25

$-1 = h$; XEQ 25

$-1 = p$; $+1 = h$ XEQ 21, XEQ 25

$-1 = h$; XEQ 25

STOP

Im Einführungs-Label 23 werden $+1 = p$ und $+1 = h$ gesetzt und nach Label 21 dirigiert. Von dort aus aber sofort nach Label 20 zur Berechnung aller erforderlichen Zwischenwerte. Nach Rückkehr von 20 nach 21 werden alle interessierenden Werte ausgedruckt, um dann zum Label 23 zurückzukehren.

Es ist: *Label 21*

XEQ 20

γ, f_1, p PRINT

$\sqrt{x_{A0}^2 + y_{A0}^2} = d$ (4.41)

a, d PRINT

$\varphi^*, \varphi_{12}, \varphi_{13}, \varphi_{14}, \varphi_m$ PRINT

RETURN

---

85 *Zeile 2300*

In diesem Programmteil werden p und h gesetzt und die Unterprogramme „Symmetrielagen-Berechnung“ (2100) und „A5-Berechnung“ (2500) aufgerufen; letzteres jedoch nach GOSUB 2100 nur, wenn im Unterprogramm 2000 ... (Zeile 2054) *nicht* nach 1900 verzweigt wurde.

Zeile 2100

GOSUB 2000

„Parameter und Ergebnisse:“

$\gamma, f_1, p, a, d = \sqrt{x_{A0}^2 + y_{A0}^2}$ (4.41)

$\varphi^*, \varphi_{12}, \varphi_{13}, \varphi_{14}, \varphi_m$

RETURN

4.3.6 Zahlenbeispiel für die Berechnung der Kurbellagen

Nach **Tabelle 4.4/41** bzw. **4.4/85** werden dieselben Zahlenwerte wie bei den vorangegangenen Zahlenbeispielen weiterverwendet. Es genügt lediglich die Rechen-Einleitung mit XEQ 23, und das Kurbellagenprogramm läuft selbsttätig ab. Der hier beschriebene Programm-Ablauf ist auch im Flußdiagramm, Tabelle 4.62 bzw. 4.75 zu verfolgen. Nach Ausdruck der Eingangswerte (für die E-Koordinaten ist ein noch zu erwähnendes, besonderes Programmsegment Label 35 bzw. Startadresse 3500 vorgesehen) wird zunächst für $+1 = p$ die Rechnung ausgeführt, und hier ist es schon wertvoll, das Verhältnis von Kurbellänge a zur Gestellänge d zur Kenntnis zu nehmen; denn $a < d$ ist z.B. eine Vorbedingung für eine umlauffähige Kurbelschwinge und $a > d$ für eine Doppelkurbel. Der Kurbelwinkel φ^* zeigt die Anfangslage der Kurbel a relativ zum Gestell d, die Winkel φ_{12}, φ_{13}, φ_{14} kennzeichnen die Relativlagen von A_0A_2, A_0A_3, A_0A_4 relativ zu A_0A_1, die für $\pm 1 = h$ dieselben bleiben. Der „Mittenwinkel“ zeigt mit $\varphi_m = 0°$ oder $\varphi_m = 180°$ an, über welche Steglage die Kurbellagensymmetrie zustande kommt. Für φ_{15}, das ist die Kurbellage A_0A_5 relativ zu A_0A_1, gibt es für jedes $\pm 1 = p$ je zwei Lagen für $\pm 1 = h$.

Tabelle 4.4/41 Kurbellagenberechnungen für ± 1-Variationen von p und h

XEQ 23

Ausdruck		Erläuterung
....		
GAMMA,F1,P		
210.0000	$\gamma = R_{10}$	
90.0000	$f_1 = R_{20}$	Eingangswerte
1.0000	$p = R_{19}$	
A,D		
27.9283	$a = R_{02}$	
69.9074	$d = R_{05}$	
PHI*12,13,14		
128.5410	$\varphi^* = R_{38}$	Kurbelwinkel für $p = R_{19} = +1$
23.2408	$\varphi_{12} = R_{39}$	
79.6772	$\varphi_{13} = R_{30}$	
102.9180	$\varphi_{14} = R_{41}$	
PHI-M		
180.0000	$\varphi_m = R_{43}$	
....		
P,PHI-15,H		
1.0000	$p = R_{19}$	
231.1395	$\varphi_{15} = R_{42}$	φ_{15} für $p = R_{19} = +1$; $h = R_{46} = +1$
1.0000	$h = R_{46}$	
....		
P,PHI-15,H		
1.0000	$p = R_{19}$	
127.0812	$\varphi_{15} = R_{42}$	φ_{15} für $p = R_{19} = +1$; $h = R_{46} = -1$
-1.0000	$h = R_{46}$	
....		
GAMMA,F1,P		
210.0000	$\gamma = R_{10}$	
90.0000	$f_1 = R_{20}$	
-1.0000	$p = R_{19}$	
A,D		
36.1776	$a = R_{02}$	
58.4706	$d = R_{05}$	
PHI*12,13,14		
142.8567	$\varphi^* = R_{38}$	Kurbelwinkel für $p = R_{19} = -1$
222.1124	$\varphi_{12} = R_{39}$	
212.1742	$\varphi_{13} = R_{40}$	
74.2866	$\varphi_{14} = R_{41}$	
PHI-M		
360.0000	$\varphi_m = R_{43}$	
....		
P,PHI-15,H		
-1.0000	$p = R_{19}$	
221.7057	$\varphi_{15} = R_{42}$	φ_{15} für $p = R_{19} = -1$; $h = R_{46} = +1$
1.0000	$h = R_{46}$	
....		
P,PHI-15,H		
-1.0000	$p = R_{19}$	
93.2878	$\varphi_{15} = R_{42}$	φ_{15} für $p = R_{19} = -1$; $h = R_{46} = -1$
-1.0000	$h = R_{46}$	

Tabelle 4.4/85 Kurbellagenberechnungen für ±-Variationen von p und h

```
*  H A U P T P R O G R A M M    *
*  -------------------------    *
*mit Berechnung der Kurbellagen*
*          und des              *
*    Gesamt-Gelenkvierecks      *
*********************************

Zur Wahl stehen:

Kurbellagen-Übersicht    >>>>  [0]
5-Punkte-Synthese        >>>>  [5]
4-Punkte-Synthese        >>>>  [4]
Andere Einzellage        >>>>  [-]
?
```

[0] [RETURN]

```
*********************************
*      Die derzeit gültigen     *
*      Eingangswerte  sind:     *

X1/Y1   = -3.589E+001 -6.450E+001
X2/Y2   = -3.479E+001 -7.140E+001
X3/Y3   = -1.389E+001 -7.820E+001
X4/Y4   = -1.285E+000 -7.380E+001
X5/Y5   =  1.131E+001 -6.450E+001



**   K U R B E L L A G E N -  **
*      Ü B E R S I C H T        *
*********************************


Wählen Sie die freien Parameter
================================

   **Gamma**         **f(1)**
---------------------------------

Gamma = ?
210

f(1)  = ?
90
```

Tabelle 4.4/85 (Fortsetzung)

```
=================================
   K U R B E L L A G E N -
     O B E R S I C H T
---------------------------------
   Parameter ud Ergebnisse:
---------------------------------
   Gamma      =  210.000
   f1         =   90.000
   p          =    1.000
   a          =   27.928
   d          =   69.907
   Phi(*)     =  128.541
   Phi(12)    =   23.241
   Phi(13)    =   79.677
   Phi(14)    =  102.918
   Phi(m)     =  180.000
---------------------------------

  Ergebnisse der A5-Berechnung:
---------------------------------
    p        =     1.000
    Phi(15)  =   231.140
    h        =     1.000

  Ergebnisse der A5-Berechnung:
---------------------------------
    p        =     1.000
    Phi(15)  =   127.081
    h        =    -1.000
=================================
   K U R B E L L A G E N -
     O B E R S I C H T
---------------------------------
   Parameter ud Ergebnisse:
---------------------------------
   Gamma      =  210.000
   f1         =   90.000
   p          =   -1.000
   a          =   36.178
   d          =   58.471
   Phi(*)     =  142.857
   Phi(12)    =  222.112
   Phi(13)    =  212.174
   Phi(14)    =   74.287
   Phi(m)     =  360.000
---------------------------------

  Ergebnisse der A5-Berechnung:
---------------------------------
    p        =    -1.000
    Phi(15)  =   221.706
    h        =     1.000

  Ergebnisse der A5-Berechnung:
---------------------------------
    p        =    -1.000
    Phi(15)  =    93.288
    h        =    -1.000
```

Aus Tabelle 4.3/41 bzw. 4.3/85, die für dieselben Zahlenwerte gilt, geht hervor, daß im allgemeinen A_5 jenseits von A_4 liegen sollte, daß also $\varphi_{15} > \varphi_{14}$ vorauszusetzen ist. In den meisten Fällen wird derjenige Winkel φ_{15} bevorzugt werden, der die geringere „Jenseitsentfernung" zu φ_{14} hat. Es gibt z. B. totalschwingende Gelenkvierecke, bei denen mit „diesseitiger" Lage von A_5 in besonderen Ausnahmefällen „durchlauffähige" Getriebe entstehen können.

Für **Tabelle 4.5/41** bzw. **4.5/85** gilt bei den sonst gleichen Eingabedaten und abweichend mit $f_1 = 55$ die sechsmalige Fehlmeldung A_2 ???? und A_5 ???? bzw. „Kein A_2-Schnittpunkt" und „Kein A_5-Schnittpunkt" (Programmteile 1900 und 2400). Das Ergebnis führt also mit diesem f_1 zu unbrauchbaren Getrieben! Die Ergebnisse lassen sich auf zweifache Art verbessern, nämlich durch Veränderungen von f_1 oder von γ.

Tabelle 4.5/41 Kurbellagenberechnungen mit Fehlmeldungen für A_2 und A_5

```
........
A2 ??????
GAMMA,F1,P,H
        210.0000
         55.0000
          1.0000    p = R19
..........
```

```
A2 ??????
GAMMA,F1,P,H
        210.0000
         55.0000
         -1.0000    p = R19
..........
```

```
..........
A5 ?????
GAMMA,F1,P,H
        210.0000
         55.0000
          1.0000    p = R19
          1.0000    h = R46
..........
```

```
..........
A5 ?????
GAMMA,F1,P,H
        210.0000
         55.0000
         -1.0000    p = R19
          1.0000    h = R46
..........
```

```
..........
A5 ?????
GAMMA,F1,P,H
        210.0000
         55.0000
          1.0000    p = R19
         -1.0000    h = R46
..........
```

```
..........
A5 ?????
GAMMA,F1,P,H
        210.0000
         55.0000
         -1.0000    p = R19
         -1.0000    h = R46
..........
```

Tabelle 4.5/85 Kurbellagenberechnungen mit Fehlmeldungen für A_2 und A_5

```
*  G E L E N K V I E R E C K - *
*    K. O P P E L K U R V E     *
*     mit 5 Genaupunkten        *
*-------------------------------*
X1/Y1   = -3.589E+001  -6.450E+001
X2/Y2   = -3.479E+001  -7.140E+001
X3/Y3   = -1.389E+001  -7.820E+001
X4/Y4   = -1.285E+000  -7.380E+001
X5/Y5   =  1.131E+001  -6.450E+001
---------------------------------

Ausdrucken mit Taste      >>> [*]
Andern der Eingangswerte  >>> [-]
Weiterarbeiten durch      >>> [+]
?
```

[+] [RETURN]

```
***  A C H T U N G :          ***
**----------------------------**

   Es ist kein A2-Schnittpunkt
   möglich mit:

   Gamma =      210.000
   f1    =       55.000
   p     =        1.000
   h     =        1.000
---------------------------------

Ausdrucken mit Taste   >>>   [*]
Weiterarbeiten durch   >>>   [+]
?
```

[*] [RETURN]

```
*********************************

Es ist kein A2-Schnittpunkt
möglich mit:

   Gamma =      210.000
   f1    =       55.000
   p     =        1.000
   h     =        1.000
---------------------------------

*********************************

Es ist kein A5-Schnittpunkt
möglich mit:

   Gamma   =    210.000
   f1      =     55.000
   p       =      1.000
   h       =      1.000
---------------------------------
```

Tabelle 4.5/85 (Fortsetzung)

```
********************************

Es ist kein A5-Schnittpunkt
möglich mit:

   Gamma    =    210.000
   f1       =     55.000
   p        =      1.000
   h        =     -1.000
--------------------------------

********************************

Es ist kein A2-Schnittpunkt
möglich mit:

   Gamma =       210.000
   f1    =        55.000
   p     =        -1.000
   h     =         1.000
--------------------------------

********************************

Es ist kein A5-Schnittpunkt
möglich mit:

   Gamma    =    210.000
   f1       =     55.000
   p        =     -1.000
   h        =      1.000
--------------------------------

********************************

Es ist kein A5-Schnittpunkt
möglich mit:

   Gamma    =    210.000
   f1       =     55.000
   p        =     -1.000
   h        =     -1.000
--------------------------------
```

4.3.7 Berechnung des Gesamt-Gelenkvierecks

Vom Gelenkviereck, das fünf Genaupunkte (später Erläuterungen für nur vier Genaupunkte) einer gegebenen Bahn mit dem Durchlaufen durch einen Koppelpunkt E erfüllen soll, waren bisher das Gestell d, die Kurbel a und die von dieser durchlaufenen Winkel berechnet worden. Nun fehlen noch die restlichen Abmessungen des die Aufgabe erfül-

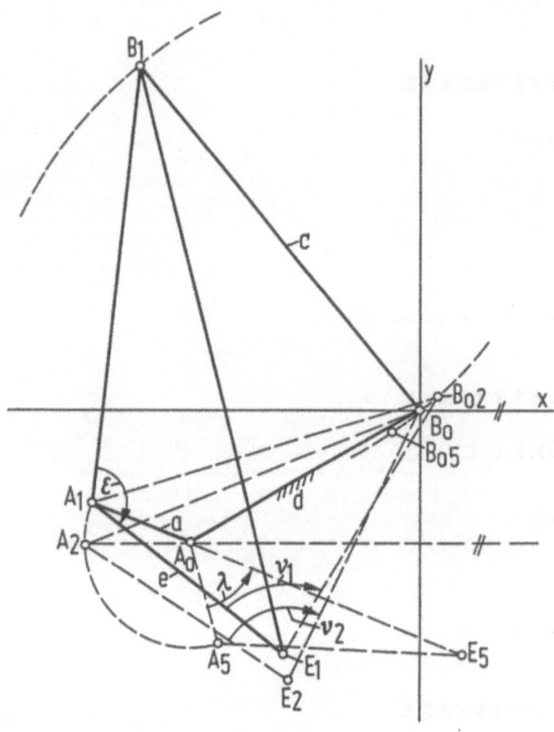

Bild 4.9
Zeichnerische Grundlagen zur Berechnung der Gelenkviereck-Abmessungen. Reduktion von 5 B_0-Punkten auf nur deren 3 und damit Kreis mit Radius c durch nur 3 Punkte

lenden Gelenkvierecks. Sie sollen rechnerisch in Übereinstimmung mit den graphischen Methoden, wie sie für Bild 4.2 beschrieben wurden, nach **Bild 4.9** ermittelt werden. Hierzu dient das Unterprogramm

Berechnung von Gelenkviereck-Gliedlängen

HP-41: *Label 26* (vgl. Tabelle 4.65)	HP-85: *Zeile 2600* (vgl. Tabellen 4.71, 4.76 und 4.77)

$$a \cdot \cos(\sphericalangle xA_0E_5 - h \cdot \lambda) + x_{A0} = x_{A5} \quad (4.42)$$

$$a \cdot \sin(\sphericalangle xA_0E_5 - h \cdot \lambda) + y_{A0} = y_{A5} \quad (4.43)$$

41 $(\sphericalangle xA_0E_5 - h \cdot \lambda)$ ENTER a: PR → $+ x_{A0} = x_{A5} \gtrless + y_{A0} = y_{A5}$ (4.43/41)

Zeile 2612:

85

$x_{A5} = a \cdot \cos(\ldots) + x_{A0}$ (4.42)

$y_{A5} = a \cdot \sin(\ldots) + y_{A0}$ (4.43)

→ X5 = A * COS(W5 + H * L) + X7 (4.42/85)

Y5 = A * SIN(W5 + H * L) + Y7 (4.43/85)

Nun muß $\Delta A_2 E_2 B_0$ in die Lage $\Delta A_1 E_1 B_{02}$ gebracht werden, um die Koordinaten von B_{02} zu finden. Hierzu sind folgende Rechnungen durchzuführen:

$$\sqrt{x_{E2}^2 + y_{E2}^2} = E_2 B_0 \tag{4.44}$$

$$\arccos \frac{|-x_{E2}|}{-x_{E2}} + \arctan \frac{-y_{E2}}{-x_{E2}} = \measuredangle\, xE_2 B_0 \tag{4.45}$$

$$\arccos \frac{|x_{A2} - x_{E2}|}{x_{A2} - x_{E2}} + \arctan \frac{y_{A2} - y_{E2}}{x_{A2} - x_{E2}} = \measuredangle\, xE_2 A_2 \tag{4.46}$$

$$\measuredangle\, xE_2 A_2 - \measuredangle\, xE_2 B_0 = \nu_2 \tag{4.47}$$

41		
	$-y_{E2}$ ENTER $-x_{E2}$: RP $\rightarrow E_2 B_0 \gtrless \measuredangle\, xE_2 B_0$	(4.45/41)
	$(y_{A2} - y_{E2})$ ENTER $(x_{A2} - x_{E2})$: RP $\rightarrow$ [ ] $\gtrless \measuredangle\, xE_2 A_2$	(4.46/41)

Zeile 2616:

85		
	$E_2 B_0 \rightarrow$ E2=SQR(X(2)↑2+Y(2)↑2)	(4.44/85)
	$\measuredangle\, xE_2 B_0 \rightarrow$ W0=ATN2(−Y(2), −X(2))	(4.45/85)
	$\measuredangle\, xE_2 A_2 \rightarrow$ A2=ATN2(Y2−Y(2), X2−X(2))	(4.46/85)
	$\nu_2 \rightarrow$ N2=A2−W0	(4.47/85)

Nun kommt es darauf an, die Koordinaten von B_{02}, also des Punktes B_0 in seiner Lage B_{02}, zu bestimmen:

$$\arccos \frac{|x_{A1} - x_{E1}|}{x_{A1} - x_{E1}} + \arctan \frac{y_{A1} - y_{E1}}{x_{A1} - x_{E1}} - \nu_2 = \measuredangle\, xE_1 B_{02} \tag{4.48}$$

$$B_0 E_2 \cdot \cos(\measuredangle\, xE_1 B_{02}) + x_{E1} = x_{B02} \tag{4.49}$$

$$B_0 E_2 \cdot \sin(\measuredangle\, xE_1 B_{02}) + y_{E1} = y_{B02} \tag{4.50}$$

41		
	$(y_{A1} - y_{E1})$ ENTER $(x_{A1} - x_{E1})$: RP $\rightarrow$ [ ] $\gtrless -\nu_2 = \measuredangle\, xE_1 B_{02}$	(4.48/41)
	$(\measuredangle\, xE_1 B_{02})$ ENTER $E_2 B_0$: RP $\rightarrow + x_{E1} = x_{B02} \gtrless + y_{E1} = y_{B02}$	(4.50/41)

Zeile 2626:

85		
	$\measuredangle\, xE_1 B_{02} \rightarrow$ B2=ATN2(Y1−Y(1), X1−X(1))−N2	(4.48/85)
	$x_{B02} \rightarrow$ Q2=E2 * COS(B2)+X(1)	(4.49/85)
	$y_{B02} \rightarrow$ R2=E2 * SIN(B2)+Y(1)	(4.50/85)

An dieser Stelle kommt im fortlaufenden Programm ein später noch zu diskutierender Einschub für die Aufgabe, mit dem vorliegenden Großprogramm auch vier anstatt fünf Genaupunkte zugrunde zu legen. Bei Programmbeginn braucht man nur die Koordinaten von E_5 mit denen von E_4 gleichzusetzen, und man hat schon die Reduktion von fünf auf vier erreicht. Dadurch entstehende Vorzüge dieser geänderten Aufgabenstellung sollen später genannt werden.

41 IF $x_4 = x_5$ THEN XEQ 46

85 Im HP-85-Programm wird nicht über ein Programmsegment bei Zeile 4600 verzweigt. Die Entscheidungen lauten hier:

2632 IF $x_4 \neq x_5$ THEN 2638: Weiterrechnen

2634 IF $y_4 = y_5$ THEN 4700: 4-Punkte-Synthese

Wie für den Punkt B_{02} muß nun noch die gleiche Rechnung für den Punkt B_{05} angestellt werden. Mit x_{A5} und y_{A5} nach Gl. (4.42) und (4.43) folgt:

$$\sqrt{x_{E5}^2 + y_{E5}^2} = E_5 B_0 \tag{4.51}$$

$$\arccos \frac{|-x_{E5}|}{-x_{E5}} + \arctan \frac{-y_{E5}}{-x_{E5}} = \sphericalangle x E_5 B_0 \tag{4.52}$$

$$\arccos \frac{|x_{A5} - x_{E5}|}{x_{A5} - x_{E5}} + \arctan \frac{y_{A5} - y_{E5}}{x_{A5} - x_{E5}} = \sphericalangle x E_5 A_5 \tag{4.53}$$

$$\sphericalangle x E_5 A_5 - \sphericalangle x E_5 B_0 = \nu_3 \tag{4.54}$$

41

$-y_{E5}$ ENTER $-x_{E5}$: RP $\rightarrow E_5 B_0 \gtrless \sphericalangle x E_5 B_0$ (4.52/41)

$(y_{A5} - y_{E5})$ ENTER $(x_{A5} - x_{E5})$: RP $\rightarrow [\;] \gtrless \sphericalangle x E_5 A_5$ (4.53/41)

Zeile 2638:

85

$E_5 B_0 \rightarrow$ E5 = SQR(X(5)↑2 + Y(5)↑2) (4.51/85)

$\sphericalangle x E_5 B_0 \rightarrow$ B0 = ATN2(−Y(5), −X(5)) (4.52/85)

$\sphericalangle x E_5 A_5 \rightarrow$ A9 = ATN2(Y5 − Y(5), X5 − X(5)) (4.53/85)

$\nu_3 \rightarrow$ N3 = A9 − B0 (4.54/85)

$$\arccos \frac{|x_{A1} - x_{E1}|}{x_{A1} - x_{E1}} + \arctan \frac{y_{A1} - y_{E1}}{x_{A1} - x_{E1}} - \nu_3 = \sphericalangle x E_1 B_{05} \tag{4.55}$$

$$B_0 E_5 \cdot \cos(\sphericalangle x E_1 B_{05}) + x_{E1} = x_{B05} \tag{4.56}$$

$$B_0 E_5 \cdot \sin(\sphericalangle x E_1 B_{05}) + y_{E1} = y_{B05} \tag{4.57}$$

41 | $(y_{A1} - y_{E1})$ ENTER $(x_{A1} - x_{E1})$: RP → [ ] $\gtrless - \nu_3 = \sphericalangle\, xE_1B_{05}$ (4.55/41)

Zeile 2648:

85 | $\sphericalangle\, xE_1B_{05}$ → B5 = ATN2(Y1 − Y(1), X1 − X(1)) − N3 (4.55/85)
$x_{B_{05}}$ → Q5 = E5 * COS(B5) + X(1) (4.56/85)
y_{B05} → R5 = E5 * SIN(B5) + Y(1) (4.57/85)

Nach Bild 4.9 sind also die Koordinaten der Punkte B_{02} und B_{05} bekannt, und es ist die rechnerische Aufgabe zu lösen, den einzig möglichen Kreis durch die drei Punkte B_0, B_{02}, B_{05} mit seinem Radius c und den Koordinaten seines Mittelpunktes B_1 zu bestimmen. Da diese Aufgabe im Verlauf der Rechnung nur einmal vorkommt, braucht man kein besonderes Unterprogramm abzurufen. Man kann die Berechnung, wie bisher, laufend mit entsprechenden Speicherplätzen fortsetzen[1]), also weiter mit *Label 26* bzw. *Unterprogramm 2600*:

$$\frac{x_{B02}^2}{y_{B02}} + y_{B02} = A \tag{4.58}$$

$$\frac{x_{B05}^2}{y_{B05}} + y_{B05} = B \tag{4.59}$$

$$\frac{A - B}{2 \cdot \left(\frac{x_{B02}}{y_{B02}} - \frac{x_{B05}}{y_{B05}}\right)} = x_{B1} \tag{4.60}$$

$$-\frac{x_{B02}}{y_{B02}} \cdot x_{B1} + \frac{A}{2} = y_{B1} \tag{4.61}$$

Ende Label 26 bzw. Unterprogramm 2600.

An dieser Stelle wird im Unterprogramm „Berechnung von Gelenkviereck-Gliedlängen" abgebrochen und bei *Label 48* bzw. *Zeile 4800* weitergearbeitet. Diese Unterbrechung ist notwendig, um, wie später zu erläutern ist, nur den im Label 48 (bzw. 4800) enthaltenen Programmanteil zu verwenden.

HP-41: *Label 48*	HP-85: *Zeile 4800*

$$\arccos \frac{|x_{B1}|}{x_{B1}} + \arctan \frac{y_{B1}}{x_{B1}} = \sphericalangle\, xB_0B_1 \tag{4.62}$$

---

[1]) Die folgenden Gleichungen für den Dreipunkte-Kreis sind Vereinfachungen früherer von K. Hain entwickelter Gleichungen [3.6]. Die hier entstandenen Vereinfachungen kommen dadurch zustande, daß einer der drei Punkte die Koordinaten x = 0 und y = 0 hat.

$$\sqrt{x_{B1}^2 + y_{B1}^2} = c \quad (4.63)$$

$$\sqrt{(y_{A1} - y_{B1})^2 + (x_{A1} - x_{B1})^2} = b \quad (4.64)$$

41		
	y_{B1} ENTER x_{B1} : RP → c ≷ ∡ xB_0B_1	(4.62/41)
	$(y_{A1} - y_{B1})$ ENTER $(x_{A1} - x_{B1})$: RP → b	(4.64/41)

Zeile 4804:

85		
	∡ xB_0B_1 → W = ATN2(Y6, X6)	(4.62/85)
	c → C = SQR(X6↑2 + Y6↑2)	(4.63/85)
	b → B = SQR((Y1 − Y6)↑2 + (X1 − X6)↑2)	(4.64/85)

Dieses Programmsegment wird mit aufeinanderfolgenden Gleichungen mit dem Speichern von Zwischenergebnissen fortgesetzt, indem für das Gelenkviereck mit seinen nun bekannten Abmessungen a, b, c, d nachgeprüft wird, ob die Kurbel $a = A_0A$ voll umlaufen kann. Dies ist dann der Fall, wenn **(Bild 4.10)** in der Decklage $B_0A_m^*$ und in der Strecklage B_0A_m, also in den beiden Steglagen, je ein Dreieck mit den Seitenlängen b und c gezeichnet werden kann.

In bestimmten Fällen wird gar nicht gefordert, daß das berechnete Gelenkviereck voll umlaufen kann. Aber eines muß auf jeden Fall gesichert sein, daß nämlich die Kurbel a unbedingt durch diejenige Steglage laufen kann, zu der die Lagen A_0A_1 (A_0A_t) und

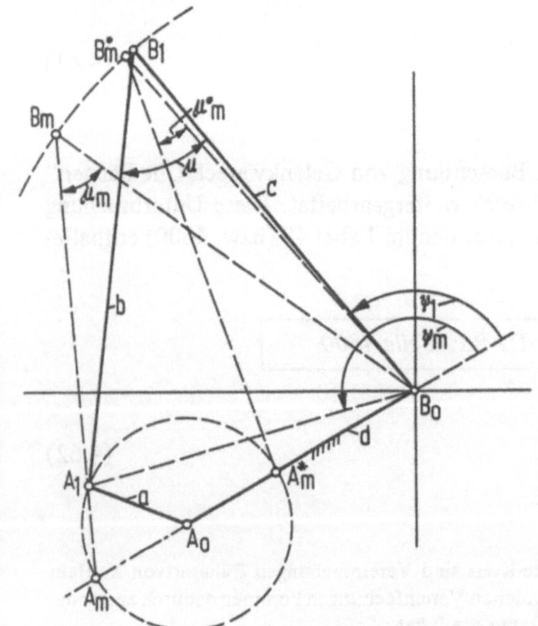

Bild 4.10
Kennzeichnung der Kurbel-Steglagen mit zugehörigen Übertragungswinkeln μ zur Beurteilung der Laufmöglichkeit und der Umlauffähigkeit des Gelenkvierecks

A_0A_4 (A_0A_w) sowie A_0A_2 (A_0A_u) und A_0A_3 (A_0A_v) symmetrisch liegen; denn der Durchlauf zwischen diesen Symmetrielagen muß gesichert sein. Diese Steglage ist durch den schon berechneten (und gespeicherten) Winkel $\varphi_m = 0°$ oder $\varphi_m = 180°$ gegeben, und es ist:

41 *Label 48* (Fortsetzung)
$d - \cos\varphi_m \cdot a = B_0A_m$
XEQ 28

Zeile 4810:

85 $B_0A_m \rightarrow$ M6=D−COS(P6) * A
GOSUB 2800

Von hier aus erfolgt eine Abfrage an die Unterprogramme „Label 28“ und „Label 29“ (bzw. Zeile 2800 und Zeile 2900), ob das Dreieck mit b und c als Seitenlängen über B_0A_m gezeichnet werden kann. Wenn nein, wird das Programm unterbrochen und ein Ausdruck „μ ? ? ? ?“ veranlaßt. Wenn ja, wird der Übertragungswinkel $\mu_m = \measuredangle\, B_0B_mA_m$ berechnet und ausgedruckt. Das Programm läuft weiter mit:

$$d + \cos\varphi_m \cdot a = B_0A_m^* \tag{4.65}$$

$$\frac{b^2 + c^2 - (B_0A_m^*)^2}{2 \cdot b \cdot c} = \cos\mu_m^* \tag{4.66}$$

41 IF $|\cos\mu_m^*| > 1$: XEQ 27
μ_m^* PRINT
GOTO 30 (Ende Label 48)

Zeile 4816:

85 $B_0A_m^* \rightarrow$ M5=D+COS(P6) * A (4.65/85)
$\cos\mu_m^* \rightarrow$ M4=(B↑2+C↑2−M5↑2)/2/B/C (4.66/85)
IF ABS(M4)>1 THEN 2700
$\mu_m^* \rightarrow$ M3=ACS(M4)
Ergebnisausgabe
GOTO 3000

Hiermit ist also Label 48 bzw. das Programmteil ab 4800 beendet, und das Programm läuft ab Label 30 (Unterprogramm 3000) weiter. Zuvor sollen aber noch die im Label 46 und Label 28 (Zeile 2800) angeführten Unterprogramme beschrieben werden:

41 *Label 46*

IF $y_4 = y_5$: XEQ 47

85 Wie bereits ausgeführt, wird im HP-85-Programm nicht über 4600 verzweigt. Die Entscheidungen werden hier im Programmteil ab 2600 getroffen.

Hiermit sind sowohl mit $x_4 = x_5$ als auch für $y_4 = y_5$ die Vorbedingungen für vier Genaupunkte geschaffen. Die Weiterleitung zum Label 47 (bzw. Zeile 4700) soll später behandelt werden.

41 *Label 28*

$$\frac{b^2 + c^2 - (B_0 A_m)^2}{2 \cdot b \cdot c} = \cos \mu_m \qquad (4.67/41)$$

IF $|\cos \mu_m| > 1$: XEQ 29

μ_m PRINT

RETURN

Label 29

MUE ???? PRINT

STOP

85 *Zeile 2800*

$\cos \mu_m \rightarrow$ M0=(B↑2+C↑2−M6↑2)/2/B/C (4.67/85)

IF ABS(M0) > 1 THEN 2900

Ergebnisausgabe

RETURN

Zeile 2900

Ausgabe: „Getriebelage ist nicht erreichbar“

GOTO 1200

Unterprogramm Label 28 (Zeile 2800) dient dazu, in jeder beliebigen Lage, z.B. in der Lage $A_0 A_1 B_1 B_0$ (Bild 4.10), den Übertragungswinkel μ_m zu berechnen und auszudrucken. Falls eine Getriebelage für einen gegebenen Winkel φ überhaupt nicht erreicht werden kann, wird über Label 29 (Zeile 2900) das Programm an dieser Stelle abgebrochen.

41	*Label 27* „Nicht umlauffähig“ PRINT GOTO 30

85	*Zeile 2700* Ausgabe: „Das Gelenkviereck ist nicht umlauffähig“ GOTO 3000

Das Programm wird nun (Bild 4.10) fortgesetzt:

HP-41: *Label 30*	HP-85: *Zeile 3000*

$$\text{arc cos}\,\frac{|x_{A1}|}{x_{A1}} + \text{arc tan}\,\frac{y_{A1}}{x_{A1}} + (\text{sign arc cos}) \cdot 2 - \gamma + 180 = \psi_m \tag{4.68}$$

41

y_{A1} ENTER x_{A1}: RP $\rightarrow B_0A_1 \gtrless + (\text{sign arc cos}) \cdot 2 - \gamma + 180 = \psi_m$ (4.68/41)

$\sphericalangle\, xB_0B_1 - \gamma + 180 = \psi_1$ (4.69/41)

ψ_1 PRINT

$(\psi_m - \psi_1)$ sign $= s$ $(s = \pm 1)$ (4.70/41)

a, b, c, d, s PRINT

Zeile 3000:

85

Berechnung von ψ_1:

H1 = ATN2(Y1, X1)

ψ_m → S9 = H1 + ACS(SGN(H1)) * 2 – G + 180 (4.68/85)

ψ_1 → S1 = W – G + 180 (4.69/85)

s → S = SGN($\psi_m - \psi_1$) (4.70/85)

Ausgabe von: ψ_1, a, b, c, d, s

Die in Bild 4.9 kenntlich gemachten Polarkoordinaten des Punktes E in der Koppelebene AB können berechnet werden:

$$\text{arc cos}\,\frac{|x_{B1} - x_{A1}|}{x_{B1} - x_{A1}} + \text{arc tan}\,\frac{y_{B1} - y_{A1}}{x_{B1} - x_{A1}} = \sphericalangle\, xA_1B_1 \tag{4.71}$$

$$\text{arc cos}\,\frac{|x_{E1} - x_{A1}|}{x_{E1} - x_{A1}} + \text{arc tan}\,\frac{y_{E1} - y_{A1}}{x_{E1} - x_{A1}} - \sphericalangle\, xA_1B_1 = \epsilon \tag{4.72}$$

41	$(y_{B1} - y_{A1})$ ENTER $(x_{B1} - x_{A1})$: RP → [ ] $\gtrless$ ∡ xA_1B_1	(4.71/41)
	$(y_{E1} - y_{A1})$ ENTER $(x_{E1} - x_{A1})$: RP → [ ] $\gtrless$ − ∡ $xA_1B_1 = \epsilon$	(4.72/41)

Zeile 3030:

85	∡ xA_1B_1 → A0 = ATN2(Y6–Y1, X6 – X1)	(4.71/85)
	ϵ → E1 = ATN2(Y(1) – Y1, X(1) – X1) – A0	(4.72/85)

Die Entfernung EA = e ist von früheren Rechnungen noch bekannt und gespeichert, so daß nun der Ausdruck der Gelenkviereck-Abmessungen abgeschlossen werden kann:

PRINT ϵ, e

Für sämtliche durch die gegebenen fünf E-Genaupunkte festgelegten fünf Getriebestellungen des Gelenkvierecks sollen nun die Übertragungswinkel μ = ∡ B_0BA und die Lagenwinkel ψ des Hebels c relativ zum Gestell A_0B_0, wie im Bild 4.10 angegeben, berechnet werden. Dies kann immer noch in Fortsetzung des Labels 30 (Zeile 3000) geschehen:

$y_{E1} = y_E$, $x_{E1} = x_E$, $y_{A1} = y_A$, $x_{A1} = x_A$: XEQ 31 bzw. GOSUB 3100

MUE – 1, PSI – 1 PRINT

$y_{E2} = y_E$, $x_{E2} = x_E$, $y_{A2} = y_A$, $x_{A2} = x_A$: XEQ 31 bzw. GOSUB 3100

MUE – 2, PSI – 2 PRINT

$$\sqrt{x_{A2}^2 + y_{A2}^2} = f_2 \tag{4.73}$$

$$\arccos \frac{|x_{A2}|}{x_{A2}} + \arctan \frac{y_{A2}}{x_{A2}} = \eta_2 \tag{4.74}$$

$$f_2 \cdot \cos(\eta_2 + \psi_{uv}) = x_{A3} \tag{4.75}$$

$$f_2 \cdot \sin(\eta_2 + \psi_{uv}) = y_{A3} \tag{4.76}$$

41	y_{A2} ENTER x_{A2}: RP → $f_2 \gtrless \eta_2$	(4.74/41)
	$(\eta_2 + \psi_{uv})$ ENTER f_2: PR → $x_{A3} \gtrless y_{A3}$	(4.76/41)
	$y_{E3} = y_E$, $x_{E3} = x_E$: XEQ 31	
	MUE – 3, PSI – 3 PRINT	

85

Weil im Bereich ab 3000 nicht mehr genügend Zeilennummern zur Verfügung stehen, wird ab Zeile 3200 weitergearbeitet.

Zeile 3246:

f_2 → F2=SQR(X2↑2+Y2↑2) (4.73/85)

η_2 → E4=ATN2(Y2, X2) (4.74/85)

x_{A3} → X3=F2 * COS(E4+P9) (4.75/85)

y_{A3} → Y3=F2 * SIN(E4+P9) (4.76/85)

$y_{E3} = y_E \rightarrow E8$; $x_{E3} = x_E \rightarrow E7$

$y_{A3} = y_A \rightarrow A8$; $x_{A3} = x_A \rightarrow A7$

GOSUB 3100

$$f_1 \cdot \cos\left(\gamma + \frac{\psi_{tw}}{2}\right) = x_{A4} \tag{4.77}$$

$$f_1 \cdot \sin\left(\gamma + \frac{\psi_{tw}}{2}\right) = y_{A4} \tag{4.78}$$

41

$\left(\gamma + \frac{\psi_{tw}}{2}\right)$ ENTER f_1: PR → $x_{A4} \gtrless y_{A4}$ (4.78/41)

$x_{E4} = x_E$, $y_{E4} = y_E$: XEQ 31

MUE−4, PSI−4 PRINT

Zeile 3266:

85

x_{A4} → X4=F1 * COS(G + P8/2) (4.77/85)

y_{A4} → Y4=F1 * SIN(G+P8/2) (4.78/85)

$y_{E4} = y_E$, $x_{E4} = x_E$

$y_{A4} = y_A$, $x_{A4} = x_A$

GOSUB 3100

$$a \cdot \cos(\varphi_{15} + \gamma - 180 + \varphi^*) + x_{A0} = x_{A5} \tag{4.79}$$

$$a \cdot \sin(\varphi_{15} + \gamma - 180 + \varphi^*) + y_{A0} = y_{A5} \tag{4.80}$$

41

$(\varphi_{15} + \gamma - 180 + \varphi^*)$ ENTER a: PR → $+ x_{A0} = x_{A5} \gtrless + y_{A0} = y_{A5}$ (4.80/41)

$x_{E5} = x_E$, $y_{E5} = y_E$: XEQ 31

MUE−5, PSI−5 PRINT

STOP (Ende Label 30)

Zeile 3282:

85

$x_{As} \rightarrow X5 = A * COS(P5 + G - 180 + F0) + X7$ (4.79/85)

$y_{As} \rightarrow Y5 = A * SIN(P5 + G - 180 + F0) + Y7$ (4.80/85)

$y_{Es} = y_E, \; x_{Es} = x_E$

$y_{As} = y_A, \; x_{As} = x_A$

GOSUB 3100

Nun muß noch das in Label 30 (Zeile 3000) mehrfach aufgerufene Unterprogramm Label 31 (bzw. Zeile 3100) erläutert werden:

HP-41: *Label 31*	HP-85: *Zeile 3100*

$$\arc\cos\frac{|x_E - x_A|}{x_E - x_A} + \arc\tan\frac{y_E - y_A}{x_E - x_A} = \sphericalangle xAE \quad (4.81)$$

$$b \cdot \cos(\sphericalangle xAE - \epsilon) + x_A = x_B \quad (4.82)$$

$$b \cdot \sin(\sphericalangle xAE - \epsilon) + y_A = y_B \quad (4.83)$$

$$\arc\cos\frac{|x_A - x_B|}{x_A - x_B} + \arc\tan\frac{y_A - y_B}{x_A - x_B} = \sphericalangle xBA \quad (4.84)$$

$$\arc\cos\frac{|-x_B|}{-x_B} + \arc\tan\frac{-y_B}{-x_B} = \sphericalangle xBB_0 \quad (4.85)$$

$$\sphericalangle xBA - \sphericalangle xBB_0 = \sin \arc\sin = \mu \quad (4.86)$$

$$\sphericalangle xBB_0 - \gamma + 360 = \psi \quad (4.87)$$

41

$(y_E - y_A)$ ENTER $(x_E - x_A)$: $RP \rightarrow [\;] \gtrless \sphericalangle xAE$ (4.81/41)

$(\sphericalangle xAE - \epsilon)$ ENTER b: $PR \rightarrow + x_A = x_B \gtrless + y_A = y_B$ (4.83/41)

$(y_A - y_B)$ ENTER $(x_A - x_B)$: $RP \rightarrow [\;] \gtrless \sphericalangle xBA$ (4.84/41)

$-y_B$ ENTER $-x_B$: $RP \rightarrow [\;] \sphericalangle xBB_0$ (4.85/41)

$\sphericalangle xBA - \sphericalangle xBB_0 = \sin \arc\sin = \mu$ (4.86/41)

$360 + \sphericalangle xBB_0 - \gamma = \psi$ (4.87/41)

RETURN (Ende Label 31)

Zeile 3100:

85 Berechnung von μ und ψ:

$\sphericalangle xAE \rightarrow A6 = ATN2(E8 - A8, E7 - A7)$ (4.81/85)

$x_B \rightarrow B7 = B * COS(A6 - E1) + A7$ (4.82/85)

$y_B \rightarrow B8 = B * SIN(A6 - E1) + A8$ (4.83/85)

$\sphericalangle xBA \rightarrow B6 = ATN2(A8 - B8, A7 - B7)$ (4.84/85)

$\sphericalangle xBB_0 \rightarrow B3 = ATN2(-B8, -B7)$ (4.85/85)

$\mu \rightarrow M7 = B6 - B3$ (4.86/85)

$\psi \rightarrow P7 = 360 + B3 - G$ (4.87/85)

RETURN

Zur Einleitung des Gesamt-Synthese-Programms mit festgelegten Symmetrie-Kurbellagen (Mittelsenkrechten-Paarungen) dient:

Einführung für Synthese-Programm

HP-41: *Label 33*

HP-85: *Zeile 3300* (Tabelle 4.76)

41 XEQ 21: Berechnung der Kurbellagen für festgelegte Werte

γ, f_1, p, h

XEQ 25: Berechnung des Winkels φ_{15}

XEQ 26: Koordinaten für Drei-Punkte-Kreis

STOP

Zeile 3300:

85 5-Punkte-Synthese:

Eingabe von p (P) und h (H)

GOSUB 1800: Eingabe von γ (G) und f_1 (F1)

GOSUB 2100: Kurbellagenberechnung

GOSUB 2500: Berechnung von φ_{15}

GOSUB 2600: Berechnung der Gelenkviereck-Gliedlängen

GOTO 1200: zurück in das Hauptprogramm

4.3.8 HP-41-Zahlenbeispiel für die 5-Punkte-Synthese

Das Zahlenbeispiel mit den bisher verwendeten Eingangsgrößen soll für die 5-Punkte-Synthese fortgesetzt werden. Alle notwendigen Zwischenergebnisse sind also noch gespeichert, sie können an beliebiger Stelle eingesetzt oder ausgedruckt werden. Der Gang der Rechnung läßt sich in den Flußdiagrammen (Tabellen 4.63 und 4.64) leicht verfolgen. Label 35 kann allein für sich mit den Eingangs-E-Koordinaten ausgedruckt werden.

Nachdem man sich an Hand der Übersichts-Schriebe, Tabellen 4.4/41 und 4.5/41 auf eine der vier sich bietenden Möglichkeiten entschieden hat, gibt man nach **Tabelle 4.6/41** die zugehörigen Kennwerte, hier $+1 = p = R_{19}$ und $-1 = h = R_{46}$ ein und beginnt mit

Tabelle 4.6/41 Zahlenbeispiel für 5-Punkte-Synthese

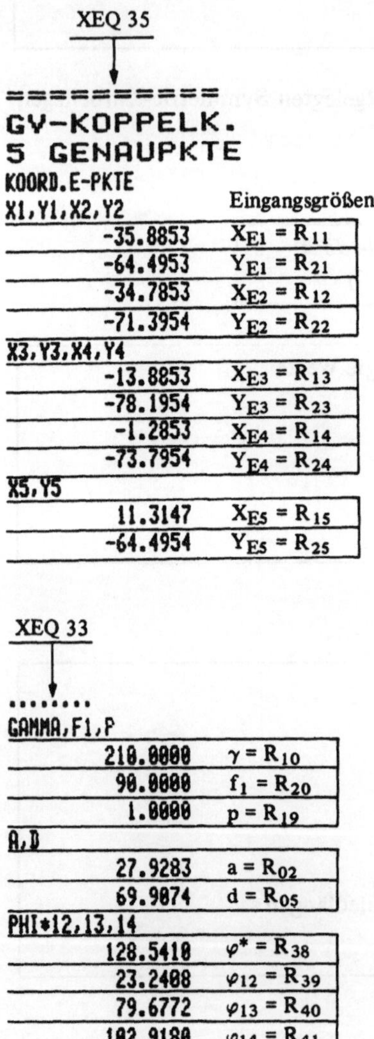

XEQ 35

==========
GV-KOPPELK.
5 GENAUPKTE
KOORD.E-PKTE

X1,Y1,X2,Y2	Eingangsgrößen
-35.8853	$X_{E1} = R_{11}$
-64.4953	$Y_{E1} = R_{21}$
-34.7853	$X_{E2} = R_{12}$
-71.3954	$Y_{E2} = R_{22}$
X3,Y3,X4,Y4	
-13.8853	$X_{E3} = R_{13}$
-78.1954	$Y_{E3} = R_{23}$
-1.2853	$X_{E4} = R_{14}$
-73.7954	$Y_{E4} = R_{24}$
X5,Y5	
11.3147	$X_{E5} = R_{15}$
-64.4954	$Y_{E5} = R_{25}$

XEQ 33

....

GAMMA,F1,P	
210.0000	$\gamma = R_{10}$
90.0000	$f_1 = R_{20}$
1.0000	$p = R_{19}$
A,D	
27.9283	$a = R_{02}$
69.9074	$d = R_{05}$
PHI*12,13,14	
128.5410	$\varphi^* = R_{38}$
23.2408	$\varphi_{12} = R_{39}$
79.6772	$\varphi_{13} = R_{40}$
102.9180	$\varphi_{14} = R_{41}$

PHI-M	
180.0000	$\varphi_m = R_{43}$
....	
P,PHI-15,H	
1.0000	$p = R_{19}$
127.0812	$\varphi_{15} = R_{42}$
-1.0000	$h = R_{46}$
==========	
MUE-M-M*	
49.3804	μ_m
20.6421	μ_m^*
....	
PSI-1	
99.2967	$\psi_1 = R_{44}$
A,B,C,D,S	
27.9283	$a = R_{02}$
116.4660	$b = R_{03}$
117.7358	$c = R_{04}$
69.9074	$d = R_{05}$
1.0000	$s = R_{06}$
EPS.,E	
-122.2339	$\epsilon = R_{07}$
64.3897	$e = R_{08}$
....	
MUE-1,PSI-1	
-45.1945	μ_1
99.2967	ψ_1
MUE-2,PSI-2	
-48.0905	μ_2
106.7879	ψ_2
MUE-3,PSI-3	
-48.0905	μ_3
122.6950	ψ_3
MUE-4,PSI-4	
-45.1945	μ_4
127.3905	ψ_4
MUE-5,PSI-5	
-40.7064	μ_5
130.5859	ψ_5

XEQ 33. Zu Beginn werden als Richtschnur die Haupt-Eingangswerte γ und f_1 ausgedruckt. Dann läuft das Programm über Label 21 und Label 25 mit den dazugehörigen Unterprogrammen, wie in Tabelle 4.62 dargestellt. Es werden also mit definierten p und h die Ergebnisse bis μ_m^* berechnet und ausgedruckt. Dann sind die Gelenkviereck-Abmessungen zu berechnen und auszudrucken, wobei die IF-Schranken für die 4-Punkte-Synthese ohne Wirkung überschritten werden.

Das Flußdiagramm wird nach Tabelle 4.64 mit Label 30 verlängert, um für sämtliche fünf Getriebestellungen jeweils den Übertragungswinkel μ und den Lagenwinkel ψ, den das in B_0 gelagerte Glied c mit dem Gestell einschließt, zu berechnen und auszudrucken. Hier wird das Unterprogramm Label 31 fünfmal abgerufen. Im Schrieb, Tabelle 4.6/41 werden einige Werte doppelt ausgedruckt, was der besseren Übersicht halber, aber auch als Kontrolle vorgesehen ist.

4.3.9 HP-85-Zahlenbeispiel für die 5-Punkte-Synthese

Zur Berechnung verzweigen wir aus dem bereits in Tabelle 4.4/85 dargestellten Bildschirmmenü durch Betätigen von [5] [RETURN] in die 5-Punkte-Synthese (siehe **Tabelle 4.6/85**). Aus den Programmablaufplänen in Tabelle 4.75 und 4.76 erkennt man, daß dadurch die Programmzeile 3300 aufgerufen und zur Eingabe der Kennwerte p und h aufgefordert wird. Für dieses Zahlenbeispiel wählen wir p = 1 und h = − 1.

Tabelle 4.6/85 5-Punkte-Synthese

```
*  H A U P T P R O G R A M M   *
*  -------------------------   *
*mit Berechnung der Kurbellagen*
*          und des             *
*    Gesamt-Gelenkvierecks     *
********************************

Zur Wahl stehen:

Kurbellagen-Obersicht  >>>>  [0]
5-Punkte-Synthese      >>>>  [5]        [5] [RETURN]
4-Punkte-Synthese      >>>>  [4]
Andere Einzellage      >>>>  [-]
?



*                              *
*5-P U N K T E-S Y N T H E S E *
*                              *
********************************

Werte eingeben :
---------------

p = ?
1
h = ?
-1
```

Tabelle 4.6/85 (Fortsetzung)

```
Wählen Sie die freien Parameter
===============================

  **Gamma**          **f(1)**
-----------------------------------

Gamma = ?
210

f(1)   = ?
90
*********************************

==================================
   K U R B E L L A G E N -
     Ü B E R S I C H T
----------------------------------
   Parameter ud Ergebnisse:
----------------------------------
   Gamma     =   210.000
   f1        =    90.000
   p         =     1.000
   a         =    27.928
   d         =    69.907
   Pni(*)    =   128.541
   Phi(12)   =    23.241
   Fhi(13)   =    79.677
   Phi(14)   =   102.918
   Pni(m)    =   180.000
----------------------------------

  Ergebnisse der A5-Berechnung:
----------------------------------
    p        =     1.000
    Phi(15)  =   127.081
    h        =    -1.000

==================================
  G E L E N K V I E R E C K -
    A B M E S S U N G E N
----------------------------------
    Mü(m)    =    49.380
    Mü(m*)   =    20.642
    Fsi(1)   =    99.297
----------------------------------
         a   =    27.928
         b   =   116.466
         c   =   117.736
         d   =    69.907
         s   =     1.000
----------------------------------
    Epsilon  =  -122.234
         e   =    64.390
----------------------------------
```

Tabelle 4.6/85 (Fortsetzung)

```
==================================
      Mü(i)    und    Psi(i)

----------------------------------
Mü(1)   -45.195  Psi(1)    99.297
Mü(2)   -48.091  Psi(2)   106.788
Mü(3)   -48.091  Psi(3)   122.695
Mü(4)   -45.195  Psi(4)   127.390
Mü(5)   -40.706  Psi(5)   130.586
----------------------------------
```

Im weiteren Ablauf werden Werte für γ und f_1 abgefragt. Tabelle 4.6/85 zeigt, daß wir die schon bei der Kurbellagenberechnung (Tabelle 4.4/85) verwendeten Werte $\gamma = 210$ und $f_1 = 90$ verwenden. Hiernach läuft das Programm durch die in Tabelle 4.76 gezeigten Subroutinen 2100 und 2500, um schließlich im Unterprogramm ab Zeile 2600 die Berechnung der Gelenkviereck-Gliederungen auszuführen (vgl. Tabelle 4.77).

Alle Ergebnisse dieses Programmlaufs sind in Tabelle 4.6/85 so dargestellt, wie sie auf dem Bildschirm bzw. über den Drucker des HP-85 ausgegeben werden. Das Programm kehrt nach der Ergebnisausgabe in das Hauptmenü zurück, das die Auswahl zwischen Kurbellagenübersicht, 5-Punkte-Synthese oder 4-Punkte-Synthese gestattet. Ebenfalls möglich ist die Rückkehr in die Einzellagen-Auswahl.

4.3.10 HP-41-Zahlenbeispiel für die 4-Punkte-Synthese

Das gesamte bisher behandelte Programm ist mit entsprechenden Änderungen, die automatisch im Rechner vorgenommen werden, auch für nur vier vorgeschriebene Genaupunkte verwendbar. Die einzige manuell vorzunehmende Maßnahme besteht in der Gleichsetzung $x_4 = x_5$ und $y_4 = y_5$.

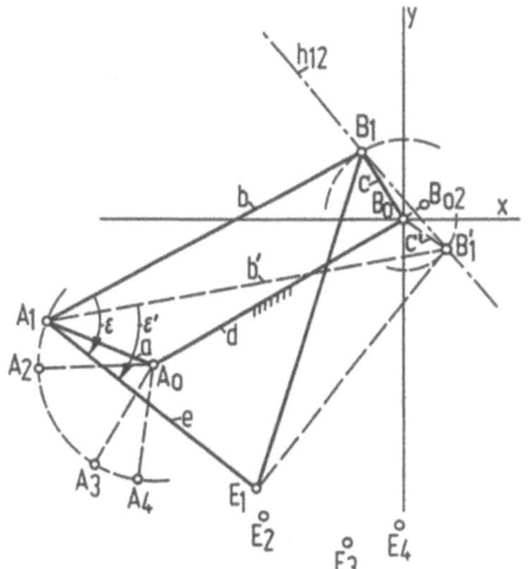

Bild 4.11

Grundlagen zur Berechnung eines Gelenkvierecks für 4 Genaupunkte auf einer gegebenen Bahnkurve. Zusätzlich freie Wahl der Gelenkpunktlage B_1 auf der Mittelsenkrechten h_{12}

Das Zahlenbeispiel soll wieder mit denselben Daten behandelt werden wie bisher. Nach **Bild 4.11** fällt der Punkt B_{05} weg, und es ist nicht mehr ein Kreis durch drei Punkte B_0, B_{02}, B_{05} sondern nur eine Mittelsenkrechte h_{12} auf $B_0 B_{02}$ zu zeichnen. Auf h_{12} kann man nun unendlich viele Punkte B_1 annehmen, jeder einzelne muß ein Gelenkviereck ergeben, dessen Koppelpunkt E die vier Genaupunkte E_1 bis E_4 genau durchläuft. Man kann also z.B. für B_1 eine beliebige Koordinate x_B (= R_{49}) eingeben. Zur Berechnung wird XEQ 50 eingegeben (siehe Tabelle 4.7/41), das Programm läuft dann nach Flußplan, Tabelle 4.63, mit Berücksichtigung der IF-Schranken ab. Für zwei Werte $x_B = R_{49} = -10$ und $+10$ sind in **Tabelle 4.7/41** die Ergebnisse ausgedruckt, die dazugehörigen Gelenkvierecke sind in Bild 4.11 aufgezeichnet mit $x_{B1} = -10$ und $x'_{B1} = +10$. Zu den Übertragungswinkeln μ ist zu bemerken, daß für $\mu = 0°$ bzw. 180° bzw. 360° keine lauffähigen Gelenkvierecke zustande kommen. Deshalb ist auch deren Nähe (bis auf etwa 30°) zu vermeiden. Die Bestwerte liegen bei $\mu = 90°$ und 270°.

Tabelle 4.7/41 Zahlenbeispiel für 4-Punkte-Synthese

Programm „13“
XEQ 51

```
======
BO-EING.
X1,Y1,X2,Y2
   1.0000-08    x1 = R11
   1.0000-05    y1 = R21
      1.1000    x2 = R12
     -6.9000    y2 = R22
X3,Y3,X4,Y4
     22.0000    x3 = R13
    -13.7000    y3 = R23
     34.6000    x4 = R14
     -9.3000    y4 = R24
X5,Y5
     34.6000    x5 = x4 = R15
     -9.3000    y5 = y4 = R25
=========
M-S:14-23
XBO,YBO
     35.8853  ***
     64.4954  ***
PSI-TW-UV
     28.0938  ***
     15.9071  ***
=========
KOO.F.BO
X1,Y1,X2,Y2
    -35.8853  ***
    -64.4953  ***
    -34.7853  ***
    -71.3954  ***
X3,Y3,X4,Y4
    -13.8853  ***
    -78.1954  ***
     -1.2853  ***
    -73.7954  ***
X5,Y5
     -1.2853  ***
    -73.7954  ***
..........
A5 JENS.4
==========
GV-KOPPELK.
5 GENAUPKTE
KOORD.E-PKTE
X1,Y1,X2,Y2
    -35.8853  ***
    -64.4953  ***
    -34.7853  ***
    -71.3954  ***
X3,Y3,X4,Y4
    -13.8853  ***
    -78.1954  ***
     -1.2853  ***
    -73.7954  ***
X5,Y5
     -1.2853  ***
    -73.7954  ***
```

automatischer Übergang zum Programm „12“

Tabelle 4.7/41 (Fortsetzung)

Programm „12"

XEQ 50		XEQ 50	
....		....	
GAMMA,F1,P		GAMMA,F1,P	
210.0000	***	210.0000	$\gamma = R_{10}$
90.0000	***	90.0000	$f_1 = R_{20}$
1.0000	***	1.0000	$p = R_{19}$
A,D		A,D	
27.9283	***	27.9283	***
69.9074	***	69.9074	***
PHI*12,13,14		PHI*12,13,14	
128.5410	***	128.5410	***
23.2408	***	23.2408	***
79.6772	***	79.6772	***
102.9180	***	102.9180	***
PHI-M		PHI-M	
180.0000	***	180.0000	***
==========		==========	
....		....	
4 GENAUPKTE		4 GENAUPKTE	
XB		XB	
10.0000	***	-10.0000	$x_B = R_{49}$
MUE-M-M*		MUE-M-M*	
84.9954	***	120.6129	***
NICHT		NICHT	
UMLAUFF.		UMLAUFF.	
....		....	
PSI-1		PSI-1	
-65.1819	***	91.7402	***
A,B,C,D,S		A,B,C,D,S	
27.9283	***	27.9283	***
98.1408	***	86.7781	***
12.2350	***	19.0089	***
69.9074	***	69.9074	***
1.0000	***	1.0000	***
EPS.,E		EPS.,E	
-48.5144	***	-66.2534	***
64.3897	***	64.3897	***
....		....	
MUE-1,PSI-1		MUE-1,PSI-1	
-314.4355	***	-93.6185	***
294.8181	***	91.7402	***
MUE-2,PSI-2		MUE-2,PSI-2	
-286.2886	***	-111.6275	***
271.2665	***	114.3444	***
MUE-3,PSI-3		MUE-3,PSI-3	
-286.2886	***	-111.6275	***
287.1736	***	130.2515	***
MUE-4,PSI-4		MUE-4,PSI-4	
-314.4355	***	-93.6185	***
322.9119	***	119.8340	***

Im Label 47 wird $x_B = R_{49}$ (angenommener Wert) ausgedruckt; $y_B = R_{45}$ wird dann berechnet aus:

$$\text{arc cos}\,\frac{|x_{B02}|}{x_{B02}} + \text{arc tan}\,\frac{y_{B02}}{x_{B02}} = \measuredangle\, xB_0t + 90 = \tan = m \tag{4.88}$$

$$m(x_B - \frac{x_{B02}}{2}) + \frac{y_{B02}}{2} = y_B \tag{4.89}$$

Hiernach wird Label 48 aufgerufen, wo x_B und y_B anstelle der Koordinaten x_{B1} und y_{B1} eingesetzt werden.

4.3.11 HP-85-Zahlenbeispiel für die 4-Punkte-Synthese

Zur Berechnung verzweigen wir aus dem in Tabelle 4.4/85 dargestellten Bildschirmmenü durch Betätigen von [4] [RETURN] in die 4-Punkte-Synthese (siehe **Tabelle 4.7/85**). Aus den Programmablaufplänen in Tabelle 4.78 erkennt man, daß dadurch die Programmzeile 5000 aufgerufen und dort $x_4 = x_5$ und $y_4 = y_5$ gesetzt werden. Danach wird zur Eingabe von p aufgefordert, h = ± 1 braucht in diesem Fall der 4-Punkte-Synthese nicht eingegeben zu werden. Weitere Details können Abschnitt 4.3.10 entnommen werden.

Tabelle 4.7/85 4-Punkte-Synthese

```
*  H A U P T P R O G R A M M   *
*  -------------------------   *
*mit Berechnung der Kurbellagen*
*          und des             *
*    Gesamt-Gelenkvierecks     *
********************************

Zur Wahl stehen:

Kurbellagen-Übersicht  >>>>  [0]
5-Punkte-Synthese      >>>>  [5]
4-Punkte-Synthese      >>>>  [4]        [4] [RETURN]
Andere Einzellage      >>>>  [-]
?



**  !!!!!!  ACHTUNG  !!!!!!  **


**       Es muß erst die     **
**     5-PUNKTE-SYNTHESE     **
**   ausgeführt werden !!!   **
*******************************
```

Tabelle 4.7/85 (Fortsetzung 1)

```
********************************
*                              *
*4-P U N K T E-S Y N T H E S E *
*                              *
********************************

Werte eingeben :
----------------

p = ?
1



Wählen Sie die freien Parameter
===============================

   **Gamma**         **f(1)**
--------------------------------

Gamma = ?
210

f(1)  = ?
90


================================
   K U R B E L L A G E N -
     Ü B E R S I C H T
--------------------------------
   Parameter ud Ergebnisse:
--------------------------------
   Gamma     =  210.000
   f1        =   90.000
   p         =    1.000
   a         =   27.928
   d         =   69.907
   Phi(*)    =  128.541
   Phi(12)   =   23.241
   Phi(13)   =   79.677
   Phi(14)   =  102.918
   Phi(m)    =  180.000
--------------------------------


********************************

        Gelenkviereck mit
        vier Genaupunkten
--------------------------------
        x(B) = -10
```

Tabelle 4.7/85 (Fortsetzung 2)

```
**  !!!!!!  ACHTUNG  !!!!!!  **

**   Das Gelenkviereck ist   **
**        N I C H T          **
**   u m l a u f f ä h i g   **

*******************************


================================
  G E L E N K V I E R E C K -
    A B M E S S U N G E N
--------------------------------
    Mü(m)    =  120.613
    Mü(m*)   =   20.642
    Psi(1)   =   91.740
--------------------------------
        a    =   27.928
        b    =   86.778
        c    =   19.009
        d    =   69.907
        s    =    1.000
--------------------------------
    Epsilon  =  -66.253
        e    =   64.390
--------------------------------


===============================
      Mü(i)    und    Psi(i)

-------------------------------
Mü(1)   -93.618  Psi(1)   91.740
Mü(2)  -111.627  Psi(2)  114.344
Mü(3)  -111.627  Psi(3)  130.252
Mü(4)   -93.618  Psi(4)  119.834
-------------------------------


================================
   K U R B E L L A G E N -
     O B E R S I C H T
--------------------------------
   Parameter ud Ergebnisse:
--------------------------------
   Gamma      =  210.000
   f1         =   90.000
   p          =    1.000
   a          =   27.928
   d          =   69.907
   Phi(*)     =  128.541
   Phi(12)    =   23.241
   Phi(13)    =   79.677
   Phi(14)    =  102.918
   Phi(m)     =  180.000
--------------------------------
```

Tabelle 4.7/85 (Fortsetzung 3)

```
*******************************

        Gelenkviereck mit
        vier Genaupunkten
-------------------------------
        x(B) =  10


**  !!!!!!  ACHTUNG  !!!!!!  **

**   Das Gelenkviereck ist   **
**         N I C H T         **
**   u m l a u f f ä h i g   **

*******************************


================================
  G E L E N K V I E R E C K -
    A B M E S S U N G E N
--------------------------------
    Mü(m)    =   84.995
    Mü(m*)   =   20.642
    Psi(1)   =  -65.182
--------------------------------
        a    =   27.928
        b    =   98.141
        c    =   12.235
        d    =   69.907
        s    =    1.000
--------------------------------
    Epsilon  =  -48.514
        e    =   64.390
--------------------------------


===============================
      Mü(i)   und   Psi(i)

-------------------------------
Mü(1) -314.435  Psi(1)  294.818
Mü(2) -286.289  Psi(2)  271.266
Mü(3) -286.289  Psi(3)  287.174
Mü(4) -314.435  Psi(4)  322.912
-------------------------------
```

Eine Besonderheit des HP-85-Programms ist, daß Fehlberechnungen durch Aufruf der 4-Punkte-Synthese *vor* der 5-Punkte-Synthese nicht möglich sind. Es wird nämlich bei jedem Aufruf in dieser Reihenfolge dazu aufgefordert, zuerst die 5-Punkte-Synthese auszuführen (Verzweigung nach Programmzeile 6000).

Wie im Falle der 5-Punkte-Synthese werden die Unterprogramme „Parametereingabe" (Zeile 1800), „Symmetrielagen-Berechnung" (2100) und „Berechnung von Gelenkviereck-Gliedlängen" (2600) nacheinander aufgerufen. Nicht verwendet wird – natürlich – die Routine „A5-Berechnung" (Zeile 2500).

Wegen der Gleichsetzung von x_4, x_5 und y_4, y_5 wird aus Programmzeile 2634 nach 4700 verzweigt. Dort wird zur Eingabe von x_B (= B7) aufgefordert (im Beispiel gleich + 10 und − 10). y_B wird danach wie folgt berechnet (Zeile 4750):

$$m \rightarrow M1 = TAN(ATN2(R2, Q2) + 90 \qquad (4.88/85)$$

$$y_B \rightarrow B8 = M1 * (X - Q2/2) + R2/2 \qquad (4.89/85)$$

Für die weitere Berechnung ab Zeile 4800 werden noch die Variablen umbenannt:

$$x_{B1} = x_B \rightarrow X6 = B7$$

$$y_{B1} = y_B \rightarrow Y6 = B8$$

4.3.12 Das Gesamtprogramm 5-Punkte-Synthese

41 Der Ausdruck des Gesamtprogramms der 5- (und 4-) Punkte-Synthese ist in Tabelle 4.65 zu erkennen. Das Programm trägt die Haupt-Bezeichnung „Label HN 12", es wird bei Benutzung des HP-Massenspeichers selbsttätig nach Beendigung des Vorprogramms „Label HN 13" mit „α 13 α Readp" in den Rechner eingelesen und sofort nach Label 35 zum Ausdruck der E-Koordinaten, hier lediglich zur Kontrolle, weitergeleitet.

Die einzelnen Labels können in beliebiger Reihenfolge im Programm untergebracht werden, der Rechner findet in jedem Falle das ihm manuell oder durch Programm eingegebene Teilprogramm. Ein wichtiger Grund für eine bestimmte Reihenfolge kann die Forderung nach einer möglichst kurzen Rechenzeit sein.

85 Das Gesamtprogramm für den HP-85 ist in Tabelle 4.71 aufgelistet. Tabelle 4.70 enthält eine Referenzliste mit der Zuordnung der mathematischen Variablennamen zu den im Rechnerprogramm verwendeten. Die Struktogramme ab Tabelle 4.72 ergänzen die Erklärungen.

4.4 Praxisbeispiele für Koppelkurven-Synthese

4.4.1 Fördergetriebe in einem landwirtschaftlichen Ladewagen

Die Koppelkurven des Gelenkvierecks haben bei Fördergetrieben innerhalb der Maschinen eine große Bedeutung erlangt. Im **Bild 4.12** ist der Förderteil eines Ladewagens dargestellt. Im Bodenbereich ist die *Pick-up-Trommel* mit fünf Federzinken zu erkennen, und schon hier tritt ein Förderproblem insofern auf, als die Zinken sich mit ihren Spitzen nicht unbedingt auf einem Kreis um den Trommeldrehpunkt bewegen sollen, sie sollen auch bei der Übergabe eine genügend große Beschleunigung haben, um dem Fördergut eine zusätzliche Wurfbewegung aufzuzwingen.

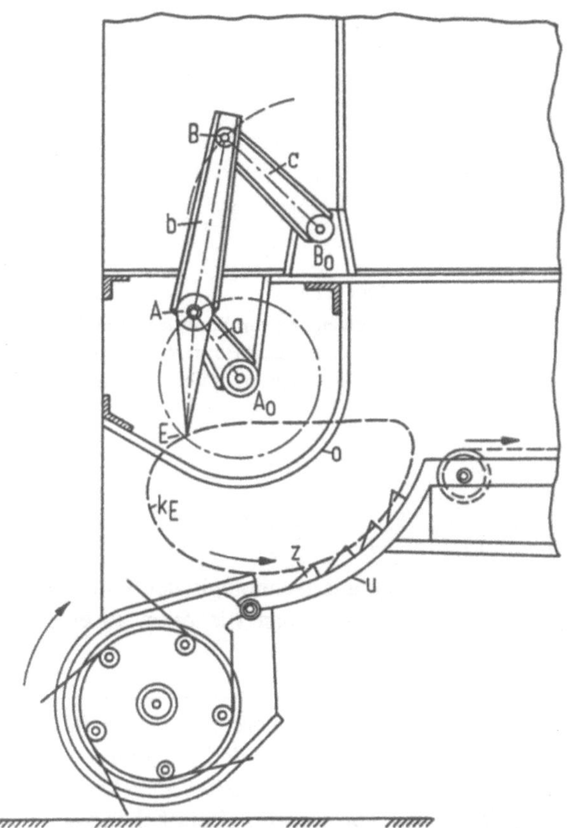

Bild 4.12
Fördergetriebe eines landwirtschaftlichen Ladewagens mit Ausnutzung einer Gelenkviereck-Koppelkurve k_E für 5 Genaupunkte

Dann wird das Fördergut von den Zinken eines Gelenkvierecks erfaßt und bis zum Beginn eines Förderbandes bzw. eines ruckweise bewegten Roll- bzw. Kratzbodens weiterbewegt. Auf die Wiedergabe zusätzlicher Einrichtungen, wie Schneidvorrichtungen, soll hier verzichtet werden Für das Gelenkviereck bestehen für diesen Fall besondere Vorschriften. Seinen Koppelpunkt E soll eine Koppelkurve k_E so erzeugen, daß sie sich im Förderbereich einem kreisförmigen, unteren Führungsblech u gut annähert. Durch die Anordnung eines oberen Führungsbleches o entsteht zwischen den Blechen o und u ein Preßkanal, durch den das verdichtete Erntegut auf den Wagen geschoben werden kann. Die feststehenden Zinken z verhindern ein Zurückgleiten des Erntegutes.

Die wichtigste Aufgabe besteht aber darin, das gesamte Fördergetriebe, hier das Gelenkviereck, in dem nur knapp zur Verfügung stehenden Raum, in Fahrtrichtung gesehen, nämlich zwischen einer Vorderwand und einer Rückwand des Förderkanals unterzubringen. An diesem Beispiel kann gezeigt werden, daß schon in der Wahl der E-Genaupunkte auf der vorgeschriebenen Bahnkurve in manchen Fällen eine willkommene Freizügigkeit besteht. Nach **Bild 4.13** kann man den Gestellpunkt B_0 in dem zur Verfügung stehenden Raum in gewissen Grenzen beliebig annehmen. Dann schlägt man um B_0 zwei Kreise so, daß sie die gegebene Bahnkurve paarweise in vier Punkten $E_1 - E_4$ und $E_2 - E_3$ schneiden. Man kann also diese Kreisbogen so legen, daß diese vier E-Punkte in der Nähe solcher

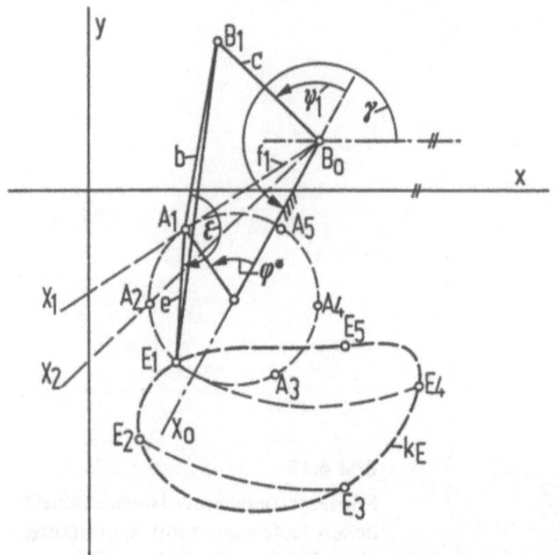

Bild 4.13
Erzwingung von Punktlagenreduktionen des Ladewagen-Fördergetriebes durch raumgünstige Wahl des Gestellpunktes B_0

Bahnkurvenbereiche liegen, auf deren Einhaltung man aus technologischen Gründen besonderen Wert legen muß. Den restlichen Punkt E_5 wählt man wiederum an einer als wichtig angesehenen Stelle aus.

41 Wenn auf die Genauigkeit kein großer Wert gelegt wird, könnte man nun die E-Koordinaten, bezogen auf ein B_0-Achsenkreuz, und die Winkel ψ_{tw} und ψ_{uv} abmessen und mit XEQ 23 im File HN 12 beginnen. Es bereitet aber keine besondere Mühe, die nunmehr festgelegten E-Koordinaten auf ein beliebiges xy-System, Bild 4.13, festzulegen und im File HN 13 mit dem Vorprogramm zu beginnen, da dieses automatisch auf File HN 12 übergeht.

Auf das Ausdrucken der Eingangswerte im Vorprogramm mit XEQ 36 kann man gegebenenfalls verzichten, da diese auf alle Fälle beim Übergang zum Hauptprogramm mit den Labels der 50er Reihe automatisch ausgedruckt werden. Nach **Tabelle 4.8/41** beginnt man also im Vorprogramm mit XEQ 41 und $1 = R_{09}$ den Rechenvorgang. Da man sich mit den Symmetrielagen schon auf die Paarung M–S: 14–23 festgelegt hat, leitet man die Weiterrechnung mit dem dieser Paarung entsprechenden Befehl XEQ 51 ein und erhält zunächst die Eingangs-E-Koordinaten mit „B_0-Eing." ausgedruckt. Dann werden die B_0-Koordinaten und die Winkel ψ_{tw}, ψ_{uv} angezeigt, um nunmehr die auf B_0 bezogenen Koordinaten und die Lage A_5 (jenseits von A_4) zu erhalten. Der automatische Übergang zum Hauptprogramm wird durch einen zweiten Ausdruck dieser Koordinaten mit „GV-Koppelk. 5 Genaupkte" kontrolliert.

Mit XEQ 23 erhält man nun nach Eingabe von γ und f_1 (F_1) die φ-Winkel-Kombinationen in Abhängigkeit von den Kennwerten $\pm 1 = p$ und $\pm 1 = h$. Nach Augenschein waren günstig: $-1 = p = R_{19}$ und $+1 = h = R_{46}$, die man nun nur einzugeben braucht, um mit XEQ 33 die endgültigen Auskünfte über die Getriebe-Abmessungen, die Winkel φ, ψ und μ zu erhalten.

Tabelle 4.8/41 Rechenablauf für 5-Punkte-Synthese eines Ladewagen-Fördergetriebes

XEQ 41 — $1 = R_{09}$

```
==========
M-S:14-23
XBO,YBO
          55.7617
          11.9668
PSI-TW-UV
          56.0210
          35.7823
==========
M-S:15-23
XBO,YBO
          42.0773
         -48.1259
PSI-TW-UV
        -137.3987
         108.6595
==========
M-S:15-24
XBO,YBO
          36.6586
           0.5221
PSI-TW-UV
          52.7111
          64.5937
==========
M-S:15-34
XBO,YBO
          40.7534
         -36.2404
PSI-TW-UV
         157.5458
          42.6975
=========
M-S:25-34
XBO,YBO
          25.9837
         -25.2977
PSI-TW-UV
          90.9434
          29.8297
=========
```

```
M-S:25-34
XBO,YBO
          25.9837
         -25.2977
PSI-TW-UV
          90.9434
          29.8297
==========

M-S:15-34
XBO,YBO
          40.7534
         -36.2404
PSI-TW-UV
         157.5458
          42.6975
=========
M-S:25-34
XBO,YBO
          25.9837
         -25.2977
PSI-TW-UV
          90.9434
          29.8297
=========
```

XEQ 51

```
======
BO-EING.
X1,Y1,X2,Y2
          21.0000
         -42.5000
          12.7000
         -60.5000
X3,Y3,X4,Y4
          63.2000
         -72.0000
          81.5000
         -47.3000
X5,Y5
          61.4000
         -38.0000
==========
```

```
M-S:14-23
XBO,YBO
          55.7617
          11.9668
PSI-TW-UV
          56.0210
          35.7823
==========

KOO.F.BO
X1,Y1,X2,Y2
         -34.7617
         -54.4668
         -43.0617
         -72.4668
X3,Y3,X4,Y4
           7.4383
         -83.9668
          25.7383
         -59.2668
X5,Y5
           5.6383
         -49.9668
..........
A5 JENS.4
```

```
==========
GV-KOPPELK.
5 GENAUPKTE
KOORD.E-PKTE
X1,Y1,X2,Y2
         -34.7617
         -54.4668
         -43.0617
         -72.4668
X3,Y3,X4,Y4
           7.4383
         -83.9668
          25.7383
         -59.2668
X5,Y5
           5.6383
         -49.9668
```

Tabelle 4.8/41 (Fortsetzung)

```
XEQ 23
  ↓
........
GAMMA,F1,P
      241.5000
       40.0000
        1.0000
A,D
       41.6841
       72.5257
PHI*12,13,14
       26.7860
      103.0121
      203.4159
      306.4280
PHI-M
      180.0000
..........
P,PHI-15,H
        1.0000
      335.8783
        1.0000
..........
P,PHI-15,H
        1.0000
      245.3274
       -1.0000
```

```
........
GAMMA,F1,P
      241.5000
       40.0000
       -1.0000
A,D
       20.8779
       44.4247
PHI*12,13,14
       64.1283
       57.1600
      174.5834
      231.7434
PHI-M
      180.0000
..........
P,PHI-15,H
       -1.0000
      291.5501
        1.0000
..........
P,PHI-15,H
       -1.0000
      132.8881
       -1.0000
```

```
XEQ 33
  ↓
........
GAMMA,F1,P
      241.5000
       40.0000
       -1.0000
A,D
       20.8779
       44.4247
PHI*12,13,14
       64.1283
       57.1600
      174.5834
      231.7434
PHI-M
      180.0000
..........
P,PHI-15,H
       -1.0000
      291.5501
        1.0000
==========
MUE-M-M*
      104.4059
       28.7638
```

```
..........
PSI-1
       74.4186
A,B,C,D,S
       20.8779
       47.1277
       34.9749
       44.4247
        1.0000
EPS.,E
     -172.4149
       32.4258
..........
MUE-1,PSI-1
      -55.9823
       74.4186
MUE-2,PSI-2
      -88.7580
      107.8863
MUE-3,PSI-3
      -88.7580
      143.6686
MUE-4,PSI-4
      -55.9823
      130.4397
MUE-5,PSI-5
      -28.9537
       78.4637
```

85 Für das HP-85-Programm verwenden wir die in Tabelle 4.8/41 vom HP-41 ausgedruckten Eingangs-E-Koordinaten (mit XEQ 51 und „B0-Eing." gekennzeichnet und als X1, Y1, ... X5, Y5 ausgedruckt). Das bedeutet, wir starten aus dem Hauptmenü mit der Funktionstaste #2 (WERTE), wonach wir zur Werteeingabe aufgefordert werden (vgl. hierzu auch Tabelle 4.3/85).

Die eigentliche Verarbeitung starten wir mit Taste #3 (1Lage), und zwar ebenso wie im HP-41-Programm mit der Mittelsenkrechten-Paarung 14–23 ([1] [RETURN]). Es wird dann der Übergang zum Hauptprogramm veranlaßt und die 5-Punkte-Synthese ausgewählt. Ebenfalls in Anlehnung an das HP-41-Programm werden $p = -1$ und $h = +1$ eingegeben.

Tabelle 4.8/85 gibt die wichtigen Eingabeschritte und die Ergebnisse an, die mit den in Tabelle 4.8/41 ausgedruckten übereinstimmen müssen.

Tabelle 4.8/85 5-Punkte-Synthese eines Ladewagen-Fördergetriebes

```
***          WERTEEINGABE          ***
**********************************

Eingabe der Eingangswerte :

X 1 / Y 1   = ?
21,-42.5
X 2 / Y 2   = ?
12.7,-60.5
X 3 / Y 3   = ?
63.2,-72
X 4 / Y 4   = ?
----------------------------------
TEST     KOORD     VORPR      CHECK
INFO     WERTE     1LAGE      HAUPT
```

1 LAGE

(Taste #3)

```
**********************************
*      Die derzeit gültigen       *
*      Eingangswerte  sind:       *

X1/Y1   =   2.100E+001  -4.250E+001
X2/Y2   =   1.270E+001  -6.050E+001
X3/Y3   =   6.320E+001  -7.200E+001
X4/Y4   =   8.150E+001  -4.730E+001
X5/Y5   =   6.140E+001  -3.800E+001
==================================

 Mittelsenkrechte  14 - 23
 -------------------------

      X(Bo) =     55.762
      Y(Bo) =     11.967

    PSI(tw) =     56.021
    PSI(uv) =     35.782
==================================

Koordinaten-Transformation
auf den Ursprung Bo :
----------------------------------

X1/Y1   = -3.476E+001  -5.447E+001
X2/Y2   = -4.306E+001  -7.247E+001
X3/Y3   =  7.438E+000  -8.397E+001
X4/Y4   =  2.574E+001  -5.927E+001
X5/Y5   =  5.638E+000  -4.997E+001

==================================
A(5) jenseits von A(4)
----------------------------------
```

Tabelle 4.8/85 (Fortsetzung 1)

```
=================================
   K U R B E L L A G E N -
     U B E R S I C H T
---------------------------------
   Parameter ud Ergebnisse:
---------------------------------
   Gamma      =  241.500
   f1         =   40.000
   p          =    1.000
   a          =   41.684
   d          =   72.526
   Phi(*)     =   26.786
   Phi(12)    =  103.012
   Pni(13)    =  203.416
   Phi(14)    =  306.428
   Phi(m)     =  180.000
---------------------------------

  Ergebnisse der A5-Berechnung:
---------------------------------
    p         =    1.000
    Phi(15)   =  335.878
    h         =    1.000

=================================
  G E L E N K V I E R E C K -
    A B M E S S U N G E N
---------------------------------
    Mü(m)     =   65.440
    Mü(m*)    =    4.685
    Psi(1)    =  -78.177
---------------------------------
          a   =   41.684
          b   =  117.933
          c   =   88.240
          d   =   72.526
          s   =    1.000
---------------------------------
    Epsilon   =  -90.899
          e   =   32.426
---------------------------------

================================
      Mü(i)    und    Psi(i)

--------------------------------
Mü(1)    15.097  Psi(1)  281.823
Mü(2)   -58.654  Psi(2)   87.058
Mü(3)   -58.654  Psi(3)  122.840
Mü(4)    15.097  Psi(4)  -22.156
Mü(5)     4.900  Psi(5)  -22.587
--------------------------------
```

Tabelle 4.8/85 (Fortsetzung 2)

```
=================================
   K U R B E L L A G E N -
    Ü B E R S I C H T
---------------------------------
   Parameter ud Ergebnisse:
---------------------------------
   Gamma     =  241.500
   f1        =   40.000
   p         =   -1.000
   a         =   20.878
   d         =   44.425
   Phi(*)    =   64.128
   Phi(12)   =   57.160
   Phi(13)   =  174.583
   Phi(14)   =  231.743
   Phi(m)    =  180.000
---------------------------------

  Ergebnisse der A5-Berechnung:
---------------------------------
    p        =   -1.000
    Phi(15)  =  291.550
    h        =    1.000


=================================
  G E L E N K V I E R E C K -
    A B M E S S U N G E N
---------------------------------
    Mü(m)    =  104.406
    Mü(m*)   =   28.764
    Psi(1)   =   74.419
---------------------------------
        a    =   20.878
        b    =   47.128
        c    =   34.975
        d    =   44.425
        s    =    1.000
---------------------------------
    Epsilon  = -172.415
        e    =   32.426
---------------------------------


================================
      Mü(i)    und    Psi(i)

--------------------------------
Mü(1)   -55.982  Psi(1)    74.419
Mü(2)   -88.758  Psi(2)   107.886
Mü(3)   -88.758  Psi(3)   143.669
Mü(4)   -55.982  Psi(4)   130.440
Mü(5)   -28.954  Psi(5)    78.464
--------------------------------
```

Die ψ-Winkel lassen erkennen, daß der in B_0 gelagerte Hebel c nicht nach rechts über die Trennwand hinausschwingen darf, was hier zutrifft. Die Übertragungswinkel μ (MUE bzw. Mü) zeigen an, daß dieses Gelenkviereck als Kurbelschwinge umlauffähig ist, weil μ_m und μ_m^* echte Werte anzeigen und weil a kürzestes Glied ist. Der Kleinst-Übertragungswinkel μ_m^* (MUE-M-M* bzw. Mü(m*)) kann mit 28,8° gerade noch als zulässig angesehen werden. Man kann selbstverständlich versuchen, durch die sich anbietenden und beschriebenen Variationen der Eingangswerte noch günstigere Ergebnisse vor allem mit Hinsicht auf den Raumbedarf zu erhalten. Solche Optimierungs-Untersuchungen sind rasch vorzunehmen, sie werden aber meist erst bei der konstruktiven Gestaltung notwendig.

4.4.2 Hubgetriebe für Rechtwinkel-Bewegung

Beim Beladen von Fahrzeugen muß das Ladegut nicht nur in Laderampenhöhe, sondern oft auch in Flurhöhe aufgenommen werden, um von hier aus auf das Fahrzeug gehoben zu werden. Hierbei ist es außerordentlich wichtig, für den Hubvorgang möglichst wenig Raum in Anspruch zu nehmen, da zum Rangieren meist mit beschränkten Platzverhältnissen zu rechnen ist. Der geringste Raum wird in Anspruch genommen, wenn das Ladegut senkrecht gehoben und dann horizontal auf die Fahrzeug-Ladefläche transportiert wird. **Bild 4.14** zeigt eine solche Vorrichtung, bestehend aus einem Gelenkviereck mit der Lastaufnahme auf das Koppelglied und dem Antrieb von einem hydraulisch beaufschlagten Kolben im Zylinder aus.

In dieser Vorrichtung konnte durch Ausnutzung der freien Parameter bei Vorgabe von fünf Genaupunkten eine Bewegung der Lastaufnahmefläche L dergestalt erzielt werden, daß in der untersten Stellung die Last in Schräglage aufgeschoben wird. Diese Schräglage ändert sich unmittelbar nach Beginn des Haubvorganges so, daß das Ladegut an die Halterung durch das Eigengewicht gepreßt wird, so daß es insbesondere beim Durchlaufen

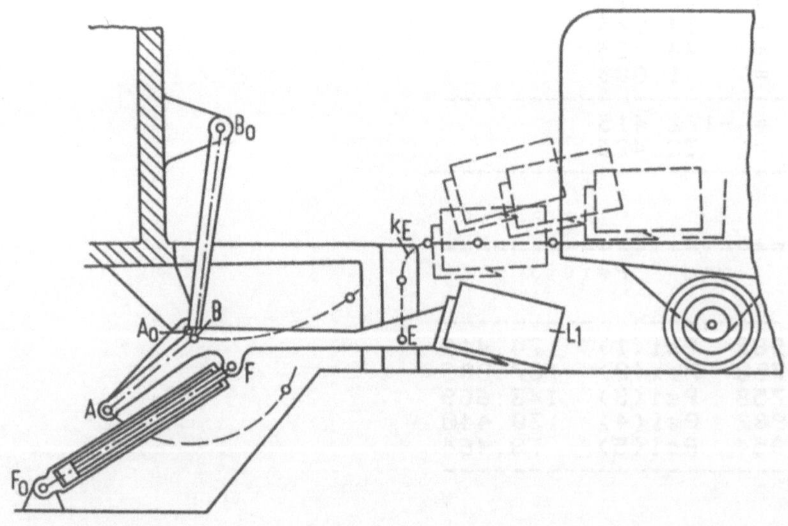

Bild 4.14 Gelenkviereck-Hubgetriebe für Rechtwinkel-Bahnkurve für 5 Genaupunkte

der Eckenrundung gegen Herausfallen gut gesichert ist. Bei der Horizontalbewegung in das Innere des Fahrzeuges wird wieder die Horizontallage des Ladegutes erreicht, um bequem abgeschoben werden zu können. Es bleibt selbstverständlich jederzeit die Möglichkeit offen, eine zusätzliche Kippbewegung für die Aufnahme und Abgabe des Ladegutes vorzusehen, ebenso auch eine seitliche Verschwenkung, um seitlich aufnehmen zu können.

Die 5-Punkte-Synthese des Hubgetriebes wurde auch hier mit der Annahme der Lage des Punktes B_0 so begonnen, daß die Punkte E_1 und E_4, sowie E_2 und E_3 auf der Rechteck-Koppelkurve k_E je einen Kreisbogen um B_0 kennzeichnen, wobei E_1 und E_2 auf der Vertikalen, E_3 und E_4 auf der Horizontalen erscheinen müssen. Der Zusatzpunkt E_5 wird noch auf der Horizontalen angenommen. Damit liegt aber auch schon die Mittelsenkrechten-Paarung MS: 14–23 fest.

41 Mit diesen Annahmen braucht nur das zugehörige XEQ 51 abgerufen zu werden, **Tabelle 4.9/41**. Unter „B_0-Eing.“ sind die Eingangs-E-Koordinaten, bezogen auf die Rechtwinkel-Koppelkurve als Achsenkreuz, mit den entsprechenden Nullwerten aufgeführt, die dann in die mit B_0 als Ursprung parallel verschobenen Koordinaten unter „GV-Koppelk.“ umgewandelt werden.

Für die Synthese bieten sich als gut verwendbar die beiden Kennwerte $p = +1 = R_{19}$ und $h = -1 = R_{46}$ an. Hierfür sind in Tabelle 4.9/41 mit I bis IV vier unterschiedliche Gelenkvierecke mit je XEQ 33 für unterschiedliche γ und f_1 berechnet worden. Mit Berücksichtigung der erwähnten Neben-Bedingungen wurde die Version I ausgewählt und in den **Bildern 4.14** und **4.15** aufgezeichnet. Die festgesetzten Eingangsgrößen sind als Längenmaße im bestimmten Zeichenmaßstab dargestellt, sie lassen sich mühelos vom Rechner in die wahren Größen umrechnen.

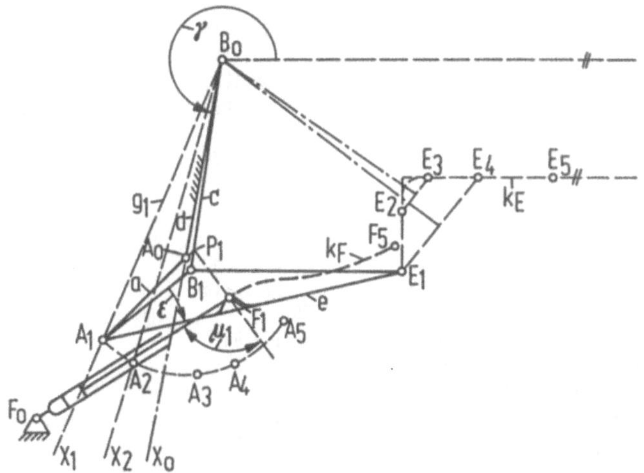

Bild 4.15
Geometrische Grundlagen zur Berechnung eines Hubgetriebes für Rechtwinkel-Bahnkurve für 5 Genaupunkte

Tabelle 4.9/41 Rechenablauf für 5-Punkte-Synthese eines Fahrzeug-Hubgetriebes

XEQ 51

```
======
BO-EING.
X1,Y1,X2,Y2
        0.0000
      -26.0000
        0.0000
      -10.0000
X3,Y3,X4,Y4
        7.0000
        0.0000
       19.8000
        0.0000
X5,Y5
       40.0000
        0.0000
==========
M-S:14-23
XB0,YB0
      -47.3000
       30.5600
PSI-TW-UV
       25.6085
       11.2425
==========
KOO.F.BO
X1,Y1,X2,Y2
       47.3000
      -56.5600
       47.3000
      -40.5600
X3,Y3,X4,Y4
       54.3000
      -30.5600
       67.1000
      -30.5600
X5,Y5
       87.3000
      -30.5600
..........
A5 JENS.4
===========
GV-KOPPELK.
5 GENAUPKTE
KOORD.E-PKTE
X1,Y1,X2,Y2
       47.3000
      -56.5600
       47.3000
      -40.5600
X3,Y3,X4,Y4
       54.3000
      -30.5600
       67.1000
      -30.5600
X5,Y5
       87.3000
      -30.5600
```

XEQ 33

	I	II	III	IV
GAMMA,F1,P	260.0000	260.0000	266.5000	266.5000
	81.0000	83.0000	86.0000	88.0000
	1.0000	1.0000	1.0000	1.0000
A,D	30.7947	34.0782	57.0136	66.6802
	53.9645	52.2486	30.1279	22.0473
PHI*12,13,14	144.3428	147.3317	160.4703	162.9935
	20.1522	18.4097	10.9415	9.5293
	51.1622	46.9268	28.1180	24.4637
	71.3144	65.3365	39.0595	34.0130
PHI-M	180.0000	180.0000	180.0000	180.0000
P,PHI-15,H	1.0000	1.0000	1.0000	1.0000
	103.2728	93.2731	54.9225	47.6836
	-1.0000	-1.0000	-1.0000	-1.0000
MUE-M-M*	157.0709	157.3299	164.6741	166.1708
	NICHT UMLAUFF.	NICHT UMLAUFF.	NICHT UMLAUFF.	NICHT UMLAUFF.
PSI-1	-178.2617	-179.8451	-188.2882	-189.8731
A,B,C,D,S	30.7947	34.0782	57.0136	66.6802
	30.0843	28.4332	13.5310	9.7896
	56.2377	59.3921	74.0183	79.1908
	53.9645	52.2486	30.1279	22.0473
	1.0000	1.0000	1.0000	1.0000
EPS.,E	-26.2421	-25.1692	-28.1978	-28.0803
	80.7510	81.9359	76.0211	77.2216
MUE-1,PSI-1	-222.5374	-220.8919	-210.0295	-207.3658
	181.7383	180.1549	171.7118	170.1269
MUE-2,PSI-2	-207.7188	-207.0943	-199.0547	-197.2755
	183.9632	183.0711	177.2919	176.2594
MUE-3,PSI-3	-207.7188	-207.0943	-199.0547	-197.2755
	195.2057	194.3136	188.5344	187.5019
MUE-4,PSI-4	-222.5374	-220.8919	-210.0295	-207.3658
	207.3469	205.7634	197.3203	195.7354
MUE-5,PSI-5	-251.7717	-247.3016	-229.6469	-225.1191
	226.9565	223.7348	210.4192	207.8007

85 Dem HP-41-Programm folgend, werden die in Tabelle 4.9/41 ausgedruckten Eingangs-E-Koordinaten (B_0-Eing.) verwendet (Eingabe mit Taste #2 – WERTE). Mit der Mittelsenkrechten-Paarung 14–23 (Einzellage 1) wird dann zum Hauptprogramm und zur 5-Punkte-Synthese weitergeleitet (p = + 1 und h = − 1).

Tabelle 4.9/85 zeigt die Ergebnisse für vier unterschiedliche Gelenkvierecke I bis IV mit verschiedenen γ und f_1. Die Bilder 4.14 und 4.15 sind entsprechend Version I gezeichnet.

Tabelle 4.9/85 5-Punkte-Synthese eines Fahrzeug-Hubgetriebes

```
***         WERTEEINGABE          ***
*************************************

Eingabe der Eingangswerte :

X 1 / Y 1  = ?
0,-26
X 2 / Y 2  = ?
0,-10
X 3 / Y 3  = ?
7,0
X 4 / Y 4  = ?
19.8,0
-------------------------------------
TEST     KOORD     VORPR      CHECK
INFO     WERTE     1LAGE      HAUPT
```

1LAGE (Taste #3)

```
***  E I N Z E L L A G E N     ***
*    ---------------------       *
*       mit Übergang zum         *
*        Hauptprogramm           *
**********************************

Wählen Sie die Einzellage:
----------------------------------
   14 - 23   >>>   [1]
   15 - 23   >>>   [2]
   15 - 24   >>>   [3]
   15 - 34   >>>   [4]
   25 - 34   >>>   [5]
?
```

1 RETURN

```
**********************************
*      Die derzeit gültigen      *
*      Eingangswerte  sind:      *

X1/Y1  =  0.000E+000 -2.600E+001
X2/Y2  =  0.000E+000 -1.000E+001
X3/Y3  =  7.000E+000  0.000E+000
X4/Y4  =  1.980E+001  0.000E+000
X5/Y5  =  4.000E+001  0.000E+000
==================================
```

Tabelle 4.9/85 (Fortsetzung 1)

```
 Mittelsenkrechte   14 - 23
 -----------------------------

    X(Bo) =    -47.300
    Y(Bo) =     30.560

  PSI(tw) =     25.609
  PSI(uv) =     11.242
================================

Koordinaten-Transformation
auf den Ursprung Bo :
--------------------------------

X1/Y1   =  4.730E+001 -5.656E+001
X2/Y2   =  4.730E+001 -4.056E+001
X3/Y3   =  5.430E+001 -3.056E+001
X4/Y4   =  6.710E+001 -3.056E+001
X5/Y5   =  8.730E+001 -3.056E+001

================================
A(5) jenseits von A(4)
--------------------------------



********************************

WAHLEN SIE :
--------------------------------

Obergang
zum Hauptprogramm           >>>  [/]      / RETURN

Neuanfang                   >>>  [-]

andere Einzellage           >>>  [+]
?



*  H A U P T P R O G R A M M   *
*  -------------------------   *
*mit Berechnung der Kurbellagen*
*          und des             *
*   Gesamt-Gelenkvierecks      *
********************************

Zur wahl stehen:

Kurbellagen-Obersicht  >>>>  [0]
5-Punkte-Synthese      >>>>  [5]      5 RETURN
4-Punkte-Synthese      >>>>  [4]
Andere Einzellage      >>>>  [-]
?
```

Tabelle 4.9/85 (Fortsetzung 2)

```
*                             *
*5-P U N K T E-S Y N T H E S E *
*                             *
*******************************

Werte eingeben :
----------------

p = ?
1
h = ?
-1

Wählen Sie die freien Parameter
================================

   **Gamma**         **f(1)**
--------------------------------

Gamma = ?
260

f(1)   = ?
81

================================
   K U R B E L L A G E N -
     Ü B E R S I C H T
--------------------------------
   Parameter ud Ergebnisse:
--------------------------------
   Gamma     =  260.000
   f1        =   81.000
   p         =    1.000
   a         =   30.795
   d         =   53.964
   Phi(*)    =  144.343
   Phi(12)   =   20.152
   Phi(13)   =   51.162
   Phi(14)   =   71.314
   Phi(m)    =  180.000
--------------------------------

  Ergebnisse der A5-Berechnung:
--------------------------------
    p        =    1.000
    Phi(15)  =  103.273
    h        =   -1.000

**  !!!!!!  ACHTUNG  !!!!!!  **

**   Das Gelenkviereck ist   **
**         N I C H T         **
**   u m l a u f f ä h i g   **

*******************************
```

Tabelle 4.9/85 (Fortsetzung 3)

```
=================================
  G E L E N K V I E R E C K -
  A B M E S S U N G E N
---------------------------------
    Mü(m)    =  157.071
    Mü(m*)   =    0.000
    Psi(1)   = -178.262
---------------------------------
        a    =   30.795
        b    =   30.084
        c    =   56.238
        d    =   53.964
        s    =    1.000
---------------------------------
    Epsilon  =  -26.242
        e    =   80.751
---------------------------------


================================
      Mü(i)   und   Psi(i)

--------------------------------
Mü(1) -222.537  Psi(1)  181.738
Mü(2) -207.719  Psi(2)  183.963
Mü(3) -207.719  Psi(3)  195.206
Mü(4) -222.537  Psi(4)  207.347
Mü(5) -251.772  Psi(5)  226.957
--------------------------------


=================================
   K U R B E L L A G E N -
    U B E R S I C H T
---------------------------------
   Parameter ud Ergebnisse:
---------------------------------
   Gamma     =  260.000
   f1        =   83.000
   p         =    1.000
   a         =   34.078
   d         =   52.249
   Phi(*)    =  147.332
   Phi(12)   =   18.410
   Phi(13)   =   46.927
   Phi(14)   =   65.337
   Phi(m)    =  180.000
---------------------------------


  Ergebnisse der A5-Berechnung:
---------------------------------
   p         =    1.000
   Phi(15)   =   93.273
   h         =   -1.000
```

Tabelle 4.9/85 (Fortsetzung 4)

```
**   !!!!!!   ACHTUNG   !!!!!!   **

**    Das Gelenkviereck ist      **
**          N I C H T            **
**    u m l a u f f ä h i g      **

*********************************


==================================
   G E L E N K V I E R E C K -
     A B M E S S U N G E N
----------------------------------
     MÜ(m)     =   157.330
     MÜ(m*)    =     0.000
     Psi(1)    =  -179.845
----------------------------------
         a     =    34.078
         b     =    28.433
         c     =    59.392
         d     =    52.249
         s     =     1.000
----------------------------------
     Epsilon   =   -25.169
         e     =    81.936
----------------------------------


=================================
       Mü(i)    und    Psi(i)

---------------------------------
Mü(1) -220.892  Psi(1)  180.155
Mü(2) -207.094  Psi(2)  183.071
Mü(3) -207.094  Psi(3)  194.314
Mü(4) -220.892  Psi(4)  205.763
Mü(5) -247.302  Psi(5)  223.735
---------------------------------


==================================
   K U R B E L L A G E N -
     Ü B E R S I C H T
----------------------------------
   Parameter ud Ergebnisse:
----------------------------------
   Gamma      =   266.500
   fi         =    86.000
   p          =     1.000
   a          =    57.014
   d          =    30.128
   Phi(*)     =   160.470
   Phi(12)    =    10.941
   Phi(13)    =    28.118
   Phi(14)    =    39.059
   Phi(m)     =   180.000
----------------------------------
```

Tabelle 4.9/85 (Fortsetzung 5)

```
 Ergebnisse der A5-Berechnung:
----------------------------------
    p        =    1.000
    Phi(15)  =   54.923
    h        =   -1.000


**  !!!!!!  ACHTUNG  !!!!!!  **

**    Das Gelenkviereck ist    **
**          N I C H T          **
**    u m l a u f f ä h i g    **

*******************************



==================================
  G E L E N K V I E R E C K -
    A B M E S S U N G E N
----------------------------------
    Mü(m)    =  164.674
    Mü(m*)   =    0.000
    Psi(1)   = -188.288
----------------------------------
        a    =   57.014
        b    =   13.531
        c    =   74.018
        d    =   30.128
        s    =    1.000
----------------------------------
    Epsilon  =  -28.198
        e    =   76.021
----------------------------------


=================================
      Mü(i)    und    Psi(i)

---------------------------------
Mü(1) -210.030  Psi(1)   171.712
Mü(2) -199.055  Psi(2)   177.292
Mü(3) -199.055  Psi(3)   188.534
Mü(4) -210.030  Psi(4)   197.320
Mü(5) -229.647  Psi(5)   210.419
---------------------------------
```

Tabelle 4.9/85 (Fortsetzung 6)

```
==================================
   K U R B E L L A G E N -
     Ü B E R S I C H T
----------------------------------
   Parameter ud Ergebnisse:
----------------------------------
   Gamma      =  266.500
   ti         =   88.000
   p          =    1.000
   a          =   66.680
   d          =   22.047
   Phi(*)     =  162.993
   Phi(12)    =    9.529
   Phi(13)    =   24.484
   Phi(14)    =   34.013
   Phi(m)     =  180.000
----------------------------------

  Ergebnisse der A5-Berechnung:
----------------------------------
    p         =    1.000
    Phi(15)   =   47.684
    h         =   -1.000

**   !!!!!!  ACHTUNG  !!!!!!   **

**   Das Gelenkviereck ist     **
**         N I C H T           **
**   u m l a u f f ä h i g     **

*******************************

==================================
  G E L E N K V I E R E C K -
    A B M E S S U N G E N
----------------------------------
    Mü(m)     =  166.171
    Mü(m*)    =    0.000
    Psi(1)    = -189.873
----------------------------------
        a     =   66.680
        b     =    9.790
        c     =   79.191
        d     =   22.047
        s     =    1.000
----------------------------------
    Epsilon   =  -28.080
        e     =   77.222
----------------------------------


=================================
      Mü(i)    und    Psi(i)

---------------------------------
Mü(1) -207.366   Psi(1)  170.127
Mü(2) -197.276   Psi(2)  176.259
Mü(3) -197.276   Psi(3)  187.502
Mü(4) -207.366   Psi(4)  195.735
Mü(5) -225.119   Psi(5)  207.801
```

Nach Ausführung I, Tabelle 4.9/41 bzw. Tabelle 4.9/85, werden mit ihren Abweichungen von 180° z.T. ungünstige Übertragungswinkel μ angezeigt. Um hier höhere Güte der Bewegungs-Übertragung zu erreichen, wurde der auch für viele andere Zwecke empfehlenswerte Weg gegangen, die Anlenkung des Schubkolbenzylinders an einem zu höherer Übertragungsgüte führenden Koppelpunkt F, Bild 4.15, vorzunehmen. Der Übertragungswinkel μ liegt dann zwischen dem Polstrahl PF und der Achse des Schubkolbens, wenn der Pol P jeweils Schnittpunkt der Kurbel a mit dem Hebel c (natürlich deren Gelenk-Verbindungslinien) ist. Der Koppelpunkt F beschreibt die Koppelkurve k_F, und aus deren Verlauf ist zu erkennen, daß sich der Übertragungswinkel in günstigen Grenzen hält. Mit guter Annäherung kann man dies rasch feststellen, wenn sämtliche Kreisbögen um F_0, dem Gestellpunkt des Schubkolben-Zylinders, die Koppelkurve möglichst „senkrecht" schneiden, auf keinen Fall aber berühren.

4.4.3 Abricht- und Prüfmechanismus für Evolventen-Zahnflanken

Die Koppelkurven des einfachen Gelenkvierecks sind so vielgestaltig, daß es sich lohnt, sie auch zum Nachmessen von Profilen [4.7], insbesondere von Verzahnungsprofilen [4.8] einzusetzen, wobei z.T. vorgeschlagen wird, die Abweichungen der Koppelkurve vom Zahnprofil zu berechnen und sie als Korrekturfaktoren beim Abtasten mit Mikrometergeräten zu berücksichtigen [4.9, 4.10]. Wenn also die Genauigkeit der Koppelkurve, d.h. ihre Annäherung an das Sollprofil, so hochgetrieben werden kann, daß sie unterhalb der zulässigen Toleranzen liegen, können Gelenkviereck-Führungen bedenkenlos auch bei der Zahnrad-Fertigung, z.B. für Abrichtgeräte beim Profilschleifen [4.11] eingesetzt werden.

Wenn bisher lediglich eine Vierpunkt-Führung bei symmetrischen Koppelkurven verwendet wurde, bietet sich nun mit dem 5-Genaupunkte-Verfahren eine empfehlenswerte Methode zur beachtlichen Genauigkeitssteigerung an. Es geht also zunächst darum, auf dem Zahnprofil fünf Genaupunkte anzunehmen und deren Koordinaten zu berechnen. Das Evolventenprofil wird durch das Abwälzen der Eingriffsgeraden auf dem Grundkreis mit dem Radius r_g, **Bild 4.16**, erzeugt [4.12]. Als Bezugsfaktor dient der Teilkreisradius r_0, und es ist bekanntlich $r_g = r_0 \cdot \cos\alpha$.

Im folgenden soll dem Zahnprofil ein Koordinatensystem zugeordnet werden, das die Tangente vom Wälzpunkt (E_3 im Bild 4.16) an den Grundkreis als Abszisse und den Berührungspunkt (S_3) als Ursprung hat. Das Profil wird außen vom Kopfkreis mit dem Radius r_a und theoretisch innen vom Spitzenpunkt der Evolvente begrenzt, wenn der erzeugende Punkt auf dem Grundkreis aufliegt. Den Genaupunkten E_1 bis E_5 auf dem Zahnprofil sollen die Winkel φ_1 bis φ_5 zugeordnet werden, die die Radiusstrahlen vom Drehpunkt 0 bis zu den Berührungspunkten S_1 bis S_5 mit der y-Achse einschließen. Diese Berechnungs-Grundlage führt zu einfachen, hier noch nicht behandelten Genauigkeitsberechnungen. Man findet die E-Koordinaten (φ und α im Winkelmaß):

$$r_0 \left[\left(\sin\alpha + \frac{\cos\alpha \cdot \varphi \cdot \pi}{180}\right) \cos\varphi - \cos\alpha \cdot \sin\varphi\right] = x_E \tag{4.90}$$

$$r_0 \left[\left(\sin\alpha + \frac{\cos\alpha \cdot \varphi \cdot \pi}{180}\right) \sin\varphi + \cos\alpha(\cos\varphi - 1)\right] = y_E \tag{4.91}$$

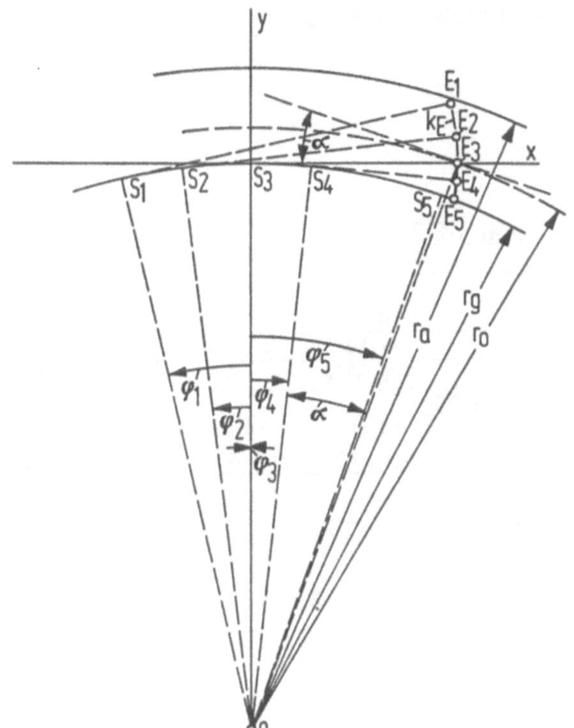

Bild 4.16
Geometrische Grundlagen zur Berechnung der E-Koordinaten eines Evolventen-Zahnprofiles

41 Für diese E-Koordinaten-Berechnung wurde ein besonderes Rechenprogramm aufgestellt, bestehend aus einem *Unterprogramm Label 11* für HP-41C, das fünfmal von einem *Hauptprogramm Label 10* abgerufen wird. Die Programmfolge ist in **Tabelle 4.10/41** kenntlich gemacht (auf ein Flußdiagramm konnte wegen der einfachen Handhabung verzichtet werden). Im Rechenausdruck (XEQ 10) werden die E-Koordinaten zur Verfügung gestellt, die auf den Eingangswerten beruhen, nämlich auf den φ-Winkeln. Dem Zahlenbeispiel wurden $\alpha = 20°$, $r_0 = 160$ (Modul m = 16, Zähnezahl z = 20) zugrunde gelegt.

Nachdem nun die E-Koordinaten festliegen, kann im 5-Punkte-Vorprogramm zunächst mit XEQ 36 der B_0-Eingang nochmals ausgedruckt werden. Dann beginnt mit XEQ 41 und $1 = R_{09}$ das Laufprogramm zur Ermittlung der fünffach möglichen B_0-Koordinaten mit den zugehörigen Winkeln ψ_{tw} und ψ_{uv}, **Tabelle 4.11/41**.

Tabelle 4.10/41 Koordinatenberechnung für Evolventen-Profil

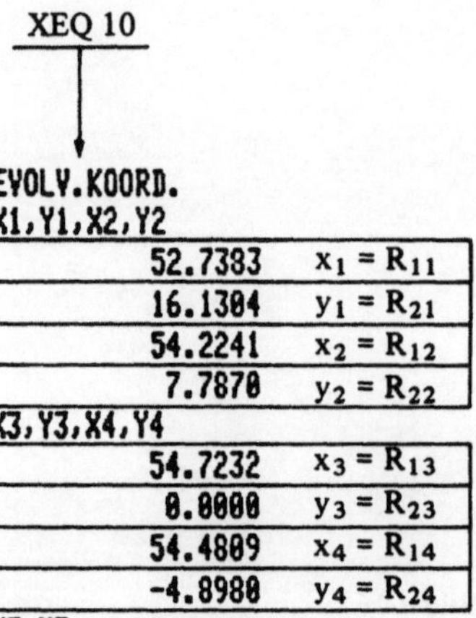
XEQ 10

EVOLV.KOORD.

X1,Y1,X2,Y2

52.7383	$x_1 = R_{11}$
16.1304	$y_1 = R_{21}$
54.2241	$x_2 = R_{12}$
7.7870	$y_2 = R_{22}$

X3,Y3,X4,Y4

54.7232	$x_3 = R_{13}$
0.0000	$y_3 = R_{23}$
54.4809	$x_4 = R_{14}$
-4.8980	$y_4 = R_{24}$

X5,Y5

53.5288	$x_5 = R_{15}$
-9.8337	$y_5 = R_{25}$

PHI:1,2,3,4,5

13.0000	$\varphi_1 = R_{31}$	Eingangswerte
7.0000	$\varphi_2 = R_{32}$	
0.0000	$\varphi_3 = R_{33}$	
-6.0000	$\varphi_4 = R_{34}$	
-20.0000	$\varphi_5 = R_{35}$	

ALFA,RO

20.0000	$\alpha = R_{03}$	Eingangswerte
160.0000	$r_0 = R_{02}$	

```
01♦LBL 11
02 RCL 03
03 COS
04 RCL 01
05 *
06 PI
07 *
08 180
09 /
10 RCL 03
11 SIN
12 +
13 RCL 01
14 COS
15 *
16 RCL 03
17 COS
18 RCL 01
19 SIN
20 *
21 -
22 RCL 02
23 *
24 STO 04
25 RCL 03
26 COS
27 RCL 01
28 *
29 PI
30 *
31 180
32 /
33 RCL 03
34 SIN
35 +
36 RCL 01
37 SIN
38 *
39 RCL 01
40 COS
41 1
42 -
43 RCL 03
44 COS
45 *
46 +
47 RCL 02
48 *
49 STO 05
50 RTN
51♦LBL 10
52 RCL 31
53 STO 01
54 XEQ 11
55 RCL 04
56 STO 11
57 RCL 05
58 STO 21
59 RCL 32
60 STO 01
61 XEQ 11
62 RCL 04
63 STO 12
64 RCL 05
65 STO 22
66 RCL 33
67 STO 01
68 XEQ 11
69 RCL 04
70 STO 13
71 RCL 05
72 STO 23
73 RCL 34
74 STO 01
75 XEQ 11
76 RCL 04
77 STO 14
78 RCL 05
79 STO 24
80 RCL 35
81 STO 01
82 XEQ 11
83 RCL 04
84 STO 15
85 RCL 05
86 STO 25
87 "EVOLV.KOORD."
88 PRA
89 "X1,Y1,X2,Y2"
90 PRA
91 RCL 11
92 PRX
93 RCL 21
94 PRX
95 RCL 12
96 PRX
97 RCL 22
98 PRX
99 "X3,Y3,X4,Y4"
100 PRA
101 RCL 13
102 PRX
103 RCL 23
104 PRX
105 RCL 14
106 PRX
107 RCL 24
108 PRX
109 "X5,Y5"
110 PRA
111 RCL 15
112 PRX
113 RCL 25
114 PRX
115 "PHI:1,2,3,4,5"
116 PRA
117 RCL 31
118 PRX
119 RCL 32
120 PRX
121 RCL 33
122 PRX
123 RCL 34
124 PRX
125 RCL 35
126 PRX
127 "ALFA,RO"
128 PRA
129 RCL 03
130 PRX
131 RCL 02
132 PRX
133 ADV
134 STOP
```

Tabelle 4.11/41 B_0-Punkte-Auswahl für Evolventen-Gelenkviereck

XEQ 36

```
======
BO-EING.
X1,Y1,X2,Y2
          52.7383
          16.1304
          54.2241
           7.7870
X3,Y3,X4,Y4
          54.7232
           0.0000
          54.4809
          -4.8980
X5,Y5
          53.5288
          -9.8337
==========
```

XEQ 41, 1 = R_{09}

```
M-S:14-23
XBO,YBO
         -41.1228
          -2.2343
PSI-TW-UV
         -12.6665
          -4.6646
==========
M-S:15-23
XBO,YBO
          33.5469
           2.5521
PSI-TW-UV
         -67.0732
         -21.0792
==========
M-S:15-24
XBO,YBO
        -116.4166
          -2.0135
PSI-TW-UV
          -8.7569
          -4.2541
==========
M-S:15-34
XBO,YBO
         -16.0020
           1.0436
PSI-TW-UV
         -21.2700
          -3.9732
=========
M-S:25-34
XBO,YBO
         -85.0045
           4.4569
PSI-TW-UV
          -7.2597
          -2.0100
=========
```

XEQ 36

```
======
BO-EING.
X1,Y1,X2,Y2
          52.7383
          16.1304
          54.2241
           7.7870
X3,Y3,X4,Y4
          54.7232
           0.0000
          54.4809
          -4.8980
X5,Y5
          53.5288
          -9.8337
==========
```

XEQ 52, 0 = R_{09}

```
M-S:15-23
XBO,YBO
          33.5469
           2.5521
PSI-TW-UV
         -67.0732
         -21.0792
==========
KOO.F.BO
X1,Y1,X2,Y2
          19.1913
          13.5784
          20.6771
           5.2349
X3,Y3,X4,Y4
          21.1763
          -2.5521
          19.9818
         -12.3858
X5,Y5
          20.9340
          -7.4501
..........
A5 ZW.3/4
==========
```

85 Die Berechnung der E-Koordinaten wird am HP-85 über Taste #6 (KOORD) ausgelöst. Es ist für die hier diskutierten Beispiele „Evolventen-Profil" und „Zweistand-Schubgetriebe" (vgl. Abschn. 4.4.4) diese freie Funktionstaste gewählt worden, um die Koordinaten-Berechnungsprogramme aufzurufen (vgl. Tabelle 4.71 und **Tabelle 4.10/85**). Nach diesem Muster lassen sich andere Beispiele oder wichtige Berechnungsteile einfügen und bei Bedarf aufrufen.

Die nötigen Schritte und das Menü sind in Tabelle 4.10/85 gezeigt. Dort ist ebenfalls ein grobes Struktogramm für die E-Koordinaten-Berechnung angegeben. **Tabelle 4.11/85** gibt die Ergebnisse der 5-Punkte-Synthese mit diesen Koordinaten.

Tabelle 4.10/85 Koordinatenberechnung für Evolventen-Profil

```
*****   GETRIEBE-ENTWURF    *****

*         zur  Erzeugung         *
*     gegebener Bahnkurven       *
**********************************


    Informationen zum gesamtem
    Programmpaket können  über
        FUNKTIONSTASTE   #1
      abgerufen werden !!!!!

----------------------------------
TEST     KOORD     VORPR     CHECK
INFO     WERTE     1LAGE     HAUPT
```

KOORD (Taste #6)

```
**   BERECHNUNG DER EINGANGS- **
*    KOORDINATEN FÜR DIE        *
*    FOLGENDEN BEISPIELE:       *
*********************************

Evolventen-Profil          >>> [1]

Zweistand-Schubgetriebe >>> [2]
?
```

1 RETURN

Tabelle 4.10/85 (Fortsetzung)

```
   W E R T E E I N G A B E:
-------------------------------
Phi 1   = ?
13
Phi 2   = ?
7
Phi 3   = ?
0
Phi 4   = ?
-6
Phi 5   = ?
-20
Alpha ≟ ?
20
r(o) = ?
160
*******************************
  EVOLVENTEN-EINGANGSWERTE:

  Phi 1   =  13
  Phi 2   =  7
  Phi 3   =  0
  Phi 4   = -6
  Phi 5   = -20
  Alpha   =  20
  r(o)    =  160

  EVOLVENTEN-KOORDINATEN:

X1/Y1   =  5.274E+001  1.613E+001
X2/Y2   =  5.422E+001  7.787E+000
X3/Y3   =  5.472E+001  0.000E+000
X4/Y4   =  5.448E+001 -4.898E+000
X5/Y5   =  5.353E+001 -9.834E+000
```

Tabelle 4.11/85 B_0-Punkte-Auswahl für Evolventen-Gelenkviereck

```
*****    GETRIEBE-ENTWURF    *****

*         zur  Erzeugung         *
*     gegebener Bahnkurven       *
**********************************


     Informationen zum gesamtem
     Programmpaket können  über
         FUNKTIONSTASTE  #1
       abgerufen werden !!!!!

----------------------------------
TEST     KOORD     VORPR      CHECK
INFO     WERTE     1LAGE      HAUPT
```

VORPR

(Taste #7)

Tabelle 4.11/85 (Fortsetzung)

```
=================================
 Mittelsenkrechte  14 - 23
 -------------------------
     X(Bo) =   -41.123
     Y(Bo) =    -2.234

   PSI(tw) =   -12.667
   PSI(uv) =    -4.665
=================================
 Mittelsenkrechte  15 - 23
 -------------------------

     X(Bo) =    33.547
     Y(Bo) =     2.552

   PSI(tw) =   -67.073
   PSI(uv) =   -21.079
=================================
 Mittelsenkrechte  15 - 24
 -------------------------

     X(Bo) =  -116.417
     Y(Bo) =    -2.014

   PSI(tw) =    -8.757
   PSI(uv) =    -4.254
=================================
 Mittelsenkrechte  15 - 34
 -------------------------
     X(Bo) =   -16.002
     Y(Bo) =     1.044

   PSI(tw) =   -21.270
   PSI(uv) =    -3.973
=================================
 Mittelsenkrechte  25 - 34
 -------------------------

     X(Bo) =   -85.004
     Y(Bo) =     4.457

   PSI(tw) =    -7.260
   PSI(uv) =    -2.010


*********************************

   Die 5 Bo-Reduktionen sind
   berechnet.

   Durch Drücken der Taste  [+]
   Fortsetzung der Bearbeitung
?
```

Tabelle 4.11/85 (Fortsetzung)

```
--------------------------------
TEST     KOORD    VORPR    CHECK
INFO     WERTE    1LAGE    HAUPT
```

1 LAGE (Taste #3)

```
***  E I N Z E L L A G E N   ***
*    ----------------------     *
*      mit Übergang zum         *
*        Hauptprogramm          *
*********************************

Wählen Sie die Einzellage:
--------------------------------
   14 - 23  >>>  [1]
   15 - 23  >>>  [2]
   15 - 24  >>>  [3]
   15 - 34  >>>  [4]
   25 - 34  >>>  [5]
?
```

2 RETURN

```
*********************************
*     Die derzeit gültigen      *
*     Eingangswerte  sind:      *

X1/Y1  =  5.274E+001  1.613E+001
X2/Y2  =  5.422E+001  7.787E+000
X3/Y3  =  5.472E+001  0.000E+000
X4/Y4  =  5.448E+001 -4.898E+000
X5/Y5  =  5.353E+001 -9.834E+000

================================

 Mitteisenkrechte  15 - 23
 -------------------------

    X(Bo) =    33.547
    Y(Bo) =     2.552

  PSI(tw) =   -67.073
  PSI(uv) =   -21.079

================================

Koordinaten-Transformation
auf den Ursprung Bo :
--------------------------------

X1/Y1  =  1.919E+001  1.358E+001
X2/Y2  =  2.068E+001  5.235E+000
X3/Y3  =  2.118E+001 -2.552E+000
X4/Y4  =  1.998E+001 -1.239E+001
X5/Y5  =  2.093E+001 -7.450E+000

================================
A(5) zwischen A(3) und A(4)
--------------------------------
```

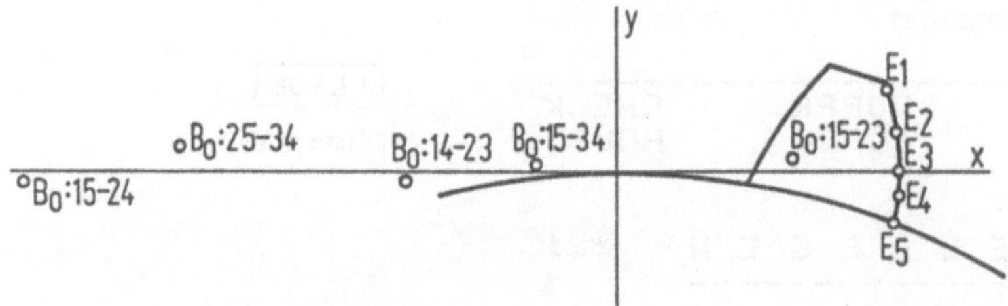

Bild 4.17 Die fünf unterschiedlichen B_0-Lagen zur Erzwingung von Punktlagenreduktionen zur Berechnung eines Gelenkvierecks für gegebenes Zahnprofil

Die fünf B_0-Punkte sind im **Bild 4.17** in relativer Lage zum Zahnprofil aufgezeichnet, und es ist nun möglich, eine bestimmten Ansprüchen genügende Auswahl zu treffen. In erster Betrachtung erscheinen sämtliche dieser B_0-Lagen für praktische Ansprüche zu genügen. Wenn aber z.B. besonderer Wert auf den geringsten Platzbedarf für das Getriebe gelegt wird, so empfiehlt sich zunächst der Beginn mit dem Gestellpunkt B_0: 15–23, der dem Zahnprofil am nächsten liegt. Hierbei vertauschen also E_4 und E_5 ihre Plätze!

41 Für das 5-Punkte-Programm werden zunächst willkürlich $\gamma = 80°$ und $f_1 = 30$ angenommen, und nach **Tabelle 4.12/41** findet man mit XEQ 23 zuerst die Variationen für $p = \pm 1$ und $h = \pm 1$. Für $p = +1 = R_{19}$ ergibt sich die Gestelllänge $d = 10{,}1874$, für $p = -1$ ist $d = 4{,}4093$. Die letztere verbürgt zuwenig Standsicherheit im Gestell, also wird $p = +1$ gewählt. Nach Tabelle 4.11/41 muß, wie der Abruf XEQ 52 zeigt, der Punkt A_5 zwischen A_3 und A_4 liegen. Nach Tabelle 4.12/41, $\gamma = 80°$, liegt aber nur für $h = +1 = R_{46}$ der Winkel φ_{15} zwischen φ_{13} und φ_{14}, also wird die Auswahl für $\gamma = 80°$ und $f_1 = 30$ mit $p = +1$ und $h = +1$ getroffen, und mit XEQ 33 ergeben sich die Getriebeabmessungen für γ (GAMMA) = 80. Das zugehörige Getriebe ist im **Bild 4.18** dargestellt.

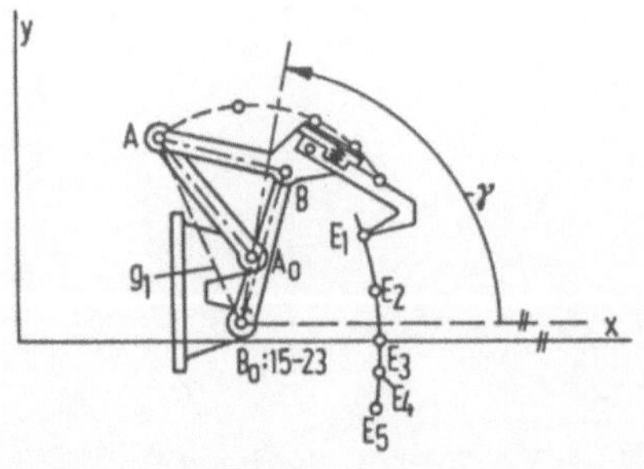

Bild 4.18
Gelenkviereck I für Zahnflanken-Nachführung

Tabelle 4.12/41 Evolventen-Gelenkvierecke für unterschiedliche Gestellwinkel γ

XEQ 23

```
........
GAMMA,F1,P
         80.0000
         -------
         30.0000
          1.0000
A,D
         22.2327
         10.1874
PHI*12,13,14
        228.2006
        327.1469
        296.4520
        263.5988
PHI-M
        540.0000
..........
P,PHI-15,H
          1.0000
        279.3458
          1.0000
..........
P,PHI-15,H
          1.0000
         99.5097
         -1.0000
........
GAMMA,F1,P
         80.0000
         30.0000
         -1.0000
A,D
         26.4372
          4.4093
PHI*12,13,14
        218.8234
        149.9680
        132.3852
        282.3531
PHI-M
        360.0000
..........
P,PHI-15,H
         -1.0000
        297.1876
          1.0000
..........
P,PHI-15,H
         -1.0000
        124.5362
         -1.0000
```

XEQ 33

```
........
GAMMA,F1,P
         80.0000
         -------
         30.0000
          1.0000
A,D
         22.2327
         10.1874
PHI*12,13,14
        228.2006
        327.1469
        296.4520
        263.5988
PHI-M
        540.0000
..........
P,PHI-15,H
          1.0000
        279.3458
          1.0000
==========
MUE-M-M*
         96.1697
         29.9450
..........
PSI-1
        173.3190
A,B,C,D,S
         22.2327
         19.4000
         23.9735
         10.1874
          1.0000
EPS.,E
        -10.5402
         34.1406
..........
MUE-1,PSI-1
        273.1485
        173.3190
MUE-2,PSI-2
        264.8302
        153.6270
MUE-3,PSI-3
        264.8302
        132.5478
MUE-4,PSI-4
        273.1485
        106.2458
MUE-5,PSI-5
        268.1995
        119.3362
```

XEQ 23

```
........
GAMMA,F1,P
        150.0000
        --------
         30.0000
          1.0000
A,D
         21.7986
         10.8469
PHI*12,13,14
        229.4930
        326.2688
        294.7453
        261.0141
PHI-M
        540.0000
..........
P,PHI-15,H
          1.0000
        276.9642
          1.0000
..........
P,PHI-15,H
          1.0000
        358.0493
         -1.0000
........
GAMMA,F1,P
        150.0000
         30.0000
         -1.0000
A,D
         48.1534
         20.2052
PHI*12,13,14
        200.1325
        174.8089
        144.9260
        319.7349
PHI-M
        360.0000
..........
P,PHI-15,H
         -1.0000
          6.3579
          1.0000
..........
P,PHI-15,H
         -1.0000
         88.7159
         -1.0000
```

XEQ 33

```
........
GAMMA,F1,P
        150.0000
        --------
         30.0000
          1.0000
A,D
         21.7986
         10.8469
PHI*12,13,14
        229.4930
        326.2688
        294.7453
        261.0141
PHI-M
        540.0000
..........
P,PHI-15,H
          1.0000
        276.9642
          1.0000
==========
MUE-M-M*
         65.9574
NICHT
UMLAUFF.
..........
PSI-1
        128.6976
A,B,C,D,S
         21.7986
         34.9950
         20.9177
         10.8469
          1.0000
EPS.,E
        -22.6382
         51.4997
..........
MUE-1,PSI-1
        -58.6263
        128.6976
MUE-2,PSI-2
        -65.1931
        111.6446
MUE-3,PSI-3
        294.8069
         90.5654
MUE-4,PSI-4
        301.3737
         61.6244
MUE-5,PSI-5
        297.4650
```

85 Die oben für das HP-41-Programm geführte Diskussion läßt sich direkt auf das HP-85-Programm übertragen. So zeigt **Tabelle 4.12/85** die gleichen Annahmen und Ergebnisse wie Tabelle 4.12/41.
Das Getriebe in Bild 4.18 ist das Ergebnis der Berechnungen mit:
Mittelsenkrechten-Paarung 15–23 (Einzellage 2), $\gamma = 80°$, $f_1 = 30$, $p = +1$, $h = +1$.

Tabelle 4.12/85 Evolventen-Gelenkvierecke für unterschiedliche Gestellwinkel

```
*******************************

WAHLEN SIE :
-------------------------------

Obergang
zum Hauptprogramm         >>>   [/]        / RETURN

Neuanfang                 >>>   [-]

andere Einzellage         >>>   [+]
?


*  h A U P T P R O G R A M M   *
*  -------------------------   *
*mit Berechnung der Kurbellagen*
*       und des                *
*    Gesamt-Gelenkvierecks     *
********************************

Zur Wahl stehen:

Kurbellagen-Obersicht   >>>>   [0]        0 RETURN
5-Punkte-Synthese       >>>>   [5]
4-Punkte-Synthese       >>>>   [4]
Andere Einzellage       >>>>   [-]
?


**   K U R B E L L A G E N -  **
*      O B E R S I C H T       *
********************************


Wählen Sie die freien Parameter
===============================

   **Gamma**        **f(1)**
-------------------------------

Gamma = ?
80

f(1)  = ?
30
```

Tabelle 4.12/85 (Fortsetzung 1)

```
==================================
   K U R B E L L A G E N -
     U B E R S I C H T
----------------------------------
   Parameter ud Ergebnisse:
----------------------------------
   Gamma      =    80.000
   fl         =    30.000
   p          =     1.000
   a          =    22.233
   d          =    10.187
   Phi(*)     =   228.201
   Phi(12)    =   327.147
   Phi(13)    =   296.452
   Phi(14)    =   263.599
   Phi(m)     =   180.000
----------------------------------

  Ergebnisse der A5-Berechnung:
----------------------------------
    p         =     1.000
    Phi(15)   =   279.346
    n         =     1.000

  Ergebnisse der A5-Berechnung:
----------------------------------
    p         =     1.000
    Phi(15)   =    99.510
    h         =    -1.000
==================================
   K U R B E L L A G E N -
     U B E R S I C H T
----------------------------------
   Parameter ud Ergebnisse:
----------------------------------
   Gamma      =    80.000
   fl         =    30.000
   p          =    -1.000
   a          =    26.437
   d          =     4.409
   Phi(*)     =   218.823
   Phi(12)    =   149.968
   Phi(13)    =   132.385
   Phi(14)    =   282.353
   Phi(m)     =     0.000
----------------------------------

  Ergebnisse der A5-Berechnung:
----------------------------------
    p         =    -1.000
    Phi(15)   =   297.188
    h         =     1.000

  Ergebnisse der A5-Berechnung:
----------------------------------
    p         =    -1.000
    Phi(15)   =   124.536
    h         =    -1.000
```

Tabelle 4.12/85 (Fortsetzung 2)

```
*  H A U P T P R O G R A M M   *
*  --------------------------  *
*mit Berechnung der Kurbellagen*
*          und des             *
*   Gesamt-Gelenkvierecks      *
********************************

Zur Wahl stehen:

Kurbellagen-Übersicht   >>>>  [0]
5-Punkte-Synthese       >>>>  [5]        [5] [RETURN]
4-Punkte-Synthese       >>>>  [4]
Andere Einzellage       >>>>  [-]
?


*                              *
*5-P U N K T E-S Y N T H E S E *
*                              *
********************************

Werte eingeben :
----------------

p = ?
1
h = ?
1


==============================
   K U R B E L L A G E N
     Ü B E R S I C H T
------------------------------
   Parameter ud Ergebnisse:
------------------------------
   Gamma     =   80.000
   fi        =   30.000
   p         =    1.000
   a         =   22.233
   d         =   10.187
   Phi(*)    =  228.201
   Phi(12)   =  327.147
   Phi(13)   =  296.452
   Phi(14)   =  263.599
   Phi(m)    =  180.000
------------------------------

  Ergebnisse der A5-Berechnung:
------------------------------
     p       =    1.000
     Phi(15) =  279.346
     h       =    1.000
```

Tabelle 4.12/85 (Fortsetzung 3)

```
==================================
  G E L E N K V I E R E C K -
    A B M E S S U N G E N
----------------------------------
    Mü(m)    =    96.170
    Mü(m*)   =    29.945
    Psi(1)   =   173.319
----------------------------------
        a    =    22.233
        b    =    19.400
        c    =    23.973
        d    =    10.187
        s    =     1.000
----------------------------------
    Epsilon  =   -10.540
        e    =    34.141
----------------------------------


=================================
      Mü(i)    und    Psi(i)

---------------------------------
Mü(1)  273.149  Psi(1)  173.319
Mü(2)  264.830  Psi(2)  153.627
Mü(3)  264.830  Psi(3)  132.548
Mü(4)  273.149  Psi(4)  106.246
Mü(5)  268.200  Psi(5)  119.336
---------------------------------


==================================
   K U R B E L L A G E N -
     Ü B E R S I C H T
----------------------------------
   Parameter ud Ergebnisse:
----------------------------------
   Gamma      =   150.000
   f1         =    30.000
   p          =     1.000
   a          =    21.799
   d          =    10.847
   Phi(*)     =   229.493
   Phi(12)    =   326.269
   Phi(13)    =   294.745
   Phi(14)    =   261.014
   Phi(m)     =   180.000
----------------------------------

  Ergebnisse der A5-Berechnung:
----------------------------------
    p         =     1.000
    Phi(15)   =   276.964
    h         =     1.000
```

Tabelle 4.12/85 (Fortsetzung 4)

```
  Ergebnisse der A5-Berechnung:
------------------------------------
     p        =     1.000
     Phi(15)  =   358.049
     h        =    -1.000
====================================
    K U R B E L L A G E N -
     U B E R S I C H T
------------------------------------
    Parameter ud Ergebnisse:
------------------------------------
    Gamma     =   150.000
    f1        =    30.000
    p         =    -1.000
    a         =    48.153
    d         =    20.205
    Phi(*)    =   200.133
    Phi(12)   =   174.809
    Phi(13)   =   144.926
    Phi(14)   =   319.735
    Phi(m)    =     0.000
------------------------------------

  Ergebnisse der A5-Berechnung:
------------------------------------
     p        =    -1.000
     Phi(15)  =     6.358
     n        =     1.000

  Ergebnisse der A5-Berechnung:
------------------------------------
     p        =    -1.000
     Phi(15)  =    88.716
     h        =    -1.000
```

Mit $\gamma = 150^\circ$ und demselben $f_1 = 30$ ist ein zweites Gelenkviereck mit den Zahlengrößen nach Tabelle 4.12/41 bzw. Tabelle 4.12/85 berechnet worden, es ist im **Bild 4.19** aufgezeichnet. Für beide Gelenkvierecke ergeben sich hervorragende Übertragungswinkel, wenn mit den entsprechenden μ (MUE)-Angaben der Tabelle 4.12/41 bzw. Tabelle 4.12/85 in Rechnung gezogen wird, daß die μ-Werte 0–180–360 und deren Nähe zu vermeiden sind! In den beiden Beispielen, Bild 4.18 und 4.19, ist angedeutet, daß die Evolventenprüfung mit Hilfe eines Tasters vorgenommen wird, dessen Spitze relativ zur Koppelebene feinfühlig federnd und bei hoher Genauigkeit Differenzen anzeigend zum Prüfergebnis führt.

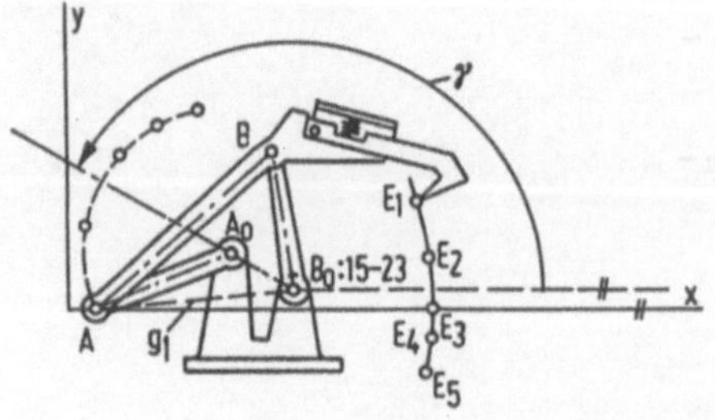

Bild 4.19
Gelenkviereck II für Zahnflanken-Nachführung

Das Beispiel der Evolventen-Erzeugung zeigt, daß es zur Annäherung der Kreisevolvente an die Gelenkviereck-Koppelkurve anscheinend sehr viele Gelenkvierecke gibt, so daß hier mit großer Wahrscheinlichkeit auch nicht nur eines, sondern viele Gelenkvierecke in der Lage sind, auch sechs Genaupunkte zu erfüllen [4.4]. Gesicherte Unterlagen hierüber können erhalten werden, wenn eingehendere Untersuchungen, als sie in dem hier gesteckten Rahmen gegeben sind, in Angriff genommen werden. Es kann sein, daß die Genauigkeiten in engeren Grenzen gehalten werden können und damit von Abweichungen durch zulässige Toleranzen überschritten werden. Ähnliche Ergebnisse haben sich schon bei der Erzeugung von Geradführungen [4.13] gezeigt.

4.4.4 Sechsgliedriges Zweistand-Schubgetriebe für zeitweise konstante Abtriebs-Geschwindigkeit

Getriebe, die eine Umlaufbewegung in eine hin- und hergehende Schubbewegung mit zeitweise konstanter Abtriebs-Geschwindigkeit umwandeln, finden in der Technik eine weitgehende Verwendung z.B. als Spulgetriebe, als Getriebe für Hobelmaschinen mit konstanter Arbeits-Geschwindigkeit und als Teilgetriebe zur Überlagerung anderer gleichmäßiger Bewegungen, um z.B. Schrittbewegungen erzeugen zu können.

Nach **Bild 4.20** eignet sich für die Aufgabe, von einer umlaufenden Kurbel r aus einen Schieber S im Hingang z.T. mit konstanter Geschwindigkeit zu bewegen, dem sich dann ein zeitlich stark unterschiedlicher Rückgang anschließt, ein Kurvengetriebe mit einer Kulisse mit der Kurve k_E, die sowohl im Hingang als auch im Rückgang je einmal, und zwar von verschiedenen Seiten von der Rolle des Hebels r berollt wird. Die Kulisse wird dabei nur in dem Teilstück benutzt, das von den zur Schubrichtung parallelen Tangenten an den Kurbelkreis abgeschnitten wird. Um eine befriedigende Übertragungsgüte zu gewährleisten, ist darauf zu achten, daß die Kurve k_E die beiden Parallelen möglichst „rechtwinklig" schneidet. Im Schnittpunkt gilt somit der Winkel η als Kennwert für die Güte der Bewegungsübertragung. Es ist dies der Winkel, der von der Kurventangente im Schnittpunkt mit der Schubrichtung, also mit der jeweiligen Parallelen, eingeschlossen wird.

Wenn man nun diese Kurve k_E durch die Koppelkurve eines Gelenkvierecks ersetzt und dieses Gelenkviereck auf dem Abtriebsschieber mit seiner „Gestellseite" A_0B_0 anordnet, muß das so entstandene „Zweistand-Schubgetriebe" als „Ersatzgetriebe" dieselben Be-

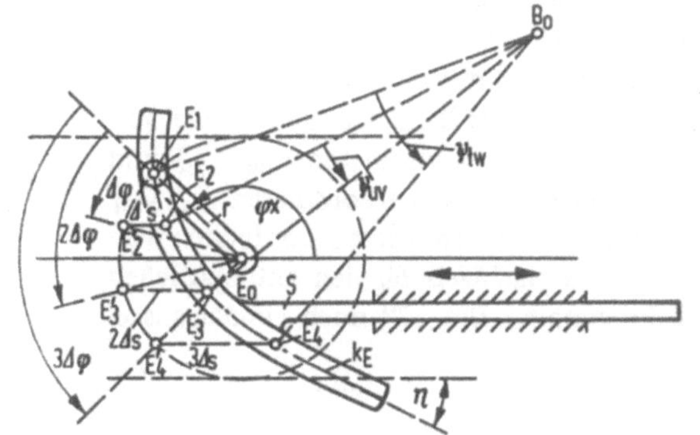

Bild 4.20
Kurven-Schubgetriebe für zeitweise konstante Abtriebs-Geschwindigkeit

wegungen erzeugen wie das Ursprungs-Kurvengetriebe [4.14]. Es zeigt sich nun aber, daß gerade die Bedingungen für das Schneiden der Kurve mit den Parallelen zumindest in einer der beiden Lagen zu großen Schwierigkeiten bei der Berechnung einer Gelenkviereck-Koppelkurve führt.

Da angenommen werden kann, daß die Übereinstimmung von gleich großen Schubstrecken in mehr als vier Punkten mit einem sechsgliedrigen Getriebe gar nicht erreicht werden kann, empfiehlt sich hier auf alle Fälle die Koppelkurven-Berechnung für nur vier Genaupunkte, zumal hierbei wie schon erwähnt, ein sehr willkommener, zusätzlich freier Parameter zur Verfügung steht, dessen sinnvolle Ausnutzung im folgenden gezeigt werden soll.

Nach Bild 4.20 wird angenommen, daß zwischen den vier Kurbellagen E_0E_1, E_0E_2', E_0E_3', E_0E_4' mit dem Differenzwinkel $\Delta\varphi$ der Abtriebsschieber um jeweils den gleichen Betrag Δs verschoben wird. Als zweckmäßig erweist sich das Achsenkreuz mit E_0 als Ursprung und mit der Abszisse in Schubrichtung. Man läßt E_1 als Bezugspunkt mit dem Anfangswinkel φ^* stehen und verschiebt E_2', E_3', E_4' im entgegengesetzten Sinne, wie sich der Schieber bewegen soll, um die Strecken Δs, $2\Delta s$, $3\Delta s$. Dabei erhält man die Punkte E_2, E_3, E_4, die mit E_1 die vier Genaupunkte für die Gelenkviereck-Berechnung ergeben. Für die Berechnung stehen die folgenden Gleichungen zur Verfügung:

$$r \cdot \cos\varphi^* = x_1 \qquad r \cdot \sin\varphi^* = y_1 \tag{4.92/4.93}$$

$$r \cdot \cos(\varphi^* + \Delta\varphi) + \Delta s = x_2 \qquad r \cdot \sin(\varphi^* + \Delta\varphi) = y_2 \tag{4.94/4.95}$$

$$r \cdot \cos(\varphi^* + 2\Delta\varphi) + 2\Delta s = x_3 \qquad r \cdot \sin(\varphi^* + 2\Delta\varphi) = y_3 \tag{4.96/4.97}$$

$$r \cdot \cos(\varphi^* + 3\Delta\varphi) + 3\Delta s = x_4 = x_5 \qquad r \cdot \sin(\varphi^* + 3\Delta\varphi) = y_4 = y_5 \tag{4.98/4.99}$$

41 Das Programm ist in **Tabelle 4.13/41** ausgedruckt, und die Ergebnisse sind mit dem Abruf XEQ 11 als die Koordinaten x_1, y_1 bis x_5, y_5 abzulesen, wobei, um die Benutzung des 5-Punkte-Programms für 4 Punkte zu ermöglichen, die Koordinaten $x_4 = x_5$ und $y_4 = y_5$ gleichzusetzen sind. Eingangswerte sind die Kurbellänge r, der Anfangswinkel φ^*, der Sprungwinkel $\Delta\varphi$ und die Sprungverschiebung Δs.

Mit den so berechneten und gespeicherten E-Koordinaten geht man nun in das Vorprogramm „HN 13". Da bei nur vier Genaupunkten nur die Mittelsenkrechten-Paarung MS: 14–23 in Frage kommt, beginnt man, **Tabelle 4.14/41**, zunächst noch einmal mit XEQ 36, um die auf E_0 bezogenen Eingangswerte noch einmal zu erhalten. Dann kann man aber sofort mit XEQ 51 (für MS: 14–23 gültig!) auf das mit dem Ursprung B_0 gültige und parallel verschobene Achsenkreuz übergehen, nachdem die Koordinaten x_{B0}, y_{B0} und die Winkel ψ_{tw} und ψ_{uv} berechnet worden sind, um die Koordinaten x_{E1}, y_{E1} bis x_{E4}, y_{E4} ($= x_{E5}$, $= y_{E5}$) zur Verfügung zu haben. Diese Koordinaten werden mit „GV-Koppelk. 5 Genaupkte" als Nachweis für den automatischen Übergang auf das Haupt-Synthese-Programm „HN 12" noch einmal ausgedruckt.

Tabelle 4.13/41 Koordinatenberechnung für Zweistand-Schubgetriebe

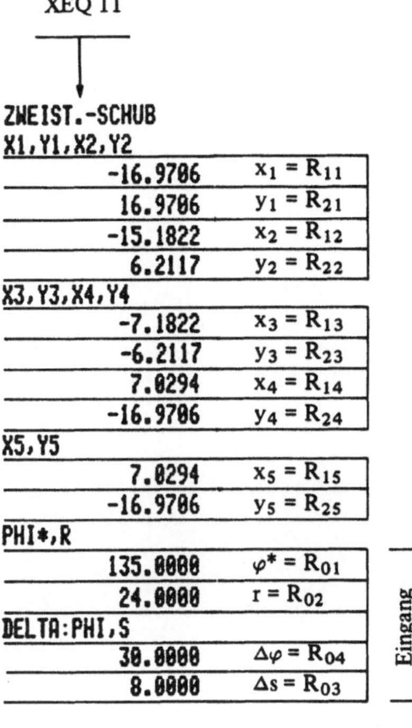

XEQ 11

ZWEIST.-SCHUB

X1,Y1,X2,Y2

-16.9706	$x_1 = R_{11}$
16.9706	$y_1 = R_{21}$
-15.1822	$x_2 = R_{12}$
6.2117	$y_2 = R_{22}$

X3,Y3,X4,Y4

-7.1822	$x_3 = R_{13}$
-6.2117	$y_3 = R_{23}$
7.0294	$x_4 = R_{14}$
-16.9706	$y_4 = R_{24}$

X5,Y5

7.0294	$x_5 = R_{15}$
-16.9706	$y_5 = R_{25}$

PHI*,R

135.0000	$\varphi^* = R_{01}$
24.0000	$r = R_{02}$

DELTA:PHI,S

30.0000	$\Delta\varphi = R_{04}$
8.0000	$\Delta s = R_{03}$

Eingang

```
01*LBL 11
02 RCL 02
03 RCL 01
04 COS
05 *
06 STO 11
07 RCL 02
08 RCL 01
09 SIN
10 *
11 STO 21
12 RCL 01
13 RCL 04
14 +
15 COS
16 RCL 02
17 *
18 RCL 03
19 +
20 STO 12
21 RCL 01
22 RCL 04
23 +
24 SIN
25 RCL 02
26 *
27 STO 22
28 RCL 01
29 RCL 04
30 2
31 *
32 +
33 COS
34 RCL 02
35 *
36 RCL 03
37 2
38 *
39 +
40 STO 13
41 RCL 01
42 RCL 04
43 2
44 *
45 +
46 SIN
47 RCL 02
48 *
49 STO 23
50 RCL 01
51 RCL 04
52 3
53 *
54 +
55 COS
56 RCL 02
57 *
58 RCL 03
59 3
60 *
61 +
62 STO 14
63 STO 15
64 RCL 01
65 RCL 04
66 3
67 *
68 +
69 SIN
70 RCL 02
71 *
72 STO 24
73 STO 25
74 "ZWEIST.-SCHUB"
75 PRA
76 "X1,Y1,X2,Y2"
77 PRA
78 RCL 11
79 PRX
80 RCL 21
81 PRX
82 RCL 12
83 PRX
84 RCL 22
85 PRX
86 "X3,Y3,X4,Y4"
87 PRA
88 RCL 13
89 PRX
90 RCL 23
91 PRX
92 RCL 14
93 PRX
94 RCL 24
95 PRX
96 "X5,Y5"
97 PRA
98 RCL 15
99 PRX
100 RCL 25
101 PRX
102 "PHI*,R"
103 PRA
104 RCL 01
105 PRX
106 RCL 02
107 PRX
108 "DELTA:PHI,S"
109 PRA
110 RCL 04
111 PRX
112 RCL 03
113 PRX
114 ADV
115 STOP
```

Tabelle 4.14/41 Einzelberechnungen für Zweistand-Schubgetriebe

XEQ 36

```
======
BO-EING.
X1,Y1,X2,Y2
        -16.9706   x1
         16.9706   y1
        -15.1822   x2
          6.2117   y2
X3,Y3,X4,Y4
         -7.1822   x3
         -6.2117   y3
          7.0294   x4
        -16.9706   y4
X5,Y5
          7.0294   x5 = x4
        -16.9706   y5 = y4
=========
M-S:14-23                     XEQ 51
XBO,YBO
         58.3605
         44.7817
PSI-TW-UV
         30.0018
         10.2085
=========
KOO.F.BO
X1,Y1,X2,Y2
        -75.3311   xE1
        -27.8111   yE1
        -73.5427   xE2
        -38.5700   yE2
X3,Y3,X4,Y4
        -65.5427   xE3
        -50.9934   yE3
        -51.3311   xE4
        -61.7523   yE4
X5,Y5
        -51.3311   xE5 = xE4
        -61.7523   yE5 = yE4
```

```
..........
A5 JENS.4
==========
GV-KOPPELK.
5 GENAUPKTE
KOORD.E-PKTE
X1,Y1,X2,Y2
        -75.3311
        -27.8111
        -73.5427
        -38.5700
X3,Y3,X4,Y4
        -65.5427
        -50.9934
        -51.3311
        -61.7523
X5,Y5
        -51.3311
        -61.7523
```

Tabelle 4.14/41 (Fortsetzung)

Getriebe I

XEQ 50

```
........
GAMMA,F1,P
          195.0000
           55.0000
           -1.0000
A,D
           38.4762
           17.3800
PHI*12,13,14
          158.2849
           14.3077
           29.1226
           43.4303
PHI-M
          180.0000
==========
..........
4 GENAUPKTE
XB
          -35.0000
MUE-M-M*
          168.2243
           32.4436
..........
PSI-1
          156.2220
A,B,C,D,S
           38.4762
           20.7171
           35.4148
           17.3800
            1.0000
EPS.,E
         -141.2867
           34.4509
..........
MUE-1,PSI-1
         -156.1028
          156.2220
MUE-2,PSI-2
         -166.2513
          169.8295
MUE-3,PSI-3
         -166.2513
          180.0380
MUE-4,PSI-4
         -156.1028
          186.2239
```

Getriebe II

XEQ 50

```
........
GAMMA,F1,P
          195.0000
           95.0000
            1.0000
A,D
           33.1460
           69.5359
PHI*12,13,14
          132.1110
           32.0279
           63.7502
           95.7781
PHI-M
          180.0000
==========
..........
4 GENAUPKTE
XB
         -100.0000
MUE-M-M*
           61.6920
NICHT
UMLAUFF.
..........
PSI-1
         -164.1297
A,B,C,D,S
           33.1460
           59.9886
          116.5051
           69.5359
            1.0000
EPS.,E
           40.0488
           34.0648
..........
MUE-1,PSI-1
           54.3486
          195.8703
MUE-2,PSI-2
           60.8717
          205.8687
MUE-3,PSI-3
           60.8717
          216.0772
MUE-4,PSI-4
           54.3486
```

85 Auch hier wird die E-Koordinaten-Berechnung mit Taste #6 (KOORD) veranlaßt. **Tabelle 4.13/85** zeigt die dafür nötigen Schritte und die Ergebnisse. Die Eingangswerte Kurbellänge r, Anfangswinkel φ^*, Sprungwinkel $\Delta\varphi$ und Sprungverschiebung Δs sind Tabelle 4.13/41 entnommen.
Es schließt sich entsprechend dem HP-41-Programm (Tabelle 4.14/41) die 4-Punkte-Synthese mit der Mittelsenkrechten-Paarung 14–23 an (**Tabelle 4.14/85**).

Tabelle 4.13/85 Koordinatenberechnung für Zweistand-Schubgetriebe

```
**   BERECHNUNG DER EINGANGS- **
*    KOORDINATEN FUR DIE       *
*    FOLGENDEN BEISPIELE       *
********************************

Evolventen-Profil         >>> [1]

Zweistand-Schubgetriebe >>> [2]          [2] [RETURN]
?


   W E R T E E I N G A B E
--------------------------------

Phi(*) = ?
135
r = ?
24
Delta Phi = ?
30
Delta s = ?
8


********************************
  ZWEISTAND-EINGANGSWERTE:

  Phi(*)     =  135
  r          =  24
  Delta Phi  =  30
  Delta s    =  8

  ZWEISTAND-KOORDINATEN:

X1/Y1 = -1.697E+001  1.697E+001
X2/Y2 = -1.518E+001  6.212E+000
X3/Y3 = -7.182E+000 -6.212E+000
X4/Y4 =  7.029E+000 -1.697E+001
X5/Y5 =  7.029E+000 -1.697E+001
```

Tabelle 4.13/85 (Fortsetzung)

```
=================================

 Mittelsenkrechte  14 - 23
 -------------------------

     X(Bo) =     58.364
     Y(Bo) =     44.785

   PSI(tw) =     30.000
   PSI(uv) =     10.208

=================================

Koordinaten-Transformation
auf den Ursprung Bo :
---------------------------------

X1/Y1   = -7.534E+001 -2.781E+001
X2/Y2   = -7.355E+001 -3.857E+001
X3/Y3   = -6.555E+001 -5.100E+001
X4/Y4   = -5.134E+001 -6.176E+001
X5/Y5   = -5.133E+001 -6.176E+001

=================================
A(5) jenseits von A(4)
---------------------------------
```

Tabelle 4.14/85 Einzelberechnungen für Zweistand-Schubgetriebe

```
*********************************

WAHLEN SIE :
---------------------------------

Obergang
zum Hauptprogramm         >>>  [/]          [/][RETURN]

Neuanfang                 >>>  [-]

andere Einzellage         >>>  [+]
?

                                            [4][RETURN]


**  !!!!!!  ACHTUNG  !!!!!!  **


**       Es muß erst die     **
**     5-PUNKTE-SYNTHESE     **
**   ausgeführt werden !!!   **
********************************
```

Tabelle 4.14/85 (Fortsetzung 1)

```
================================
  K U R B E L L A G E N -
   Ü B E R S I C H T
--------------------------------
  Parameter ud Ergebnisse:
--------------------------------
  Gamma     =  195.000
  fi        =   55.000
  p         =   -1.000
  a         =   38.466
  d         =   17.391
  Phi(*)    =  158.280
  Phi(12)   =   14.311
  Phi(13)   =   29.129
  Phi(14)   =   43.440
  Phi(m)    =  180.000
--------------------------------
```

5 RETURN

```
********************************
*                              *
*4-P U N K T E-S Y N T H E S E*
*                              *
********************************

Geben Sie einen Wert für
die Koordinate x(B) ein:

x(B) = ?
-35

********************************

       Gelenkviereck mit
       vier Genaupunkten
--------------------------------
       x(B) = -35


================================
 G E L E N K V I E R E C K -
  A B M E S S U N G E N
--------------------------------
   Mü(m)   =  168.203
   Mü(m*)  =   32.376
   Psi(1)  =  156.216
--------------------------------
     a     =   38.466
     b     =   20.718
     c     =   35.415
     d     =   17.391
     s     =    1.000
--------------------------------
   Epsilon = -141.302
     e     =   34.455
--------------------------------
```

4 RETURN

Tabelle 4.14/85 (Fortsetzung 2)

```
==================================
      Mü(i)    und    Psi(i)

----------------------------------
Mü(1) -156.085  Psi(1)  156.216
Mü(2) -166.232  Psi(2)  169.823
Mü(3) -166.232  Psi(3)  180.030
Mü(4) -156.060  Psi(4)  186.207
----------------------------------



===================================
   K U R B E L L A G E N -
    Ü B E R S I C H T
-----------------------------------
   Parameter ud Ergebnisse:
-----------------------------------
   Gamma     =  195.000
   f1        =   95.000
   p         =    1.000
   a         =   33.141
   d         =   69.541
   Phi(*)    =  132.106
   Phi(12)   =   32.031
   Phi(13)   =   63.757
   Phi(14)   =   95.788
   Phi(m)    =  180.000
-----------------------------------
**********************************

        Gelenkviereck mit
        vier Genaupunkten
----------------------------------
        x(B) = -100



**  !!!!!!  ACHTUNG  !!!!!!  **

**   Das Gelenkviereck ist   **
**         N I C H T         **
**   u m l a u f f ä h i g   **

**********************************
```

Tabelle 4.14/85 (Fortsetzung 3)

```
=================================
  G E L E N K V I E R E C K -
   A B M E S S U N G E N
---------------------------------
   Mü(m)    =    61.693
   Mü(m*)   =    32.376
   Psi(1)   =  -164.130
---------------------------------
       a    =    33.141
       b    =    59.987
       c    =   116.505
       d    =    69.541
       s    =     1.000
---------------------------------
   Epsilon  =    40.042
       e    =    34.064
---------------------------------


=================================
     Mü(i)   und   Psi(i)

---------------------------------
Mü(1)   54.349  Psi(1)   195.870
Mü(2)   60.873  Psi(2)   205.868
Mü(3)   60.873  Psi(3)   216.076
Mü(4)   54.354  Psi(4)   225.872
---------------------------------
```

Und nun beginnt mit XEQ 50 (bzw. Anwahl der 4-Punkte-Synthese beim HP-85) das Programm für 4 Genaupunkte, Tabelle 4.14/41 bzw. Tabelle 4.14/85. Zwei Beispiel-Gelenkvierecke „Getriebe I“ und „Getriebe II“ mit demselben $\gamma = 195°$, aber für I: $f_1 = 55$, $p = -1$ und II: $f_1 = 95$, $p = +1$ führen zu den Haupt-Getriebedaten. Und nun erweist sich die willkommene Freiheit in der freien Wahl von x_B als das besondere Merkmal dieser Konstruktion. Für Getriebe I wurden $x_{BI} = -35$ und für Getriebe II $x_{BII} = -100$ als die günstigsten Daten gefunden, um die Koppelkurve k_E so zu finden, daß sie jenseits von E_1 und E_4 die zur Schubrichtung parallelen Tangenten an den Kurbelkreis unter günstigem Winkel η schneiden. Die berechneten μ-Winkel (Tabellen 4.14) haben hier nicht die Bedeutung als Übertragungswinkel, diese Rolle übernimmt der Winkel η!

In **Bild 4.21** sind die beiden Gesamtgetriebe I und II dargestellt. Um sie zu vermaßen (bzw. aufzeichnen zu können), wird zuerst der Gelenkpunkt B_0, bezogen auf das E_0-Achsenkreuz, festgelegt, danach mit γ die Richtung der k-Geraden B_0A_0. Auf dieser Geraden findet man mit d den Punkt A_0 und mit φ^* (PHI*) und a (A) die Anfangslage A_0A. Nun kann man mit ψ_1 (PSI-1) und c (C) die Gelenkpunktlage B finden. Als Kontrolle muß dann AB = b (B) aus Tabelle 4.14 für beide Getriebe genau übereinstimmen.

Beide Getriebe sind in Hebelform nochmals in den **Bildern 4.22** und **4.23** in der Ausgangslage 1 dargestellt. Die Gelenkpunkte A_0 und B_0 sind am Abtriebsschieber befestigt. Wie man die eigentliche Schieberführung parallel zur x-Achse legt, hat auf die Bewegungsge-

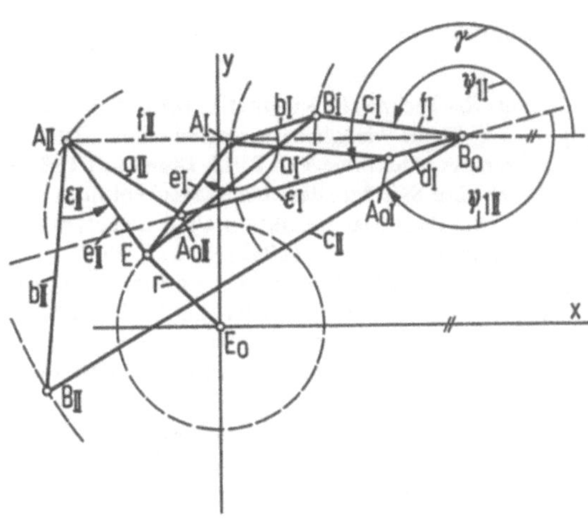

Bild 4.21
Gelenkvierecke I und II als Ersatzgetriebe für Kulisse des Getriebes nach Bild 3.19

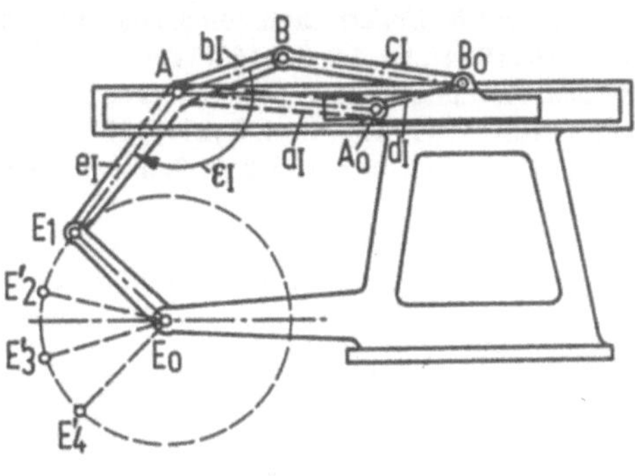

Bild 4.22
Zweistand-Schubgetriebe für zeitweise konstante Abtriebs-Geschwindigkeit mit Gelenkviereck I als Teilgetriebe

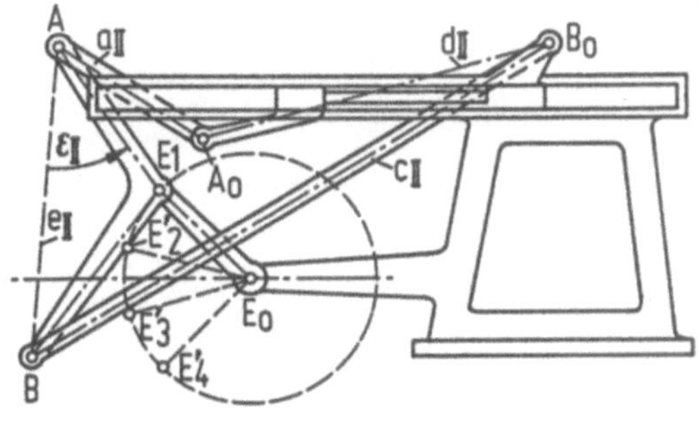

Bild 4.23
Zweistand-Schubgetriebe für zeitweise konstante Abtriebs-Geschwindigkeit mit Gelenkviereck II als Teilgetriebe

setze überhaupt keinen Einfluß, man muß nur für eine genügend große Verkantungssicherheit sorgen, die man erhält, wenn man diese Führung zwischen A_0 und B_0 legt, diese aber mit dem Gleitstein mit möglichst großer Länge ausbildet. Zu gesicherten Werten kommt man selbstverständlich nur dann, wenn man entsprechende Kräfteuntersuchungen mit den die Führung beanspruchenden Kräften anstellt.

4.5 Literaturverzeichnis

[1] *Beyer, R.:* Technische Kinematik, Leipzig: Verlag Johann Ambrosius Barth 1931

[2] – – –: Ebene viergliedrige Getriebe mit Dreh- und Schubgelenken, Begriffserklärungen und Systematik, Richtlinie VDI 2145, Düsseldorf 1980

[3] *Alt, H.:* Zur Synthese der ebenen Mechanismen, ZAMM 1 (1921), S. 373/398

[4] *Hain, K.:* Punktlagenreduktion als getriebesynthetisches Hilfsmittel, Maschinenbau-Betrieb, Beilage Getriebetechnik 11 (1943), H. 1, S. 29/31

[5] – – –: Ebene Kurbelgetriebe. Konstruktion von Gelenkvierecken zur Erzeugung gegebener Kurven. Verwendung symmetrischer Kurbellagen, Richtlinie VDI 2135, Düsseldorf 1959

[6] *Hain, K.:* Optimierungsfelder für Kurvengetriebe mit besonderer Berücksichtigung der Übertragungsgüte und der Scheitelkrümmung, Feinwerktechnik und Meßtechnik 87 (1979), H. 6, S. 283/287

[7] *Unterberger, R.:* Erzeugung von Profilen mit Koppelpunkten des symmetrischen Gelenkvierecks, Konstruktion 15 (1963), Nr. 10, S. 408/414

[8] *Koller, R.:* Erzeugung von Kreis-Evolventen und Zykloiden mittels Koppelkurven von Viergelenkgetrieben, antriebstechnik 3 (1964), Nr. 9, S. 338/342

[9] *Babo, St.* und *R. Talczynski:* Entstehen von Fehlern und Fehlerquellen im Evolventenprofil, Werkstatt und Betrieb 115 (1982), H. 2, S. 85/90

[10] *Sulzer, G.* und *R. Holler:* Zahnradmessung mit numerisch geführter 3-Koordinaten-Meßmaschine, VDI-Z 116 (1974), Nr. 14, S. 1161/1166

[11] *Loomann, J.:* Einsatz von Gelenkvierecken als Abrichtgerät für das Profilschleifen gerader Stirnräder, VDI-Z 111 (1969), Nr. 4, S. 227/229

[12] *Fischer, H.:* Aufzeichnen von Zahnflankenformen, Werkstatt und Betrieb 99 (1966), H. 11, S. 793/796

[13] *Hain, K.* und *M. Graef:* Computergestützte Getriebesynthese mit geometrischen Grundlagen für Gelenkviereck-Geradführungen, Konstruktion 27 (1975), H. 3, S. 81/83 und H. 4, S. 125/131

[14] *Hain, K.:* Angewandte Getriebelehre, 2. Auflage, Düsseldorf 1961, Engl. Übersetzung: Applied Kinematics, New York 1967

4.6 Tabellenteil HP-41C/CV

Tabelle 4.60 Registerbelegungen

	Kennwert	Speicher	Merkmal im Getriebe	
Eingangswerte	x_1	R_{11}	Koordinaten für 5 Punkte der zu erzeugenden Bahnkurve	Diese Speicher-Nummern gelten sowohl für das Ursprungs- als auch für das B_0-Achsenkreuz
	y_1	R_{21}		
	x_2	R_{12}		
	y_2	R_{22}		
	x_3	R_{13}		
	y_3	R_{23}		
	x_4	R_{14}		
	y_4	R_{24}		
	x_5	R_{15}		
	y_5	R_{25}		
	–	R_{09}	0,1 Steuerwert für Teil-(0) oder Vollausdruck der Punktpaarungen	
	p	R_{19}	± 1 Auswahl (F_2) für Punktlage A_2, A_2'	
	h	R_{46}	± 1 Auswahl für Punktlage A_5, A_5'	
	γ	R_{10}	Richtwinkel v. Gestell d	
	F_1	R_{20}	Entfernung A_1 von B_0	
wichtige Ergebniswerte	ψ_1	R_{44}	Winkellage v. Glied c	
	φ^*	R_{38}	Anfangslage von a relativ z. Gestell d	
	φ_{12}	R_{39}	a_2 } Gliedlagen von a relativ zur Lage a_1 (φ^*)	
	φ_{13}	R_{40}	a_3	
	φ_{14}	R_{41}	a_4	
	φ_{15}	R_{42}	a_5	
	a	R_{02}	Kurbel a	Gelenkviereck-Abmessungen
	b	R_{03}	Koppel b	
	c	R_{04}	Schwinge c	
	d	R_{05}	Gestell d	
	s	R_{06}	Bereichswert s	
	ϵ	R_{07}	Koppelwinkel ϵ	
	e	R_{08}	Koppelstrecke e	
	μ_1	–	Übertragungswinkel μ und c-Lagenwinkel ψ in Getriebelagen 1 bis 5	
	ψ_1	–		
	μ_2	–		
	ψ_2	–		
	μ_3	–		
	ψ_3	–		
	μ_4	–		
	ψ_4	–		
	μ_5	–		
	ψ_5	–		

Tabelle 4.61 Ausdruck des Vorprogramms Koppelpunkt-Synthese

Size 055

```
01◆LBL "HN13"
02◆LBL 40
03 RCL 30
04 RCL 31
05 +
06 2
07 /
08 STO 38
09 RCL 32
10 RCL 33
11 +
12 2
13 /
14 STO 39
15 RCL 34
16 RCL 35
17 +
18 2
19 /
20 STO 40
21 RCL 36
22 RCL 37
23 +
24 2
25 /
26 STO 41
27 RCL 33
28 RCL 32
29 -
30 ENTER↑
31 RCL 31
32 RCL 30
33 -
34 R-P
35 X<>Y
36 90
37 +
38 TAN
39 STO 28
40 RCL 37
41 RCL 36
42 -
43 ENTER↑
44 RCL 35
45 RCL 34
46 -
47 R-P
48 X<>Y
49 90
50 +
51 TAN
52 STO 29
53 RCL 28
54 RCL 38
55 *
56 RCL 29
57 RCL 40
58 *
59 -
60 RCL 41
61 +
62 RCL 39
63 -
64 RCL 28
65 RCL 29
66 -
67 /
68 STO 26
69 RCL 38
70 -
71 RCL 28
72 *
73 RCL 39
74 +
75 STO 27
76 RCL 32
77 RCL 27
78 -
79 ENTER↑
80 RCL 30
81 RCL 26
82 -
83 R-P
84 X<>Y
85 STO 17
86 RCL 33
87 RCL 27
88 -
89 ENTER↑
90 RCL 31
91 RCL 26
92 -
93 R-P
94 X<>Y
95 RCL 17
96 -
97 STO 17
98 RCL 37
99 RCL 27
100 -
101 ENTER↑
102 RCL 35
103 RCL 26
104 -
105 R-P
106 X<>Y
107 STO 18
108 RCL 36
109 RCL 27
110 -
111 ENTER↑
112 RCL 34
113 RCL 26
114 -
115 R-P
116 X<>Y
117 RCL 18
118 -
119 CHS
120 STO 18
121 RTN
122◆LBL 39
123 "XBO,YBO"
124 PRA
125 RCL 26
126 PRX
127 RCL 27
128 PRX
129 "PSI-TW-UV"
130 PRA
131 RCL 17
132 PRX
133 RCL 18
134 PRX
135 RTN
136◆LBL 41
137 "=========="
138 PRA
139 "M-S:14-23"
140 PRA
141 RCL 11
142 STO 30
143 RCL 21
144 STO 32
145 RCL 14
146 STO 31
147 RCL 24
148 STO 33
149 RCL 12
150 STO 34
151 RCL 22
152 STO 36
153 RCL 13
154 STO 35
155 RCL 23
156 STO 37
157 XEQ 40
158 XEQ 39
159 RCL 09
160 X=0?
161 RTN
162 XEQ 42
163◆LBL 42
164 "=========="
165 PRA
166 "M-S:15-23"
167 PRA
168 RCL 11
169 STO 30
170 RCL 21
171 STO 32
172 RCL 15
173 STO 31
174 RCL 25
175 STO 33
176 RCL 12
177 STO 34
178 RCL 22
179 STO 36
180 RCL 13
181 STO 35
182 RCL 23
183 STO 37
184 XEQ 40
185 XEQ 39
186 RCL 09
187 X=0?
188 RTN
189 XEQ 43
190◆LBL 43
191 "=========="
192 PRA
193 "M-S:15-24"
194 PRA
195 RCL 11
196 STO 30
197 RCL 21
198 STO 32
199 RCL 15
200 STO 31
201 RCL 25
202 STO 33
203 RCL 12
204 STO 34
205 RCL 22
206 STO 36
207 RCL 14
208 STO 35
209 RCL 24
210 STO 37
211 XEQ 40
212 XEQ 39
213 RCL 09
214 X=0?
215 RTN
216 XEQ 44
217◆LBL 44
218 "=========="
219 PRA
220 "M-S:15-34"
221 PRA
222 RCL 11
223 STO 30
224 RCL 21
225 STO 32
226 RCL 13
227 STO 34
228 RCL 23
229 STO 36
230 RCL 15
231 STO 31
232 RCL 25
233 STO 33
234 RCL 14
235 STO 35
236 RCL 24
237 STO 37
238 XEQ 40
239 XEQ 39
240 RCL 09
241 X=0?
242 RTN
243 XEQ 45
244◆LBL 45
245 "========="
246 PRA
247 "M-S:25-34"
248 PRA
249 RCL 12
250 STO 30
251 RCL 22
252 STO 32
253 RCL 13
254 STO 34
255 RCL 23
```

Tabelle 4.61 (Fortsetzung)

```
256 STO 36
257 RCL 15
258 STO 31
259 RCL 25
260 STO 33
261 RCL 14
262 STO 35
263 RCL 24
264 STO 37
265 XEQ 40
266 XEQ 39
267 STOP
268♦LBL 38
269 "=========="
270 PRA
271 "KOO.F.BO"
272 PRA
273 "X1,Y1,X2,Y2"
274 PRA
275 RCL 11
276 RCL 26
277 -
278 STO 11
279 PRX
280 RCL 21
281 RCL 27
282 -
283 STO 21
284 PRX
285 RCL 12
286 RCL 26
287 -
288 STO 12
289 PRX
290 RCL 22
291 RCL 27
292 -
293 STO 22
294 PRX
295 "X3,Y3,X4,Y4"
296 PRA
297 RCL 13
298 RCL 26
299 -
300 STO 13
301 PRX
302 RCL 23
303 RCL 27
304 -
305 STO 23
306 PRX
307 RCL 14
308 RCL 26
309 -
310 STO 14
311 PRX
312 RCL 24
313 RCL 27
314 -
315 STO 24
316 PRX
317 "X5,Y5"
318 PRA
319 RCL 15
320 RCL 26
321 -
322 STO 15
323 PRX
324 RCL 25
325 RCL 27
326 -
327 STO 25
328 PRX
329 RTN
330♦LBL 37
331 "=========="
332 PRA
333 "KOO-RUECK"
334 PRA
335 "X1,Y1,X2,Y2"
336 PRA
337 RCL 11
338 RCL 26
339 +
340 STO 11
341 PRX
342 RCL 21
343 RCL 27
344 +
345 STO 21
346 PRX
347 RCL 12
348 RCL 26
349 +
350 STO 12
351 PRX
352 RCL 22
353 RCL 27
354 +
355 STO 22
356 PRX
357 "X3,Y3,X4,Y4"
358 PRA
359 RCL 13
360 RCL 26
361 +
362 STO 13
363 PRX
364 RCL 23
365 RCL 27
366 +
367 STO 23
368 PRX
369 RCL 14
370 RCL 26
371 +
372 STO 14
373 PRX
374 RCL 24
375 RCL 27
376 +
377 STO 24
378 PRX
379 "X5,Y5"
380 PRA
381 RCL 15
382 RCL 26
383 +
384 STO 15
385 PRX
386 RCL 25
387 RCL 27
388 +
389 STO 25
390 PRX
391 STOP
392♦LBL 36
393 SF 12
394 "======"
395 PRA
396 "BO-EING."
397 PRA
398 CF 12
399 "X1,Y1,X2,Y2"
400 PRA
401 RCL 11
402 PRX
403 RCL 21
404 PRX
405 RCL 12
406 PRX
407 RCL 22
408 PRX
409 "X3,Y3,X4,Y4"
410 PRA
411 RCL 13
412 PRX
413 RCL 23
414 PRX
415 RCL 14
416 PRX
417 RCL 24
418 PRX
419 "X5,Y5"
420 PRA
421 RCL 15
422 PRX
423 RCL 25
424 PRX
425 RTN
426♦LBL 51
427 XEQ 36
428 XEQ 41
429 XEQ 38
430 ".........."
431 PRA
432 "A5 JENS.4"
433 PRA
434 "12"
435 XROM 28,07
436 STOP
437♦LBL 52
438 XEQ 36
439 XEQ 42
440 RCL 14
441 STO 15
442 RCL 24
443 STO 25
444 RCL 31
445 STO 14
446 RCL 33
447 STO 24
448 XEQ 38
449 ".........."
450 PRA
451 "A5 ZW.3/4"
452 PRA
453 "12"
454 XROM 28,07
455 STOP
456♦LBL 53
457 XEQ 36
458 XEQ 43
459 RCL 13
460 STO 15
461 RCL 23
462 STO 25
463 RCL 31
464 STO 14
465 RCL 33
```

```
466 STO 24
467 RCL 35
468 STO 13
469 RCL 37
470 STO 23
471 XEQ 38
472 "........."
473 PRA
474 "A5 ZW.2/3"
475 PRA
476 "12"
477 XROM 28,07
478 STOP
479+LBL 54
480 XEQ 36
481 XEQ 44
482 RCL 12
483 STO 15
484 RCL 22
485 STO 25
486 RCL 34
487 STO 12
488 RCL 36
489 STO 22
490 RCL 35
491 STO 13
492 RCL 37
493 STO 23
494 RCL 31
495 STO 14
496 RCL 33
497 STO 24
498 XEQ 38
499 "........."
500 PRA
501 "A5 ZW.1/2"
502 PRA
503 "12"
504 XROM 28,07
505 STOP
506+LBL 55
507 XEQ 36
508 XEQ 45
509 RCL 11
510 STO 15
511 RCL 21
512 STO 25
513 RCL 30
514 STO 11
515 RCL 32
516 STO 21
517 RCL 34
518 STO 12
519 RCL 36
520 STO 22
521 RCL 35
522 STO 13
523 RCL 37
524 STO 23
525 RCL 31
526 STO 14
527 RCL 33
528 STO 24
529 XEQ 38
530 "........."
531 PRA
532 "A5 JENS.1"
533 PRA
534 "12"
535 XROM 28,07
536 STOP
537 .END.
```

Tabelle 4.62 Flußdiagramm Kurbellagen-Übersicht

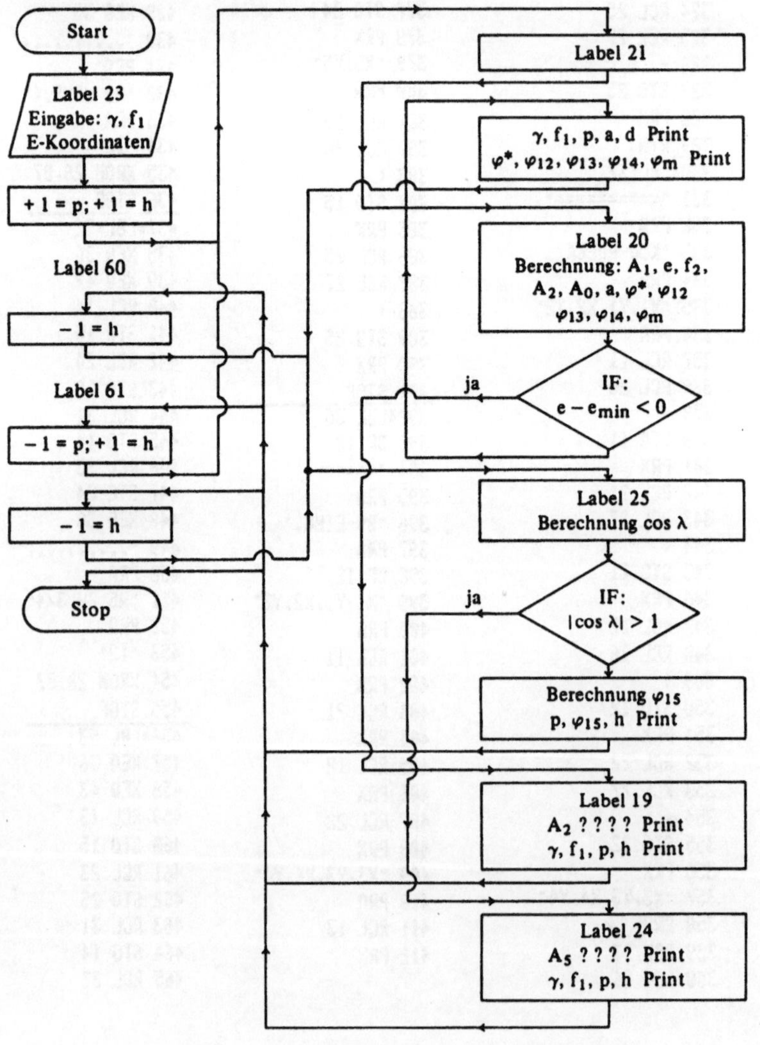

Tabelle 4.63 Flußdiagramm 5-Punkte-Synthese (I)

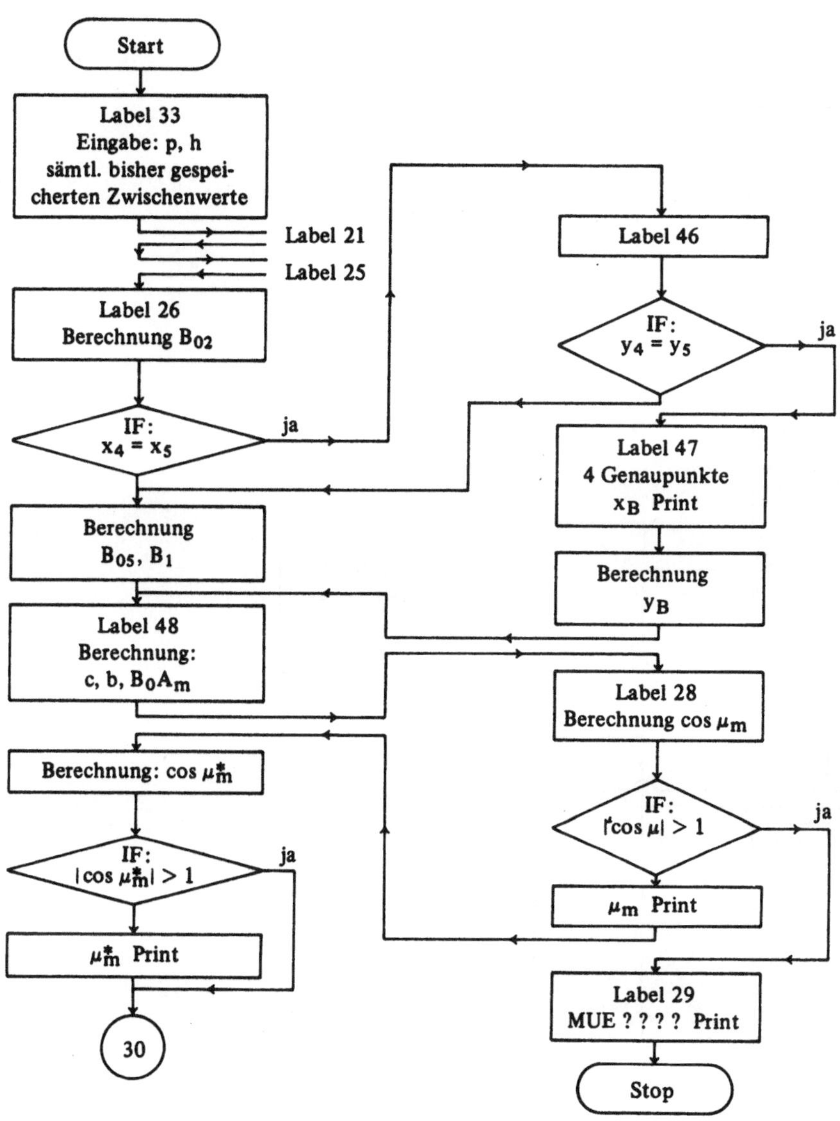

Tabelle 4.64 Flußdiagramm 5-Punkte-Synthese (II)

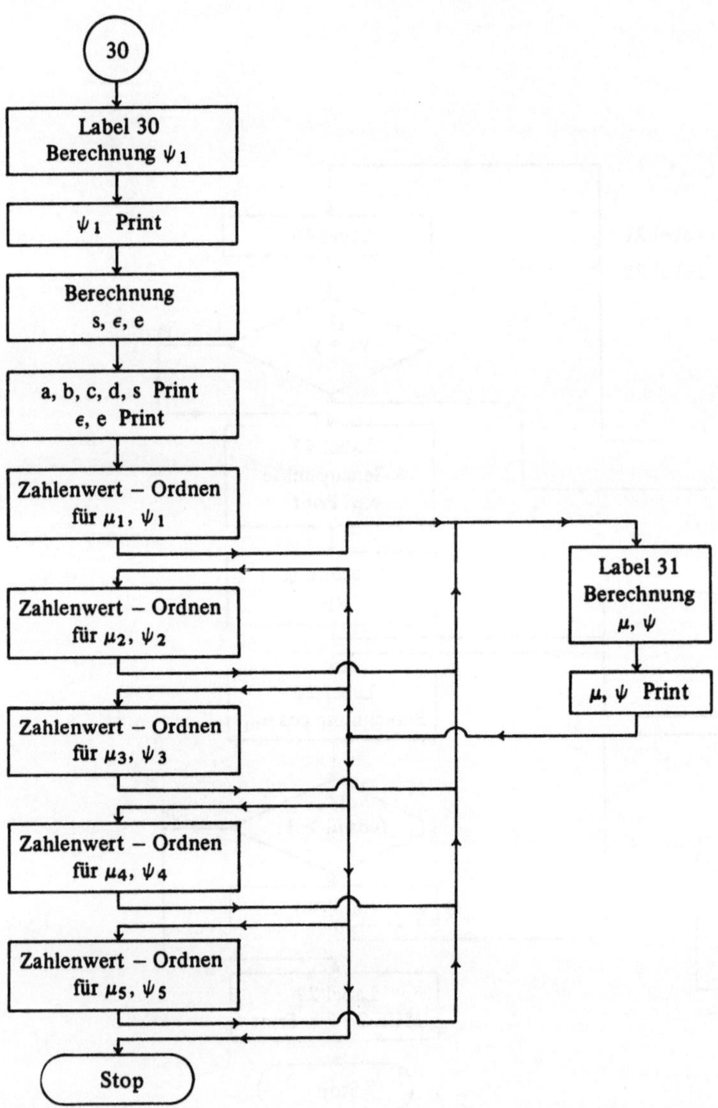

Tabelle 4.65 Ausdruck des Programms 5-Punkte-Synthese

```
01♦LBL "HH12"
02 XEQ 35
03♦LBL 20
04 RCL 10
05 RCL 17
06 2
07 /
08 -
09 ENTER↑
10 RCL 20
11 P-R
12 STO 30
13 X<>Y
14 STO 31
15 RCL 21
16 -
17 ENTER↑
18 RCL 30
19 RCL 11
20 -
21 R-P
22 STO 08
23 RCL 22
24 ENTER↑
25 RCL 12
26 R-P
27 STO 32
28 X<>Y
29 RCL 10
30 -
31 RCL 18
32 2
33 /
34 +
35 STO 33
36 RCL 33
37 SIN
38 X↑2
39 RCL 32
40 X↑2
41 *
42 CHS
43 RCL 08
44 X↑2
45 +
46 STO 44
47 0
48 RCL 44
49 X<=Y?
50 XEQ 19
51 RCL 44
52 SQRT
53 RCL 19
54 *
55 RCL 33
56 COS
57 RCL 32
58 *
59 +
60 STO 32
61 RCL 10
62 RCL 18
63 2
64 /
65 -
66 ENTER↑
67 RCL 32
68 P-R
69 STO 34
70 X<>Y
71 STO 35
72 RCL 35
73 RCL 31
74 -
75 ENTER↑
76 RCL 34
77 RCL 30
78 -
79 R-P
80 X<>Y
81 90
82 +
83 TAN
84 STO 33
85 RCL 30
86 RCL 34
87 +
88 2
89 /
90 RCL 33
91 *
92 CHS
93 RCL 31
94 RCL 35
95 +
96 2
97 /
98 +
99 RCL 10
100 TAN
101 RCL 33
102 -
103 /
104 STO 36
105 RCL 10
106 TAN
107 *
108 STO 37
109 RCL 31
110 RCL 37
111 -
112 ENTER↑
113 RCL 30
114 RCL 36
115 -
116 R-P
117 STO 02
118 X<>Y
119 STO 28
120 RCL 10
121 -
122 180
123 +
124 XEQ 18
125 STO 38
126 RCL 35
127 RCL 37
128 -
129 ENTER↑
130 RCL 34
131 RCL 36
132 -
133 R-P
134 X<>Y
135 RCL 28
136 -
137 XEQ 18
138 STO 39
139 RCL 10
140 RCL 18
141 2
142 /
143 +
144 ENTER↑
145 RCL 32
146 P-R
147 STO 40
148 X<>Y
149 RCL 37
150 -
151 ENTER↑
152 RCL 40
153 RCL 36
154 -
155 R-P
156 X<>Y
157 RCL 28
158 -
159 XEQ 18
160 STO 40
161 RCL 10
162 RCL 17
163 2
164 /
165 +
166 ENTER↑
167 RCL 20
168 P-R
169 STO 41
170 X<>Y
171 RCL 37
172 -
173 ENTER↑
174 RCL 41
175 RCL 36
176 -
177 R-P
178 X<>Y
179 RCL 28
180 -
181 XEQ 18
182 STO 41
183 RCL 40
184 RCL 39
185 +
186 2
187 /
188 RCL 38
189 +
190 STO 43
191 RTN
192♦LBL 21
193 "........"
194 PRA
195 XEQ 20
196 "GAMMA,F1,P"
197 PRA
198 RCL 10
199 PRX
200 RCL 20
201 PRX
202 RCL 19
203 PRX
204 "A,D"
205 PRA
206 RCL 02
207 PRX
208 RCL 37
209 ENTER↑
210 RCL 36
211 R-P
212 STO 05
213 PRX
214 "PHI*12,13,14"
215 PRA
216 RCL 38
217 PRX
218 RCL 39
219 PRX
220 RCL 40
221 PRX
222 RCL 41
223 PRX
224 "PHI-M"
225 PRA
226 RCL 43
227 PRX
228 RTN
229♦LBL 19
230 "A2 ??????"
231 PRA
232 "GAMMA,F1,P,H"
233 PRA
234 RCL 10
235 PRX
236 RCL 20
237 PRX
238 RCL 19
239 PRX
240 XEQ 25
241♦LBL 25
242 ".........."
243 PRA
244 RCL 25
245 RCL 37
246 -
247 ENTER↑
248 RCL 15
249 RCL 36
250 -
251 R-P
252 STO 44
253 X<>Y
254 ENTER↑
255 SIGN
256 ACOS
257 2
258 *
259 +
260 STO 45
261 RCL 44
262 X↑2
263 RCL 02
264 X↑2
```

Tabelle 4.65 (Fortsetzung 1)

```
265 +
266 RCL 08
267 X↑2
268 -
269 2
270 /
271 RCL 44
272 /
273 RCL 02
274 /
275 STO 44
276 1
277 RCL 44
278 ABS
279 X>Y?
280 XEQ 24
281 SF 25
282 RCL 44
283 ACOS
284 STO 44
285 "P,PHI-15,H"
286 PRA
287 RCL 19
288 PRX
289 RCL 45
290 RCL 46
291 RCL 44
292 *
293 +
294 RCL 38
295 -
296 RCL 10
297 -
298 180
299 +
300 XEQ 18
301 STO 42
302 PRX
303 RCL 46
304 PRX
305 RTN
306♦LBL 23
307 1
308 STO 19
309 1
310 STO 46
311 XEQ 21
312 XEQ 25
313 -1
314 STO 46
315 XEQ 25
316 -1
317 STO 19
318 1
319 STO 46
320 XEQ 21
321 XEQ 25
322 -1
323 STO 46
324 XEQ 25
325 STOP
326♦LBL 24
327 ".........."
328 PRA
329 "A5 ?????"
330 PRA
331 "GAMMA,F1,P,H"
332 PRA
333 RCL 10
334 PRX
335 RCL 20
336 PRX
337 RCL 19
338 PRX
339 RCL 46
340 PRX
341 ".........."
342 PRA
343 RTN
344♦LBL 18
345 ENTER↑
346 SIGN
347 ACOS
348 2
349 *
350 +
351 RTN
352♦LBL 26
353 "=========="
354 PRA
355 RCL 45
356 RCL 46
357 RCL 44
358 *
359 +
360 ENTER↑
361 RCL 02
362 P-R
363 RCL 36
364 +
365 STO 47
366 X<>Y
367 RCL 37
368 +
369 STO 48
370 RCL 22
371 CHS
372 ENTER↑
373 RCL 12
374 CHS
375 R-P
376 STO 29
377 X<>Y
378 STO 28
379 RCL 35
380 RCL 22
381 -
382 ENTER↑
383 RCL 34
384 RCL 12
385 -
386 R-P
387 X<>Y
388 RCL 28
389 -
390 STO 28
391 RCL 31
392 RCL 21
393 -
394 ENTER↑
395 RCL 30
396 RCL 11
397 -
398 R-P
399 X<>Y
400 RCL 28
401 -
402 ENTER↑
403 RCL 29
404 P-R
405 RCL 11
406 +
407 STO 29
408 X<>Y
409 RCL 21
410 +
411 STO 28
412 RCL 14
413 RCL 15
414 X=Y?
415 XEQ 46
416 RCL 25
417 CHS
418 ENTER↑
419 RCL 15
420 CHS
421 R-P
422 STO 33
423 X<>Y
424 STO 32
425 RCL 48
426 RCL 25
427 -
428 ENTER↑
429 RCL 47
430 RCL 15
431 -
432 R-P
433 X<>Y
434 RCL 32
435 -
436 STO 32
437 RCL 31
438 RCL 21
439 -
440 ENTER↑
441 RCL 30
442 RCL 11
443 -
444 R-P
445 X<>Y
446 RCL 32
447 -
448 ENTER↑
449 RCL 33
450 P-R
451 RCL 11
452 +
453 STO 33
454 X<>Y
455 RCL 21
456 +
457 STO 32
458 RCL 29
459 X↑2
460 RCL 28
461 /
462 RCL 28
463 +
464 STO 45
465 RCL 33
466 X↑2
467 RCL 32
468 /
469 RCL 32
470 +
471 STO 49
472 RCL 29
473 RCL 28
474 /
475 RCL 33
476 RCL 32
477 /
478 -
479 2
480 *
481 1/X
482 RCL 45
483 RCL 49
484 -
485 *
486 STO 49
487 RCL 29
488 *
489 RCL 28
490 /
491 CHS
492 RCL 45
493 2
494 /
495 +
496 STO 45
497 XEQ 48
498♦LBL 48
499 RCL 45
500 ENTER↑
501 RCL 49
502 R-P
503 STO 04
504 X<>Y
505 STO 54
506 RCL 31
507 RCL 45
508 -
509 ENTER↑
510 RCL 30
511 RCL 49
512 -
513 R-P
514 STO 03
515 "MUE-M-M*"
516 PRA
517 RCL 43
518 COS
519 RCL 02
520 *
521 CHS
522 RCL 05
523 +
524 STO 51
525 XEQ 28
526 RCL 43
527 COS
528 RCL 02
529 *
```

Tabelle 4.65 (Fortsetzung 2)

```
530 RCL 05
531 +
532 STO 51
533 RCL 03
534 X↑2
535 RCL 04
536 X↑2
537 +
538 RCL 51
539 X↑2
540 -
541 2
542 /
543 RCL 03
544 /
545 RCL 04
546 /
547 STO 50
548 1
549 RCL 50
550 ABS
551 X>Y?
552 XEQ 27
553 RCL 50
554 ACOS
555 PRX
556 GTO 30
557♦LBL 27
558 "NICHT"
559 PRA
560 "UMLAUFF."
561 PRA
562 GTO 30
563♦LBL 28
564 RCL 03
565 X↑2
566 RCL 04
567 X↑2
568 +
569 RCL 51
570 X↑2
571 -
572 2
573 /
574 RCL 03
575 /
576 RCL 04
577 /
578 STO 50
579 1
580 RCL 50
581 ABS
582 X>Y?
583 XEQ 29
584 RCL 50
585 ACOS
586 STO 50
587 PRX
588 RTN
589♦LBL 29
590 "MUE ?????"
591 PRA
592 STOP
593♦LBL 46
594 RCL 24
595 RCL 25
596 X=Y?
597 XEQ 47
598 RTN
599♦LBL 31
600 RCL 28
601 RCL 51
602 -
603 ENTER↑
604 RCL 29
605 RCL 52
606 -
607 R-P
608 X<>Y
609 RCL 07
610 -
611 ENTER↑
612 RCL 03
613 P-R
614 RCL 52
615 +
616 STO 32
617 X<>Y
618 RCL 51
619 +
620 STO 33
621 RCL 51
622 RCL 33
623 -
624 ENTER↑
625 RCL 52
626 RCL 32
627 -
628 R-P
629 X<>Y
630 STO 54
631 RCL 33
632 CHS
633 ENTER↑
634 RCL 32
635 CHS
636 R-P
637 X<>Y
638 STO 32
639 CHS
640 RCL 54
641 +
642 PRX
643 360
644 RCL 32
645 +
646 RCL 10
647 -
648 PRX
649 RTN
650♦LBL 30
651 ".........."
652 PRA
653 "PSI-1"
654 PRA
655 RCL 31
656 ENTER↑
657 RCL 30
658 R-P
659 STO 52
660 X<>Y
661 ENTER↑
662 SIGN
663 ACOS
664 2
665 *
666 +
667 RCL 10
668 -
669 180
670 +
671 STO 53
672 RCL 54
673 RCL 10
674 -
675 180
676 +
677 STO 44
678 PRX
679 RCL 53
680 RCL 44
681 -
682 SIGN
683 STO 06
684 "A,B,C,D,S"
685 PRA
686 RCL 02
687 PRX
688 RCL 03
689 PRX
690 RCL 04
691 PRX
692 RCL 05
693 PRX
694 RCL 06
695 PRX
696 "EPS.,E"
697 PRA
698 RCL 45
699 RCL 31
700 -
701 ENTER↑
702 RCL 49
703 RCL 30
704 -
705 R-P
706 X<>Y
707 STO 07
708 RCL 21
709 RCL 31
710 -
711 ENTER↑
712 RCL 11
713 RCL 30
714 -
715 R-P
716 X<>Y
717 RCL 07
718 -
719 STO 07
720 PRX
721 RCL 08
722 PRX
723 ".........."
724 PRA
725 "MUE-1,PSI-1"
726 PRA
727 RCL 21
728 STO 28
729 RCL 11
730 STO 29
731 RCL 31
732 STO 51
733 RCL 30
734 STO 52
735 XEQ 31
736 "MUE-2,PSI-2"
737 PRA
738 RCL 22
739 STO 28
740 RCL 12
741 STO 29
742 RCL 35
743 STO 51
744 RCL 34
745 STO 52
746 XEQ 31
747 "MUE-3,PSI-3"
748 PRA
749 RCL 35
750 ENTER↑
751 RCL 34
752 R-P
753 X<>Y
754 RCL 18
755 +
756 X<>Y
757 P-R
758 STO 52
759 X<>Y
760 STO 51
761 RCL 23
762 STO 28
763 RCL 13
764 STO 29
765 XEQ 31
766 "MUE-4,PSI-4"
767 PRA
768 RCL 10
769 RCL 17
770 2
771 /
772 +
773 ENTER↑
774 RCL 20
775 P-R
776 STO 52
777 X<>Y
778 STO 51
779 RCL 24
780 STO 28
781 RCL 14
782 STO 29
783 XEQ 31
784 "MUE-5,PSI-5"
785 PRA
786 RCL 42
787 RCL 10
788 +
789 180
790 -
791 RCL 38
792 +
793 ENTER↑
```

Tabelle 4.65 (Fortsetzung 3)

```
794 RCL 02
795 P-R
796 RCL 36
797 +
798 STO 52
799 X<>Y
800 RCL 37
801 +
802 STO 51
803 RCL 25
804 STO 28
805 RCL 15
806 STO 29
807 XEQ 31
808 STOP
809♦LBL 33
810 XEQ 21
811 XEQ 25
812 XEQ 26
813 STOP
814♦LBL 35
815 SF 12
816 "=========="
817 PRA
818 "GV-KOPPELK."
819 PRA
820 "5 GENAUPKTE"
821 PRA
822 CF 12
823 "KOORD.E-PKTE"
824 PRA
825 "X1,Y1,X2,Y2"
826 PRA
827 RCL 11
828 PRX
829 RCL 21
830 PRX
831 RCL 12
832 PRX
833 RCL 22
834 PRX
835 "X3,Y3,X4,Y4"
836 PRA
837 RCL 13
838 PRX
839 RCL 23
840 PRX
841 RCL 14
842 PRX
843 RCL 24
844 PRX
845 "X5,Y5"
846 PRA
847 RCL 15
848 PRX
849 RCL 25
850 PRX
851 ADV
852 STOP
853♦LBL 47
854 "........
855 PRA
856 SF 12
857 "4 GENAUP!
858 PRA
859 CF 12
860 "XB"
861 PRA
862 RCL 49
863 PRX
864 RCL 28
865 2
866 /
867 ENTER↑
868 RCL 29
869 2
870 /
871 R-P
872 X<>Y
873 90
874 +
875 TAN
876 RCL 49
877 RCL 29
878 2
879 /
880 -
881 *
882 RCL 28
883 2
884 /
885 +
886 STO 45
887 XEQ 48
888 STOP
889♦LBL 50
890 XEQ 21
891 XEQ 26
892 STOP
893 .END.
```

4.7 Tabellenteil HP-85 und andere

Tabelle 4.70a Variablennamen-Referenzliste, nach mathematischen Namen sortiert

a	A
A	A1
A5, A5′	A5
b	B
B	B1
B_0A_m	M6
$B_0A_m^*$	M5
c	C
cos λ	C1
$\cos \mu_m^*$	M4
d	D
e	E
e_{min}	E9
E_2B_0	E2
E_5B_0	E5
f_1	F1
f_2	F2
g_5	G5
h	H
m	M1
m_2	M2
m_{tw}	M8
m_{uv}	M9

p	P
r	R
r_0	R0
s	S
x_0, x_{B0}	X0
x_K	X(K), K = 1 … 5
x_A	A7
x_{A0}	X7
x_{A1}	X1
x_{A2}	X2
x_{A3}	X3
x_{A4}	X4
x_{A5}	X5
x_B	B7
x_{B02}	Q2
x_{B05}	Q5
x_{B1}	X6
x_E	E7
x_{E2}	X(2)
x_{E5}	X(5)
x_t	T1
x_{tw}	X8
x_u	U1
x_{uv}	X9
x_v	V1
x_w	W1

Tabelle 4.70a (Fortsetzung)

y_0, y_{B0}	Y0
y_K	Y(K), K = 1 … 5
y_A	A8
y_{A0}	Y7
y_{A1}	Y1
y_{A2}	Y2
y_{A3}	Y3
y_{A4}	Y4
y_{A5}	Y5
y_B	B8
y_{B02}	R2
y_{B05}	R5
y_{B1}	Y6
y_E	E8
y_{E2}	Y(2)
x_{E5}	Y(5)
y_t	T2
y_{tw}	Y8
y_u	U2
y_{uv}	Y9
y_v	V2
y_w	W2
$\sphericalangle$ xAE	A6
$\sphericalangle$ xA_0E_5	W5
$\sphericalangle$ xA_1B_1	A0
$\sphericalangle$ xBA	B6
$\sphericalangle$ xBB_0	B3
$\sphericalangle$ xB_0B_1	W
$\sphericalangle$ xB_0t	W6
$\sphericalangle$ xB_0u	W7
$\sphericalangle$ xB_0v	W8
$\sphericalangle$ xB_0w	W9
$\sphericalangle$ xE_1B_{02}	B2
$\sphericalangle$ xE_1B_{05}	B5
$\sphericalangle$ xE_2A_2	A2
$\sphericalangle$ xE_2B_0	W0
$\sphericalangle$ xE_5A_5	A9
$\sphericalangle$ xE_5B_0	B0
$\sphericalangle$ xE_5B_{05}	B9

α	A3
γ	G
δ	D1
Δs	D0
$\Delta\varphi$	D6
ϵ	E1
η	E0
η_2	E4
λ	L
μ	M7
μ_m	M
μ_m^*	M3
ν_2	N2
ν_3	N3
φ	F9
φ_k	F(K), K = 1 … 5
φ_{12}	P2
φ_{13}	P3
φ_{14}	P4
φ_{15}	P5
φ_m	P6
φ^*	F0
ψ	P7
ψ_1	S1
ψ_m	S9
ψ_{tw}	P8
ψ_{uv}	P9

Tabelle 4.70b Variablennamen-Referenzliste, nach Rechnernamen sortiert

A	a
A(K)	a(K)
A0	$\sphericalangle xA_1B_1$
A1	A
A2	$\sphericalangle xE_2A_2$
A3	α
A5	A5, A5'
A6	$\sphericalangle xAE$
A7	x_A
A8	y_A
A9	$\sphericalangle xE_5A_5$
A$	MS-Paarung
B	b
B0	$\sphericalangle xE_5B_0$
B1	B
B2	$\sphericalangle xE_1B_{02}$
B3	$\sphericalangle xBB_0$
B5	$\sphericalangle xE_1B_{05}$
B6	$\sphericalangle xBA$
B7	x_B
B8	y_B
B9	$\sphericalangle xE_5B_{05}$
C	c
C1	$\cos\lambda$
D	d
D0	Δs
D1	δ
D2	$ATN2(y_{A2}-y_{A0}, x_{A2}-x_{A0})$
D3	$ATN2(y_{A3}-y_{A0}, x_{A3}-x_{A0})$
D4	$ATN2(y_{A4}-y_{A0}, x_{A4}-x_{A0})$
D5	$ATN2(y_5-y_{A0}, x_5-x_{A0})$
D6	$\Delta\varphi$
E	e
E0	η
E1	ϵ
E2	E_2B_0
E4	η_2
E5	E_5B_0
E7	x_E
E8	y_E
E9	e_{min}
F	Flagge
F(K)	φ_K, K = 1 … 5
F0	φ^*
F1	f_1
F2	f_2
F9	φ
G	γ
G5	g_5
H	h
H1	$ATN2(y_{A1}, x_{A1})$
H9	$e^2-e^2_{min}$
I	Laufindex
J, J1	Flaggen
K	Laufindex
L	λ
M	μ_m
M(i)	$\mu_m(i)$, i = 1 … 5
M0	$\cos\mu_m$
M1	m
M2	m_2
M3	μ^*_m
M4	$\cos\mu^*_m$
M5	$B_0A^*_m$
M6	B_0A_m
M7	μ
M8	m_{tw}
M9	m_{uv}
N2	ν_2
N3	ν_3
O	Flagge
P	p
P(i)	p(i), i = 1 … 5
P2	φ_{12}
P3	φ_{13}
P4	φ_{14}
P5	φ_{15}
P6	φ_m
P7	ψ
P8	ψ_{tw}
P8(i)	$\psi_{tw}(i)$, i = 1 … 5
P9	ψ_{uv}
P9(i)	$\psi_{uv}(i)$, i = 1 … 5
Q	Flagge
Q2	x_{B02}
Q5	x_{B05}
R	r
R0	r_0
R2	y_{B02}
R5	y_{B05}
S	s
S1	ψ_1
S9	ψ_m
S$	bei INPUT
T1	x_t
T2	y_t

Tabelle 4.70b (Fortsetzung)

U1	x_u
U2	y_u
V1	x_v
V2	y_v
W	$\measuredangle\, xB_0B_1$
W0	$\measuredangle\, xE_2B_0$
W1	x_w
W2	y_w
W5	$\measuredangle\, xA_0E_5$
W6	$\measuredangle\, xB_0t$
W7	$\measuredangle\, xB_0u$
W8	$\measuredangle\, xB_0v$
W9	$\measuredangle\, xB_0w$
X0	x_0, x_{B0}
X0(i)	$x_0(i)$, $x_{B0}(i)$, $i = 1 \dots 5$
X1	x_{A1}
X2	x_{A2}
X3	x_{A3}
X4	x_{A4}
X5	x_{A5}
X6	x_{B1}
X7	x_{A0}
X8	x_{tw}
X9	x_{uv}
X(k)	x_k, $k = 1 \dots 5$
X(2)	x_{E2}
X(5)	x_{E5}
Y0	y_0, y_{B0}
Y0(i)	$y_0(i)$, $y_{B0}(i)$, $i = 1 \dots 5$
Y1	y_{A1}
Y2	y_{A2}
Y3	y_{A3}
Y4	y_{A4}
Y5	y_{A5}
Y6	y_{B1}
Y7	y_{A0}
Y8	y_{tw}
Y9	y_{uv}
Y(k)	y_k, $k = 1 \dots 5$
Y(2)	y_{E2}
Y(5)	y_{E5}

Tabelle 4.71 Vollständige Anweisungsliste

```
1 F=0 ! >>> PROGR. GETRBE ****
      ! >>> OKTOBER 1983 <<<
2 !
3 DEG
4 IMAGE 6A,M3D.3D,2X,7A,M3D.3D
5 IMAGE 7A,X,MD.3DE,X,MD.3DE
6 IMAGE A,D,2A,D,2X,A,X,MD.3DE
  ,X,MD.3DE
8 IMAGE 13A,M4D.3D
10 J,J1,O,Q=0
12 CLEAR @ DISP
16 DISP "*****   GETRIEBE-ENTWU
   RF   *****" @ DISP
22 DISP "*          zur  Erzeugun
   g         *"
26 DISP "*      gegebener Bahnku
   rven      *"
30 DISP "*********************
   **********"
32 BEEP 10,200 @ BEEP 20,200 @
   BEEP 10,200
40 DISP @ DISP
42 DISP "   Informationen zum g
   esamtem  "
44 DISP "   Programmpaket  könne
   n  über"
46 DISP "         FUNKTIONSTASTE
    #1"
48 DISP "      abgerufen werden
   !!!!!"
50 ON KEY# 1,"INFO" GOTO 80
52 ON KEY# 2,"WERTE" GOSUB 1000
54 ON KEY# 3," 1LAGE" GOTO 900
56 ON KEY# 4,"    HAUPT" GOTO 12
   00
58 ON KEY# 5,"TEST" GOTO 400
60 ON KEY# 6,"KOORD" GOTO 500
62 ON KEY# 7," VORPR" GOSUB 800
64 ON KEY# 8,"    CHECK" GOSUB 3
   600
68 KEY LABEL
70 GOTO 50
80 CLEAR
82 DISP
84 DISP "** INFORMATIONEN ZUM P
   ROGRAMM **" @ DISP
90 DISP "*  Es folgt eine Besch
   reibung  *"
92 DISP "*  der Funktionstasten
   -Aufrufe *"
94 DISP "*  und der Möglichkeit
   en        *"
98 DISP "*********************
   **********"
100 ON KEY# 1,"ZUROCK" GOTO 300
102 ON KEY# 2,"WERTE" GOSUB 130
104 ON KEY# 3," 1LAGE" GOSUB 154
106 ON KEY# 4,"    HAUPT" GOSUB 1
    76
108 ON KEY# 5,"TEST" GOSUB 210
110 ON KEY# 6,"KOORD" GOSUB 234
112 ON KEY# 7," VORPR" GOSUB 260
114 ON KEY# 8,"    CHECK" GOSUB 2
    64
116 KEY LABEL
118 GOTO 100
```

Tabelle 4.71 (Fortsetzung 1)

```
130 CLEAR @ BEEP @ DISP
132 DISP "   FUNKTIONSTASTE #2 '
    WERTE'"
134 DISP "----------------------
    ---------" @ DISP
138 DISP "  Diese Taste muß imme
    r zuerst"
140 DISP "  gedrückt werden, um
    die"
142 DISP "  Eingangswerte einzug
    eben."
144 RETURN
154 CLEAR @ BEEP @ DISP
156 DISP "   FUNKTIONSTASTE #3 '
    iLAGE'"
158 DISP "----------------------
    ---------" @ DISP
160 DISP "  Mit Hilfe dieser Tas
    te ist"
162 DISP "  die Auswahl verschie
    dener"
164 DISP "  Einzellagen möglich"
166 RETURN
176 CLEAR @ BEEP @ DISP
178 DISP "   FUNKTIONSTASTE #4 '
    HAUPT'"
180 DISP "----------------------
    ---------"
182 DISP "Mit dieser Taste wird
    das Haupt-"
184 DISP "programm aufgerufen."
186 DISP "Es wird das Hauptmenü
    auf dem"
188 DISP "Bildschirm dargestellt
    , aus dem"
190 DISP " - Kurbellagen-Obersic
    ht"
192 DISP " - 5-Punkte-Synthese"
194 DISP " - 4-Punkte-Synthese"
196 DISP " - Andere Einzellage"
198 DISP "      anwählbar ist."
200 RETURN
210 CLEAR @ BEEP @ DISP
212 DISP "   FUNKTIONSTASTE #5 '
    TEST'"
214 DISP "----------------------
    ---------" @ DISP
216 DISP "  Mit Hilfe dieser Tas
    te kann"
218 DISP "  mit fest vorgegebene
    n Ein-"
220 DISP "  gangswerten das Prog
    ramm"
222 DISP "  vollständig ausgefüh
    rt werden."
224 RETURN
234 CLEAR @ BEEP @ DISP
236 DISP "   FUNKTIONSTASTE #6 '
    KOORD'"
238 DISP "----------------------
    ---------" @ DISP
240 DISP "  Hiermit können die E
    ingangs-"
242 DISP "  Koordinaten berechne
    t werden"
244 DISP "  für die Beispiele:"
246 DISP "  - Evolventen-Profil"
248 DISP "  - Zweistand-Schubget
    riebe"
250 RETURN
260 CLEAR @ BEEP @ DISP
262 DISP "   FUNKTIONSTASTE #7 '
    VORPR'"
264 DISP "----------------------
    ---------" @ DISP
266 DISP "  Mit dieser Taste wir
    d die"
268 DISP "  Berechnung aller"
270 DISP "      Bo-Reduktionen"
272 DISP "         veranlaßt "
274 RETURN
284 CLEAR @ BEEP @ DISP
286 DISP "   FUNKTIONSTASTE #8 '
    CHECK'"
288 DISP "----------------------
    ---------" @ DISP
290 DISP "  Mit Hilfe dieser Tas
    te werden"
292 DISP "  die derzeit gültigen
    "
294 DISP "  Eingangswerte angeze
    igt."
296 RETURN
298 !
300 CLEAR @ GOTO 10
400 !
402 CLEAR @ BEEP @ DISP
406 DISP "*****   T E S T L A U
    F    *****"
408 DISP "*         ------------
    -         *"
410 DISP "*
              *"
412 DISP "*     mit fest vorgegeb
    enen      *"
414 DISP "*        Eingangswerte
    n         *"
416 DISP "**********************
    **********" @ DISP @ WAIT 20
    00
420 RESTORE
422 DATA .00000001,.00001,1.1,-6
    .9,22,-13.7,34.6,-9.3,47.2,0
424 FOR K=1 TO 5
426 READ X(K),Y(K)
428 NEXT K
430 F=1
432 GOSUB 3600
434 GOSUB 4100
436 GOSUB 4200
438 GOSUB 4300
440 GOSUB 4400
442 GOSUB 4500
444 GOTO 900
500 CLEAR @ BEEP @ DISP
506 DISP "**   BERECHNUNG DER EI
    NGANGS- **"
508 DISP "*    KOORDINATEN FOR D
    IE        *"
510 DISP "*    FOLGENDEN BEISPIE
    LE:       *"
512 DISP "**********************
    **********" @ DISP
514 DISP "Evolventen-Profil
        >>> [1]" @ DISP
516 DISP "Zweistand-Schubgetrieb
    e >>> [2]"
518 INPUT S$
520 IF S$#"1" AND S$#"2" THEN 51
    8
522 IF S$="1" THEN 530
524 IF S$="2" THEN 600
```

Tabelle 4.71 (Fortsetzung 2)

```
530 ! EVOLVENTEN-PROFIL
534 F=1 @ CLEAR @ DISP
536 DISP "    W E R T E E I N G A
      B E:"
538 DISP "----------------------
    ----------"
540 FOR K=1 TO 5
542 DISP "Phi";K;" = ";
544 BEEP
546 INPUT F(K)
548 NEXT K
550 DISP "Alpha = ";
552 BEEP
554 INPUT A3
556 DISP "r(o) = ";
558 BEEP
560 INPUT R0
562 BEEP 10,200 @ BEEP 20,200
564 PRINT "*********************
    ***********"
566 PRINT "  EVOLVENTEN-EINGANGS
    WERTE:" @ PRINT
568 FOR K=1 TO 5
570 PRINT "  Phi";K;" = ";F(K)
572 NEXT K
574 PRINT "  Alpha  = ";A3
576 PRINT "  r(o)   = ";R0 @ PRI
    NT
578 PRINT "  EVOLVENTEN-KOORDINA
    TEN:" @ PRINT
580 FOR K=1 TO 5
582 F9=F(K)
584 GOSUB 1100
586 X(K)=E7 @ Y(K)=E8
588 PRINT USING 6 ; "X",K,"/Y",K
    ,"=",X(K),Y(K)
590 NEXT K
592 GOTO 10
600 ! ZWEISTAND-SCHUBGETRIEBE
602 F=1 @ CLEAR @ DISP
604 DISP "    W E R T E E I N G A
      B E:"
606 DISP "----------------------
    ----------" @ DISP
608 DISP "Phi(*) = ";
610 BEEP
612 INPUT F0
614 DISP "r = ";
616 BEEP
618 INPUT R
620 DISP "Delta Phi = ";
622 BEEP
624 INPUT D6
626 DISP "Delta s = ";
628 BEEP
630 INPUT D0
632 BEEP 10,200 @ BEEP 20,200
634 PRINT "*********************
    ***********"
636 PRINT "  ZWEISTAND-EINGANGSW
    ERTE:" @ PRINT
638 PRINT "  Phi(*)    = ";F0
640 PRINT "  r         = ";R
642 PRINT "  Delta Phi = ";D6
644 PRINT "  Delta s   = ";D0 @
    PRINT
646 PRINT "  ZWEISTAND-KOORDINAT
    EN:" @ PRINT
648 X(1)=R*COS(F0)
650 Y(1)=R*SIN(F0)
651 PRINT USING 5 ; "X1/Y1 =",X(
    1),Y(1)
652 X(2)=R*COS(F0+D6)+D0
654 Y(2)=R*SIN(F0+D6)
655 PRINT USING 5 ; "X2/Y2 =",X(
    2),Y(2)
656 X(3)=R*COS(F0+2*D6)+2*D0
658 Y(3)=R*SIN(F0+2*D6)
659 PRINT USING 5 ; "X3/Y3 =",X(
    3),Y(3)
660 X(4)=R*COS(F0+3*D6)+3*D0
662 Y(4)=R*SIN(F0+3*D6)
664 PRINT USING 5 ; "X4/Y4 =",X(
    4),Y(4)
666 PRINT USING 5 ; "X5/Y5 =",X(
    4),Y(4)
668 X(5)=X(4)+.01 @ Y(5)=Y(4)
670 GOTO 10
800 CLEAR @ BEEP 10,200 @ BEEP 2
    0,200 @ DISP
804 DISP "***  V O R P R O G R A
     M M   ***"
806 DISP "*     ----------------
    ----       *"
810 DISP "*      mit Berechnung a
    ller       *"
812 DISP "*        5 Bo-Reduktion
    en         *"
814 DISP "*********************
    **********" @ WAIT 2000
816 IF F=0 THEN GOSUB 1000 ELSE
    818
817 GOTO 800
818 GOSUB 4100
820 GOSUB 4200
822 GOSUB 4300
824 GOSUB 4400
826 GOSUB 4500
830 CLEAR @ BEEP
832 DISP "*********************
    **********" @ DISP
834 DISP "    Die 5 Bo-Reduktione
    n sind"
836 DISP "    berechnet." @ DISP
838 DISP "    Durch Drücken der T
    aste  [+]"
840 DISP "    Fortsetzung der Bea
    rbeitung"
844 INPUT S$
846 IF S$#"+" THEN 844
848 RETURN
900 CLEAR @ BEEP @ DISP
904 DISP "***  E I N Z E L L A G
     E N   ***"
906 DISP "*     ----------------
    ----       *"
910 DISP "*       mit Übergang zu
    m          *"
912 DISP "*       Hauptprogramm
               *"
914 DISP "*********************
    **********" @ DISP @ WAIT 20
    00
916 IF F=0 THEN GOSUB 1000 ELSE
    918
917 GOTO 900
918 DISP "Wählen Sie die Einzell
    age:"
920 DISP "----------------------
    -----------"
922 DISP "    14 - 23   >>>   [1]"
924 DISP "    15 - 23   >>>   [2]"
926 DISP "    15 - 24   >>>   [3]"
928 DISP "    15 - 34   >>>   [4]"
```

Tabelle 4.71 (Fortsetzung 3)

```
930 DISP "    25 - 34  >>>  [5]"
932 BEEP
934 INPUT S$
936 IF S$#"1" AND S$#"2" AND S$#
    "3" AND S$#"4" AND S$#"5" TH
    EN 934
938 IF S$="1" THEN GOSUB 5100 EL
    SE 942
940 GOTO 960
942 IF S$="2" THEN GOSUB 5200 EL
    SE 946
944 GOTO 960
946 IF S$="3" THEN GOSUB 5300 EL
    SE 950
948 GOTO 960
950 IF S$="4" THEN GOSUB 5400 EL
    SE 954
952 GOTO 960
954 IF S$="5" THEN GOSUB 5500
960 CLEAR @ BEEP 10,200 @ BEEP 2
    0,200
962 DISP "*********************
    **********" @ DISP
964 DISP "WAHLEN SIE :"
966 DISP "---------------------
    ----------" @ DISP
968 DISP "Obergang"
970 DISP "zum Hauptprogramm
     >>>  [/]" @ DISP
972 DISP "Neuanfang
     >>>   [-]" @ DISP
974 DISP "andere Einzellage
     >>>   [+]"
978 BEEP 10,200 @ BEEP 20,200
980 INPUT S$
982 IF S$#"/" AND S$#"-" AND S$#
    "+" THEN 980
984 IF S$="/" THEN 1200
986 IF S$="-" THEN 10
988 IF S$="+" THEN GOSUB 3700
992 GOTO 900
1000 CLEAR @ DISP
1002 DISP "***        WERTEEINGAB
     E         ***"
1004 DISP "*********************
     ***********" @ DISP @ BEEP
     10,200 @ BEEP 20,200
1008 DISP "Eingabe der Eingangsw
     erte :" @ DISP
1010 FOR K=1 TO 5
1012 DISP "X";K;"/ Y";K;" = ";
1014 BEEP
1016 INPUT X(K),Y(K)
1018 NEXT K
1020 BEEP @ WAIT 2000
1024 F=1 ! Flagge fuer: "Werte s
     ind eingegeben"
1026 RETURN
1100 ! EVOLVENTEN-UNTERPROGRAMM
1104 E7=R0*((SIN(A3)+COS(A3)*F9*
     PI/180)*COS(F9)-COS(A3)*SIN
     (F9))
1106 E8=R0*((SIN(A3)+COS(A3)*F9*
     PI/180)*SIN(F9)+COS(A3)*(CO
     S(F9)-1))
1108 RETURN
1200 CLEAR @ BEEP @ DISP
1202 J1=0
1206 DISP "*  H A U P T P R O G
     R A M M  *"
1208 DISP "*  -----------------
     -------  *"
1212 DISP "*mit Berechnung der K
     urbellagen*"
1214 DISP "*            und des
          *"
1216 DISP "*    Gesamt-Gelenkvie
     recks     *"
1220 DISP "*********************
     ***********" @ DISP @ WAIT
     2000
1222 IF F=0 THEN GOSUB 1000 ELSE
      1224
1223 GOTO 1200
1224 DISP "Zur Wahl stehen:" @ D
     ISP
1226 DISP "Kurbellagen-Obersicht
      >>>>  [0]"
1228 DISP "5-Punkte-Synthese
      >>>>  [5]"
1230 DISP "4-Punkte-Synthese
      >>>>  [4]"
1232 DISP "Neuanfang
      >>>>   [-]"
1234 BEEP
1236 INPUT S$
1238 IF S$#"0" AND S$#"5" AND S$
     #"4" AND S$#"-" THEN 1236
1240 IF S$="0" THEN 3500
1242 IF S$="5" THEN 3300
1244 IF S$="4" THEN 5000
1246 IF S$="-" THEN 10
1800 DISP
1804 DISP "Wählen Sie die freien
      Parameter"
1806 DISP "=====================
     ==========" @ DISP
1808 DISP "   **Gamma**         **
     f(1)**"
1810 DISP "---------------------
     ------------" @ DISP
1812 DISP "Gamma = ";
1814 BEEP
1816 INPUT G@ BEEP
1818 DISP
1820 DISP "f(1)  = ";
1822 BEEP
1824 INPUT F1@ BEEP
1830 RETURN
1900 J=1
1904 CLEAR @ DISP @ DISP
1908 DISP "***  A C H T U N G :
          ***"
1910 DISP "**-------------------
     ---------**" @ DISP
1912 DISP "   Es ist kein A2-Sch
     nittpunkt"
1914 DISP "   möglich mit:" @ DI
     SP
1916 DISP USING 8 ; "   Gamma =
     ";G
1918 DISP USING 8 ; "   f1     =
     ";F1
1920 DISP USING 8 ; "   p      =
     ";P
1922 DISP USING 8 ; "   h      =
     ";H
1924 DISP "---------------------
     -------------" @ DISP
1926 DISP "Ausdrucken mit Taste
      >>>     [*]"
1928 DISP "Weiterarbeiten durch
      >>>     [+]"
```

Tabelle 4.71 (Fortsetzung 4)

```
1930 BEEP
1932 INPUT S$
1934 IF S$#"*" AND S$#"+" THEN 1
     934
1936 IF S$="+" THEN 1960
1938 PRINT "********************
     ************" @ PRINT
1940 PRINT "Es ist kein A2-Schni
     ttpunkt"
1942 PRINT "möglich mit:" @ PRIN
     T
1944 PRINT USING 8 ; "   Gamma =
     ";G
1946 PRINT USING 8 ; "   f1    =
     ";F1
1948 PRINT USING 8 ; "   p     =
     ";P
1950 PRINT USING 8 ; "   h     =
     ";H
1952 PRINT "--------------------
     ------------" @ PRINT @ PRI
     NT
1960 RETURN
2000 ! SYMMETRIELAGEN-BERECHNUNG
2036 X1=F1*COS(G-P8/2) ! x(A1)
2038 Y1=F1*SIN(G-P8/2) ! y(A1)
2042 E=SQR((T2-Y1)^2+(T1-X1)^2)
2046 E0=ATN2(U2,U1)-G+P9/2 ! ETA
2048 E9=SQR(U1^2+U2^2)*SIN(E0) !
      e(min)
2050 H9=E^2-E9^2
2054 IF H9<=0 THEN 1900
2058 F2=SQR(U1^2+U2^2)*COS(E0)+P
     *SQR(H9) ! f(2)
2060 X2=F2*COS(G-P9/2) ! x(A2)
2062 Y2=F2*SIN(G-P9/2) ! y(A2)
2064 M2=TAN(ATN2(Y2-Y1,X2-X1)+90
     ) ! m(2)
2066 X7=(-(M2*(X1+X2)/2)+(Y1+Y2)
     /2)/(TAN(G)-M2) ! x(Ao)
2068 Y7=X7*TAN(G) ! y(Ao)
2070 A=SQR((Y1-Y7)^2+(X1-X7)^2)
2072 D1=ATN2(Y1-Y7,X1-X7) ! DELT
     A
2074 F0=D1+ACS(SGN(D1))*2-G+180
      ! PHI(*)
2075 IF SGN(F0)-1 THEN F0=F0+360
2076 IF F0>360 THEN F0=F0-360
2077 D2=ATN2(Y2-Y7,X2-X7)
2078 P2=D2+ACS(SGN(D2))*2-D1 ! P
     HI(12)
2079 IF SGN(P2)-1 THEN P2=P2+360
2080 IF P2>360 THEN P2=P2-360
2081 X3=F2*COS(G+P9/2)
2082 Y3=F2*SIN(G+P9/2)
2084 D3=ATN2(Y3-Y7,X3-X7)
2086 P3=D3+ACS(SGN(D3))*2-D1 ! P
     HI(13)
2087 IF SGN(P3)-1 THEN P3=P3+360
2088 IF P3>360 THEN P3=P3-360
2089 X4=F1*COS(G+P8/2)
2090 Y4=F1*SIN(G+P8/2)
2092 D4=ATN2(Y4-Y7,X4-X7)
2093 P4=D4+ACS(SGN(D4))*2-D1 ! P
     HI(14)
2094 IF SGN(P4)-1 THEN P4=P4+360
2095 IF P4>360 THEN P4=P4-360
2096 P6=(P3+P2)/2+F0 ! PHI(m)
2097 IF SGN(P6)-1 THEN P6=P6+360
2098 IF P6>360 THEN P6=P6-360
2099 RETURN
2100 DISP
2106 DISP "**  SYMMETRIELAGEN-BE
     RECHNUNG **"
2107 DISP
2108 GOSUB 2000
2109 IF J=1 THEN 2184
2110 CLEAR @ BEEP
2111 DISP "====================
     ==========="
2112 DISP "  Parameter und Erge
     bnisse:"
2114 DISP "--------------------
     -----------"
2116 DISP USING 8 ; "   Gamma
     = ";G
2118 DISP USING 8 ; "   f1
     = ";F1
2120 DISP USING 8 ; "   p
     = ";P
2122 DISP USING 8 ; "   a
     = ";A
2123 D=SQR(X7^2+Y7^2)
2124 DISP USING 8 ; "   d
     = ";D
2126 DISP USING 8 ; "   Phi(*)
     = ";F0
2128 DISP USING 8 ; "   Phi(12)
     = ";P2
2130 DISP USING 8 ; "   Phi(13)
     = ";P3
2132 DISP USING 8 ; "   Phi(14)
     = ";P4
2134 DISP USING 8 ; "   Phi(m)
     = ";P6
2136 DISP "--------------------
     -----------" @ WAIT 2000
2138 DISP "Ausdrucken mit Taste
       >>>  [*]"
2140 DISP "Weiterarbeiten durch
       >>>  [+]"
2142 BEEP 10,200 @ BEEP 20,200
2144 INPUT S$
2146 IF S$#"*" AND S$#"+" THEN 2
     146
2148 IF S$="+" THEN 2184
2150 PRINT "====================
     ============"
2152 PRINT "   K U R B E L L A G
      E N -"
2154 PRINT "     Ü B E R S I C H
      T"
2156 PRINT "--------------------
     ------------"
2158 PRINT "  Parameter ud Erge
     bnisse:"
2160 PRINT "--------------------
     ------------"
2162 PRINT USING 8 ; "   Gamma
      = ";G
2164 PRINT USING 8 ; "   f1
      = ";F1
2166 PRINT USING 8 ; "   p
      = ";P
2168 PRINT USING 8 ; "   a
      = ";A
2170 PRINT USING 8 ; "   d
      = ";SQR(X7^2+Y7^2)
2172 PRINT USING 8 ; "   Phi(*)
      = ";F0
2174 PRINT USING 8 ; "   Phi(12)
      = ";P2
```

Tabelle 4.71 (Fortsetzung 5)

```
2176 PRINT USING 8 ; "   Phi(13)
     = ";P3
2178 PRINT USING 8 ; "   Phi(14)
     = ";P4
2180 PRINT USING 8 ; "   Phi(m)
     = ";P6
2182 PRINT "-------------------
     ------------"
2184 RETURN
2300 CLEAR @ BEEP @ DISP
2308 DISP "**   K U R B E L L A
     G E N -  **"
2310 DISP "*      Ü B E R S I C
     H T        *"
2314 DISP "********************
     ***********" @ DISP @ WAIT
     1000
2316 GOSUB 1800
2318 P=1 @ H=1
2322 GOSUB 2100
2323 IF J=0 THEN 2326
2324 J=0 @ Y7=V2 @ X7=U2
2325 A=SQR((Y1-Y7)^2+(X1-X7)^2)
2326 GOSUB 2500
2328 H=-1
2332 GOSUB 2500
2336 P=-1 @ H=1
2340 GOSUB 2100
2341 IF J=0 THEN 2344
2342 J=0 @ Y7=V2 @ X7=U2
2343 A=SQR((Y1-Y7)^2+(X1-X7)^2)
2344 GOSUB 2500
2346 H=-1
2350 GOSUB 2500
2354 GOTO 1200
2400 ! =======================
2402 CLEAR @ DISP
2404 DISP "********************
     ***********" @ DISP
2406 DISP "**   A C H T U N G :
             **"
2408 DISP "**-----------------
     ---------**" @ DISP
2410 DISP "   Es ist kein A5-Sch
     nittpunkt"
2412 DISP "   möglich mit:" @ DI
     SP
2414 DISP USING 8 ; "    Gamma
     = ";G
2416 DISP USING 8 ; "    f1
     = ";F1
2418 DISP USING 8 ; "    p
     = ";P
2420 DISP USING 8 ; "    h
     = ";H
2422 DISP "--------------------
     ----------" @ DISP
2424 DISP "Ausdrucken mit Taste
     >>>    [*]"
2426 DISP "Weiterarbeiten durch
     >>>    [+]"
2428 BEEP
2430 INPUT S$
2432 IF S$#"*" AND S$#"+" THEN 2
     432
2434 IF S$="+" THEN 2460
2436 PRINT "********************
     ************" @ PRINT
2438 PRINT "Es ist kein A5-Schni
     ttpunkt"
2440 PRINT "möglich mit:" @ PRIN
     T
2442 PRINT USING 8 ; "   Gamma
     = ";G
2444 PRINT USING 8 ; "   f1
     = ";F1
2446 PRINT USING 8 ; "   p
     = ";P
2448 PRINT USING 8 ; "   h
     = ";H
2450 PRINT "-------------------
     ------------" @ PRINT @ PRI
     NT
2460 RETURN
2500 ! A5-BERECHNUNG
2504 G5=SQR((Y(5)-Y7)^2+(X(5)-X7
     )^2) ! g(5)
2506 D5=ATN2(Y(5)-Y7,X(5)-X7)
2508 W5=D5+ACS(SGN(D5))*2
2510 C1=(G5^2+A^2-E^2)/2/G5/A !
     cos(LAMBDA)
2512 IF ABS(C1)>1 THEN 2400
2514 L=ACS(C1) ! LAMBDA
2516 P5=W5+H*L-F0-G+180
2518 P5=P5+ACS(SGN(P5))*2 ! PHI(
     15)
2520 CLEAR @ BEEP
2522 DISP "********************
     ***********"
2524 DISP "* Ergebnisse der A5-B
     erechnung:*"
2526 DISP "-------------------
     -----------" @ DISP
2528 DISP USING 8 ; "    p
     = ";P
2530 DISP USING 8 ; "    Phi(15
     ) = ";P5
2532 DISP USING 8 ; "    h
     = ";H @ DISP
2534 DISP "-------------------
     -----------" @ DISP
2536 DISP "Ausdrucken mit Taste
     >>>    [*]"
2538 DISP "Weiterarbeiten durch
     >>>    [+]"
2540 BEEP
2542 INPUT S$
2544 IF S$#"*" AND S$#"+" THEN 2
     544
2546 IF S$="+" THEN 2560
2548 PRINT
2550 PRINT "  Ergebnisse der A5-
     Berechnung:"
2552 PRINT "-------------------
     ------------"
2554 PRINT USING 8 ; "    p
     = ";P
2556 PRINT USING 8 ; "    Phi(15
     ) = ";P5
2558 PRINT USING 8 ; "    h
     = ";H
2560 RETURN
2600 CLEAR @ BEEP 10,200 @ BEEP
     20,200 @ DISP
2606 DISP "****     Berechnung v
     on      ****"
2608 DISP "*  Gelenkviereck-Glie
     dlängen   *" @ DISP
2612 X5=A*COS(W5+H*L)+X7 ! x(A5)
2614 Y5=A*SIN(W5+H*L)+Y7 ! y(A5)
2616 E2=SQR(X(2)^2+Y(2)^2)
2618 W0=ATN2(-Y(2),-X(2))
2620 A2=ATN2(Y2-Y(2),X2-X(2))
```

Tabelle 4.71 (Fortsetzung 6)

```
2622 N2=A2-W0 ! Nü(2)
2626 B2=ATN2(Y1-Y(1),X1-X(1))-N2
2628 Q2=E2*COS(B2)+X(1) ! x(Bo2)
2630 R2=E2*SIN(B2)+Y(1) ! y(Bo2)
2632 IF X(5)#X(4) THEN 2638
2634 IF Y(5)=Y(4) THEN 4700
2638 E5=SQR(X(5)^2+Y(5)^2)
2640 B0=ATN2(-Y(5),-X(5))
2642 A9=ATN2(Y5-Y(5),X5-X(5))
2644 N3=A9-B0 ! Nü(3)
2648 B5=ATN2(Y1-Y(1),X1-X(1))-N3
2650 Q5=E5*COS(B5)+X(1) ! x(Bo5)
     LIST5000
2652 R5=E5*SIN(B5)+Y(1) ! y(Bo5)
2656 A1=Q2^2/R2+R2 ! A
2658 B1=Q5^2/R5+R5 ! B
2660 X6=(A1-B1)/2/(Q2/R2-Q5/R5)
     ! x(B1)
2662 Y6=A1/2-X6*Q2/R2 ! y(B1)
2666 GOTO 4800
2700 CLEAR
2704 FOR I=1 TO 3
2705 DISP @ DISP @ DISP
2706 DISP "**  !!!!!!  ACHTUNG
     !!!!!!  **" @ DISP
2708 DISP "**   Das Gelenkvierec
     k ist    **"
2710 DISP "**          N I C H T
           **"
2712 DISP "**   u m l a u f f ä
     h i g    **" @ DISP
2714 DISP "********************
     **********"
2716 WAIT 3000
2718 CLEAR
2720 NEXT I
2724 GOTO 3000
2800 ! BERECHNUNG VON Mü
2804 M0=(B^2+C^2-M6^2)/2/B/C !
     cos(Mü)
2808 IF ABS(M0)>1 THEN 2900
2810 M=ACS(M0) ! Mü(m)
2812 DISP USING 8 ; "   Mü(m)  =
     ";M
2816 RETURN
2900 CLEAR
2904 FOR I=1 TO 3
2905 DISP @ DISP @ DISP @ DISP
2906 DISP "**  !!!!!!  ACHTUNG
     !!!!!!  **" @ DISP
2908 DISP "**  Mit den gegebenen
      Werten **"
2910 DISP "**     ist die Getrieb
     elage    **"
2912 DISP "**       nicht erreich
     bar      **" @ DISP
2914 DISP "********************
     **********"
2916 WAIT 3000
2918 CLEAR
2920 NEXT I
2922 J1=1
2924 RETURN
3000 ! GELENKV.-ABMESSUNGEN
3004 H1=ATN2(Y1,X1)
3006 S9=H1+ACS(SGN(H1))*2-G+180
     ! Psi(m)
3008 S1=W-G+180 ! Psi(1)
3010 S=SGN(S9-S1) ! s
3014 DISP USING 8 ; "   Psi(1) =
     ";S1
3016 DISP USING 8 ; "        a  =
     ";A
3018 DISP USING 8 ; "        b  =
     ";B
3020 DISP USING 8 ; "        c  =
     ",C
3022 DISP USING 8 ; "        d  =
     ";D
3024 DISP USING 8 ; "        s  =
     ";S
3026 DISP "--------------------
     ----------"
3030 A0=ATN2(Y6-Y1,X6-X1)
3032 E1=ATN2(Y(1)-Y1,X(1)-X1)-A0
     ! Epsilon
3034 DISP USING 8 ; "   Epsilon=
     ";E1
3036 DISP USING 8 ; "        e  =
     ";E
3038 DISP "--------------------
     ----------" @ WAIT 2000
3040 DISP "Ausdrucken mit Taste
       >>>  [*]"
3042 DISP "Weiterarbeiten durch
       >>>  [+]"
3044 BEEP
3046 INPUT S$
3048 IF S$#"*" AND S$#"+" THEN 3
     048
3050 IF S$="+" THEN 3090
3051 PRINT @ PRINT
3052 PRINT "===================
     ============"
3054 PRINT "  G E L E N K V I E
     R E C K -"
3056 PRINT "    A B M E S S U N
     G E N"
3058 PRINT "-------------------
     ------------"
3060 PRINT USING 8 ; "    Mü(m)
       =";M
3062 PRINT USING 8 ; "    Mü(m*)
       =",M3
3064 PRINT USING 8 ; "    Psi(1)
       =";S1
3065 PRINT "-------------------
     ------------"
3066 PRINT USING 8 ; "         a
       =";A
3068 PRINT USING 8 ; "         b
       =";B
3070 PRINT USING 8 ; "         c
       =";C
3072 PRINT USING 8 ; "         d
       =";D
3074 PRINT USING 8 ; "         s
       =";S
3076 PRINT "-------------------
     ------------"
3078 PRINT USING 8 ; "    Epsilo
     n =";E1
3080 PRINT USING 8 ; "         e
       =";E
3082 PRINT "-------------------
     ------------"
3090 GOTO 3200
3100 ! BERECHNUNG VON Mü u. PSI
3104 A6=ATN2(E8-A8,E7-A7) ! xAE
3106 B7=B*COS(A6-E1)+A7 ! x(B)
3108 B8=B*SIN(A6-E1)+A8 ! y(B)
3110 B6=ATN2(A8-B8,A7-B7) ! xBA
3112 B3=ATN2(-B8,-B7) ! xBB(0)
3114 M7=B6-B3 !          Mu
3116 P7=360+B3-G !       Psi
```

Tabelle 4.71 (Fortsetzung 7)

```
3120 RETURN
3200 ! FORTSETZUNG VON 3000
3204 CLEAR @ DISP
3208 DISP "****      BERECHNUNG V
     ON      ****"
3210 DISP "*
              *"
3212 DISP "*      Mü(i)    und    P
     si(i)       *"
3214 DISP "--------------------
     -----------" @ DISP
3216 E8=Y(1) ! y(E)
3218 E7=X(1) ! x(E)
3220 A8=Y1 !    y(A)
3222 A7=X1 !    x(A)
3224 GOSUB 3100
3226 DISP USING 4 ; "Mü(1)=",M7,
     "Psi(1)=",P7
3228 M(1)=M7 @ P(1)=P7
3230 E8=Y(2) ! y(E)
3232 E7=X(2) ! x(E)
3234 A8=Y2 !   y(A)
3236 A7=X2 !   x(A)
3238 GOSUB 3100
3242 DISP USING 4 ; "Mü(2)=",M7,
     "Psi(2)=",P7
3243 M(2)=M7 @ P(2)=P7
3246 F2=SQR(X2^2+Y2^2) ! f(2)
3248 E4=ATN2(Y2,X2) ! Eta(2)
3250 X3=F2*COS(E4+P9) ! x(A3)
3252 Y3=F2*SIN(E4+P9) ! y(A3)
3254 E8=Y(3) @ E7=X(3)
3256 A8=Y3 @ A7=X3
3258 GOSUB 3100
3262 DISP USING 4 ; "Mü(3)=",M7,
     "Psi(3)=",P7
3263 M(3)=M7 @ P(3)=P7
3266 X4=F1*COS(G+P8/2) ! x(A4)
3268 Y4=F1*SIN(G+P8/2) ! y(A4)
3270 E8=Y(4) @ E7=X(4)
3272 A8=Y4 @ A7=X4
3274 GOSUB 3100
3278 DISP USING 4 ; "Mü(4)=",M7,
     "Psi(4)=",P7
3279 M(4)=M7 @ P(4)=P7
3280 IF O=1 THEN 3296
3282 X5=A*COS(P5+G-180+F0)+X7 !
     x(A5)
3284 Y5=A*SIN(P5+G-180+F0)+Y7 !
     y(A5)
3286 E8=Y(5) @ E7=X(5)
3288 A8=Y5 @ A7=X5
3290 GOSUB 3100
3294 DISP USING 4 ; "Mü(5)=",M7,
     "Psi(5)=",P7
3295 M(5)=M7 @ P(5)=P7
3296 DISP "--------------------
     ----------"
3298 GOTO 3400
3300 ! ======================
3302 CLEAR @ BEEP @ DISP
3306 DISP "*
              *"
3308 DISP "*5-P U N K T E-S Y N
     T H E S E *"
3310 DISP "*
              *"
3312 DISP "*********************
     ***********"
3314 Q=1
3316 DISP
3318 DISP "Werte eingeben :"
3320 DISP "-----------------" @ D
     ISP
3322 DISP "p = ";
3324 BEEP
3326 INPUT P@ BEEP
3328 DISP "h = ";
3330 BEEP
3332 INPUT H@ BEEP
3336 GOSUB 1800
3338 GOSUB 2100
3340 GOSUB 2500
3342 GOSUB 2600
3346 GOTO 1200
3400 ! FORTSETZUNG VON 3200
3406 DISP "Ausdrucken mit Taste
       >>>    [*]"
3408 DISP "Weiterarbeiten durch
       >>>    [+]"
3410 BEEP 10,200 @ BEEP 20,200
3412 INPUT S$
3414 IF S$#"*" AND S$#"+" THEN 3
     414
3416 IF S$="+" THEN 3440
3418 PRINT @ PRINT
3420 PRINT "====================
     ==========="
3422 PRINT "       Mü(i)    und
     Psi(i)" @ PRINT
3424 PRINT "--------------------
     -----------"
3426 PRINT USING 4 ; "Mü(1) =",M
     (1),"Psi(1) =",P(1)
3428 PRINT USING 4 ; "Mü(2) =",M
     (2),"Psi(2) =",P(2)
3430 PRINT USING 4 ; "Mü(3) =",M
     (3),"Psi(3) =",P(3)
3432 PRINT USING 4 ; "Mü(4) =",M
     (4),"Psi(4) =",P(4)
3433 IF O=1 THEN 3436
3434 PRINT USING 4 ; "Mü(5) =",M
     (5),"Psi(5) =",P(5)
3436 PRINT "--------------------
     -----------" @ PRINT @ PRIN
     T
3438 O=0
3440 RETURN
3500 CLEAR @ BEEP @ DISP
3506 DISP "*  G E L E N K V I E
     R E C K - *"
3506 DISP "*     K O P P E L K U
     R V E       *"
3510 DISP "*     mit 5 Genaupunk
     ten          *"
3512 DISP "*-------------------
     ----------*"
3514 GOSUB 3608
3518 GOTO 2300
3600 !
3601 IF F=0 THEN 3680
3602 CLEAR @ DISP
3603 DISP "***   Die derzeit gül
     tigen   ***"
3604 DISP "*    Eingangswerte
     sind:        *"
3606 DISP
3608 FOR K=1 TO 5
3610 DISP USING 6 ; "X",K,"/Y",K
     ,"=",X(K),Y(K)
3612 NEXT K
3616 DISP "--------------------
     -----------" @ DISP
```

Tabelle 4.71 (Fortsetzung 8)

```
3617 DISP "Ausdrucken mit Taste
        >>> [*]"
3618 DISP "Andern der Eingangswe
     rte >>> [-]"
3620 DISP "Weiterarbeiten durch
        >>> [+]"
3624 BEEP
3626 INPUT S$
3628 IF S$#"+" AND S$#"-" AND S$
     #"*" THEN 3626
3630 IF S$="+" THEN 3656
3632 IF S$="-" THEN 1000
3634 IF S$="*" THEN 3640
3640 PRINT "********************
     ************"
3642 PRINT "*      Die derzeit gü
     ltigen      *"
3644 PRINT "*      Eingangswerte
      sind:      *"
3646 PRINT
3648 FOR K=1 TO 5
3650 PRINT USING 6 ; "X",K,"/Y",
     K,"=",X(K),Y(K)
3652 NEXT K
3656 RETURN
3680 CLEAR @ DISP "************
     ********************" @ DISP
3682 DISP "ACHTUNG:" @ DISP
3684 DISP "Es sind noch keine Ei
     ngangswerte"
3686 DISP "eingegeben !!!!!!!!"
3688 WAIT 2000
3696 GOTO 1000
3700 !
3702 CLEAR @ BEEP 10,200 @ BEEP
     20,200
3704 DISP "====================
     ===========" @ DISP
3706 DISP "Koordinaten-Rücktrans
     formation"
3708 DISP "auf das Eingangs-Achs
     enkreuz :"
3710 DISP "--------------------
     -----------" @ DISP
3712 FOR K=1 TO 5
3714 X(K)=X(K)+X0
3716 Y(K)=Y(K)+Y0
3718 DISP USING 6 ; "X",K,"/Y",K
     ,"=",X(K),Y(K)
3720 NEXT K
3722 T1=T1+X0 @ T2=T2+Y0
3723 U1=U1+X0 @ U2=U2+Y0
3724 DISP "--------------------
     -----------"
3726 DISP "Ausdrucken mit Taste
        >>>   [*]"
3728 DISP "Weiterarbeiten durch
        >>>   [+]"
3730 BEEP 10,200 @ BEEP 20,200
3732 INPUT S$
3734 IF S$#"*" AND S$#"+" THEN 3
     732
3736 IF S$="+" THEN 3756
3740 PRINT "====================
     ============" @ PRINT
3742 PRINT "Koordinaten-Rücktran
     sformation"
3744 PRINT "auf das Eingangs-Ach
     senkreuz :"
3746 PRINT "--------------------
     ------------" @ PRINT
3748 FOR K=1 TO 5
3750 PRINT USING 6 ; "X",K,"/Y",
     K,"=",X(K),Y(K)
3752 NEXT K
3756 RETURN
3800 !
3802 CLEAR @ BEEP
3804 DISP "====================
     ===========" @ DISP
3806 DISP "Koordinaten-Transform
     ation"
3808 DISP "auf den Ursprung Bo :
     "
3810 DISP "--------------------
     -----------" @ DISP
3812 FOR K=1 TO 5
3814 X(K)=X(K)-X0
3816 Y(K)=Y(K)-Y0
3818 DISP USING 6 ; "X",K,"/Y",K
     ,"=",X(K),Y(K)
3820 NEXT K
3822 T1=T1-X0 @ T2=T2-Y0
3823 U1=U1-X0 @ U2=U2-Y0
3824 DISP "--------------------
     -----------"
3826 DISP "Ausdrucken mit Taste
        >>>   [*]"
3828 DISP "Weiterarbeiten durch
        >>>   [+]"
3830 BEEP 10,200 @ BEEP 20,200
3832 INPUT S$
3834 IF S$#"*" AND S$#"+" THEN 3
     832
3836 IF S$="+" THEN 3856
3840 PRINT "====================
     ============" @ PRINT
3842 PRINT "Koordinaten-Transfor
     mation"
3844 PRINT "auf den Ursprung Bo
     :"
3846 PRINT "--------------------
     ------------" @ PRINT
3848 FOR K=1 TO 5
3850 PRINT USING 6 ; "X",K,"/Y",
     K,"=",X(K),Y(K)
3852 NEXT K
3856 RETURN
3900 !
3901 DISP USING 8 ; "      X(Bo)
     = ";X0
3902 DISP USING 8 ; "      Y(Bo)
     = ";Y0 @ DISP
3904 DISP USING 8 ; "   PSI(tw)
     = ";P8
3906 DISP USING 8 ; "   PSI(uv)
     = ";P9 @ DISP
3908 DISP "--------------------
     -----------"
3910 DISP "Ausdrucken mit  >>>
      [*]"
3920 DISP "Weiter mit      >>>
      [+]"
3925 BEEP
3930 INPUT S$
3932 IF S$#"+" AND S$#"*" THEN 3
     930
3934 IF S$="+" THEN 3950
3936 PRINT "====================
     ============" @ PRINT
3938 PRINT ," Mittelsenkrechte  "
     ;A$
3940 PRINT " ------------------
     ------" @ PRINT
```

Tabelle 4.71 (Fortsetzung 9)

```
3942 PRINT USING 8 ; "      X(Bo)
     = ";X0
3944 PRINT USING 8 ; "      Y(Bo)
     = ";Y0 @ PRINT
3946 PRINT USING 8 ; "    PSI(tw)
     = ";P8
3948 PRINT USING 8 ; "    PSI(uv)
     = ";P9
3950 RETURN
4000 !
4004 X8=(T1+W1)/2 ! Xtw
4006 Y8=(T2+W2)/2 ! Ytw
4008 X9=(U1+V1)/2 ! Xuv
4010 Y9=(U2+V2)/2 ! Yuv
4018 DEG
4020 M8=TAN(ATN2(W2-T2,W1-T1)+90
     ) ! mtw
4022 M9=TAN(ATN2(V2-U2,V1-U1)+90
     ) ! muv
4026 X0=(M8*X8-M9*X9+Y9-Y8)/(M8-
     M9)
4028 Y0=M8*(X0-X8)+Y8
4032 P8=ATN2(W2-Y0,W1-X0)-ATN2(T
     2-Y0,T1-X0) ! PSItw
4034 P9=ATN2(V2-Y0,V1-X0)-ATN2(U
     2-Y0,U1-X0) ! PSIuv
4038 RETURN
4100 !
4101 CLEAR @ BEEP
4102 DISP "=====================
     ===========" @ DISP
4104 DISP " Mittelsenkrechte  14
      - 23"
4105 A$="14 - 23"
4106 DISP " -------------------
     -----" @ DISP
4110 T1=X(1) @ T2=Y(1) ! T1/2=Xt
     /Yt
4112 U1=X(2) @ U2=Y(2) ! U1/2=Xu
     /Yu
4114 V1=X(3) @ V2=Y(3) ! V1/2=Xv
     /Yv
4116 W1=X(4) @ W2=Y(4) ! W1/2=Xw
     /Yw
4120 GOSUB 4000
4124 X0(1)=X0 @ Y0(1)=Y0
4126 P8(1)=P8 @ P9(1)=P9
4130 GOSUB 3900
4134 RETURN
4200 !
4201 CLEAR @ BEEP
4202 DISP "=====================
     ===========" @ DISP
4204 DISP " Mittelsenkrechte  15
      - 23"
4205 A$="15 - 23"
4206 DISP " -------------------
     -----" @ DISP
4210 T1=X(1) @ T2=Y(1) ! T1/2=Xt
     /Yt
4212 U1=X(2) @ U2=Y(2) ! U1/2=Xu
     /Yu
4214 V1=X(3) @ V2=Y(3) ! V1/2=Xv
     /Yv
4216 W1=X(5) @ W2=Y(5) ! W1/2=Xw
     /Yw
4220 GOSUB 4000
4222 !
4224 X0(2)=X0 @ Y0(2)=Y0
4226 P8(2)=P8 @ P9(2)=P9
4230 GOSUB 3900
4234 RETURN
4300 !
4301 CLEAR @ BEEP
4302 DISP "=====================
     ===========" @ DISP
4304 DISP " Mittelsenkrechte  15
      - 24"
4305 A$="15 - 24"
4306 DISP " -------------------
     -----" @ DISP
4310 T1=X(1) @ T2=Y(1) ! T1/2=Xt
     /Yt
4312 U1=X(2) @ U2=Y(2) ! U1/2=Xu
     /Yu
4314 V1=X(4) @ V2=Y(4) ! V1/2=Xv
     /Yv
4316 W1=X(5) @ W2=Y(5) ! W1/2=Xw
     /Yw
4320 GOSUB 4000
4322 !
4324 X0(3)=X0 @ Y0(3)=Y0
4326 P8(3)=P8 @ P9(3)=P9
4330 GOSUB 3900
4334 RETURN
4400 !
4401 CLEAR @ BEEP
4402 DISP "=====================
     ===========" @ DISP
4404 DISP " Mittelsenkrechte  15
      - 34"
4405 A$="15 - 34"
4406 DISP " -------------------
     -----" @ DISP
4410 T1=X(1) @ T2=Y(1) ! T1/2=Xt
     /Yt
4412 U1=X(3) @ U2=Y(3) ! U1/2=Xu
     /Yu
4414 V1=X(4) @ V2=Y(4) ! V1/2=Xv
     /Yv
4416 W1=X(5) @ W2=Y(5) ! W1/2=Xw
     /Yw
4420 GOSUB 4000
4422 !
4424 X0(4)=X0 @ Y0(4)=Y0
4426 P8(4)=P8 @ P9(4)=P9
4430 GOSUB 3900
4434 RETURN
4500 !
4501 CLEAR @ BEEP
4502 DISP "=====================
     ===========" @ DISP
4504 DISP " Mittelsenkrechte  25
      - 34"
4505 A$="25 - 34"
4506 DISP " -------------------
     -----" @ DISP
4510 T1=X(2) @ T2=Y(2) ! T1/2=Xt
     /Yt
4512 U1=X(3) @ U2=Y(3) ! U1/2=Xu
     /Yu
4514 V1=X(4) @ V2=Y(4) ! V1/2=Xv
     /Yv
4516 W1=X(5) @ W2=Y(5) ! W1/2=Xw
     /Yw
4520 GOSUB 4000
4524 X0(5)=X0 @ Y0(5)=Y0
4526 P8(5)=P8 @ P9(5)=P9
4530 GOSUB 3900
4534 RETURN
4700 !
4701 CLEAR @ BEEP
4702 DISP "*********************
     **********"
```

Tabelle 4.71 (Fortsetzung 10)

```
4703 DISP "*
          *"
4704 DISP "*4-P U N K T E-S Y N
     T H E S E*"
4705 DISP "*
          *"
4706 DISP "*********************
     **********" @ DISP
4708 !
4709 DISP "Geben Sie einen Wert
     für"
4710 DISP "die Koordinate x(B) e
     in:" @ DISP
4712 DISP "x(B) = ";
4714 BEEP
4716 INPUT B7@ BEEP
4718 !
4719 DISP "---------------------
     ----------" @ DISP
4720 DISP "Ausdrucken mit Taste
      >>>  [*]"
4722 DISP "Weiterarbeiten durch
      >>>  [+]"
4724 BEEP 10,200 @ BEEP 20,200
4726 INPUT S$
4728 IF S$#"*" AND S$#"+" THEN 4
     728
4730 IF S$="+" THEN 4750
4732 PRINT "********************
     ***********" @ PRINT
4734 PRINT "          Gelenkvierec
     k mit"
4736 PRINT "          vier Genaupu
     nkten"
4738 PRINT "--------------------
     -----------"
4740 PRINT "          x(B) = ";B7
4742 PRINT
4750 M1=TAN(ATN2(R2,Q2)+90) !
          m
4752 B8=M1*(B7-Q2/2)+R2/2 !
          y(B)
4754 X6=B7 @ Y6=B8
4800 !
4802 ! FORTSETZUNG VON 2600
4804 W=ATN2(Y6,X6)
4806 C=SQR(X6^2+Y6^2) ! c
4808 B=SQR((Y1-Y6)^2+(X1-X6)^2)
     ! b
4810 M6=D-COS(P6)*A ! BoAm
4812 GOSUB 2800
4814 IF J1=1 THEN RETURN
4816 M5=D+COS(P6)*A ! BoAm*
4818 M4=(B^2+C^2-M5^2)/2/B/C !
     cos(Mü(m*))
4822 IF ABS(M4)>1 THEN 4850
4824 M3=ACS(M4) ! Mü(m*)
4826 DISP USING 8 ; "   Mü(m*) =
     ";M3
4830 GOTO 3000
4850 WAIT 3000 @ GOTO 2700
5000 !
5002 CLEAR @ BEEP
5004 DISP "*********************
     ***********"
5006 DISP "*
          *"
5008 DISP "*4-P U N K T E-S Y N
     T H E S E *"
5010 DISP "*
          *"
5012 DISP "*********************
     ***********"
5013 IF Q=0 THEN 6000
5014 O=1
5016 X(5)=X(4)
5018 Y(5)=Y(4)
5022 DISP
5024 DISP "Werte eingeben :"
5026 DISP "----------------" @ D
     ISP
5028 DISP "p = ";
5030 BEEP
5032 INPUT P@ BEEP
5040 !
5042 GOSUB 1800
5044 GOSUB 2100
5046 GOSUB 2600
5048 O=0
5050 GOTO 10
5100 !
5102 GOSUB 3600 ! EINGANGSWERTE
5104 GOSUB 4100
5106 GOSUB 3800
5110 PRINT
5112 PRINT "===================
     ============"
5114 PRINT "A(5) jenseits von A(
     4)"
5116 PRINT "-------------------
     ------------" @ PRINT
5120 RETURN
5200 !
5202 GOSUB 3600
5204 GOSUB 4200
5208 X(5)=X(4) @ X(4)=W1
5210 Y(5)=Y(4) @ Y(4)=W2
5214 GOSUB 3800
5218 PRINT
5220 PRINT "===================
     ============"
5222 PRINT "A(5) zwischen A(3) u
     nd A(4)"
5224 PRINT "-------------------
     ------------" @ PRINT
5228 RETURN
5300 !
5302 GOSUB 3600
5304 GOSUB 4300
5308 X(5)=X(3) @ X(4)=W1 @ X(3)=
     V1
5310 Y(5)=Y(3) @ Y(4)=W2 @ Y(3)=
     V2
5314 GOSUB 3800
5316 PRINT
5320 PRINT "===================
     ============"
5322 PRINT "A(5) zwischen A(2) u
     nd A(3)"
5324 PRINT "-------------------
     ------------" @ PRINT
5328 RETURN
5400 !
5402 GOSUB 3600
5404 GOSUB 4400
5408 X(5)=X(2) @ Y(5)=Y(2)
5410 X(2)=U1 @ Y(2)=U2
5412 X(3)=V1 @ Y(3)=V2
5414 X(4)=W1 @ Y(4)=W2
5418 GOSUB 3800
5422 PRINT
5424 PRINT "===================
     ============"
5426 PRINT "A(5) zwischen A(1) u
     nd A(2)"
```

Tabelle 4.71 (Fortsetzung 11)

```
5428 PRINT "--------------------
     ------------" @ PRINT
5432 RETURN
5500 !
5502 GOSUB 3600
5504 GOSUB 4500
5508 X(5)=X(1) @ Y(5)=Y(1)
5510 X(1)=T1 @ Y(1)=T2
5512 X(2)=U1 @ Y(2)=U2
5514 X(3)=V1 @ Y(3)=V2
5516 GOSUB 3800
5522 PRINT
5524 PRINT "====================
     ============"
5526 PRINT "A(5) jenseits von A(
     1)"
5528 PRINT "--------------------
     ------------" @ PRINT
5532 RETURN
```

```
6000 !
6002 CLEAR
6004 FOR I=1 TO 3
6006 DISP @ DISP @ DISP
6008 DISP "**  !!!!!! ACHTUNG
     !!!!!!  **" @ DISP @ DISP
6010 DISP "**        Es muß erst d
     ie        **"
6012 DISP "**       5-PUNKTE-SYNTH
     ESE        **"
6014 DISP "**     ausgeführt werde
     n !!!      **"
6016 DISP "********************
     **********"
6018 WAIT 3000
6020 CLEAR
6022 NEXT I
6026 GOTO 1200
```

Tabelle 4.72 Struktogramme zum Vorprogramm

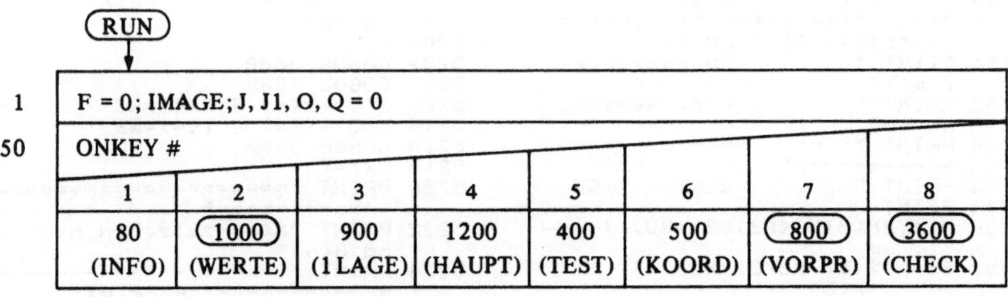

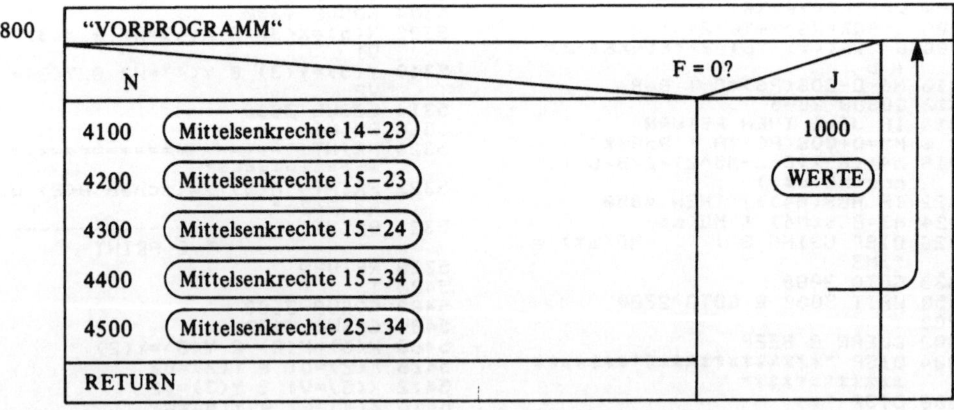

Tabelle 4.72 (Fortsetzung)

900 "Einzellagen"

F = 0?

N:

Welche?

14–23	15–23	15–24	15–34	25–34
5100	5200	5300	5400	5500

Auswahl:

"/"	"+"	"_"
1200 (HAUPT)	3700 / 900 (1 LAGE)	10 (Neuanfang)

J:

1000

WERTE

1000 "WERTEEINGABE"

K = 1 bis 5

INPUT X(K), Y(K)

F = 1

RETURN

3600

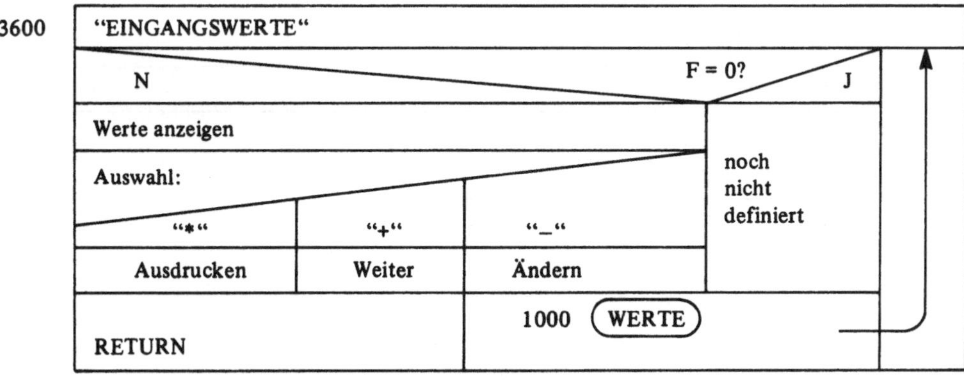

Tabelle 4.72 (Fortsetzung)

3700

"Koordinaten-Rücktransformation	
Transformationen	
J — Ausdrucken? — N	
PRINT	
RETURN	

3800

"Koordinaten-Transformation auf den Ursprung B_0	
Transformationen:	
J — Ausdrucken? — N	
PRINT	
RETURN	

3900

"Ergebnisse"
DISP bzw. PRINT: X(Bo) = X0; Y(Bo) = Y0 PSI (tw) = P1; PSI (uv) = P0
RETURN

4000

"Berechnungen"
X0 = X(B_0); Y0 = y(B_0) P1 = ψ_{tw}; P0 = ψ_{uv}
RETURN

Tabelle 4.72 (Fortsetzung)

4100

"Mittelsenkrechte 14–23"
Koordinatenzuordnung
4000 (Berechnungen)
Ergebniszuordnung
3900 (Ergebnisse)
RETURN

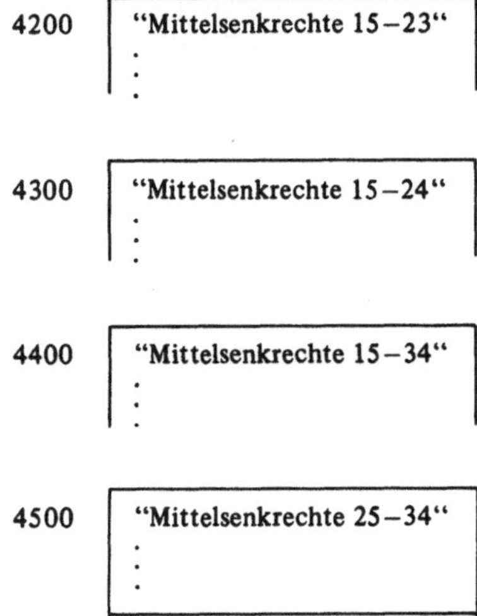

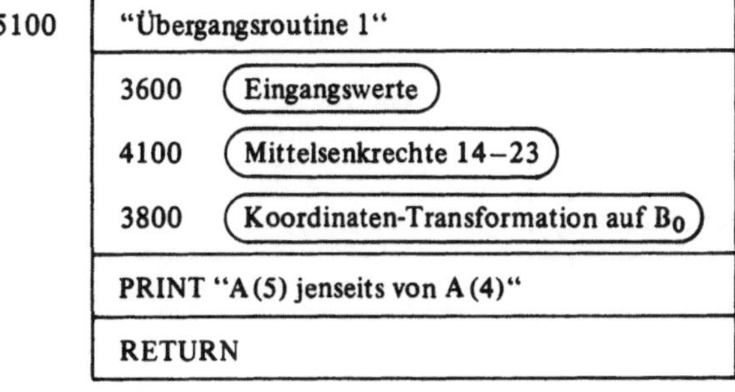

Tabelle 4.72 (Fortsetzung)

5200 "Übergangsroutine 2"
- 3600 (Eingangswerte)
- 4200 (Mittelsenkrechte 15–23)
- 3800 (Koordinaten-Transformation auf B_0)

PRINT "A(5) zwischen A(3) und A(4)"

RETURN

5300 "Übergangsroutine 3"
- 3600 (Eingangswerte)
- 4300 (Mittelsenkrechte 15–24)
- 3800 (Koordinaten-Transformation auf B_0)

PRINT "A(5) zwischen A(2) und A(3)"

RETURN

5400
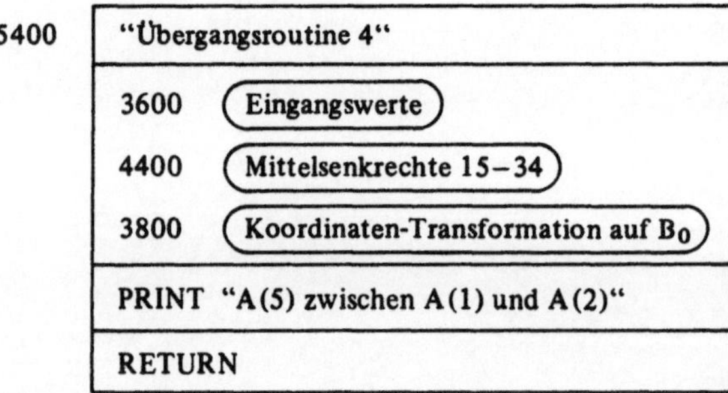

5500 "Übergangsroutine 5"
- 3600 (Eingangswerte)
- 4500 (Mittelsenkrechte 25–34)
- 3800 (Koordinaten-Transformation auf B_0)

PRINT "A(5) jenseits von A(1)"

RETURN

Tabelle 4.73 Gesamtablauf im Vorprogramm

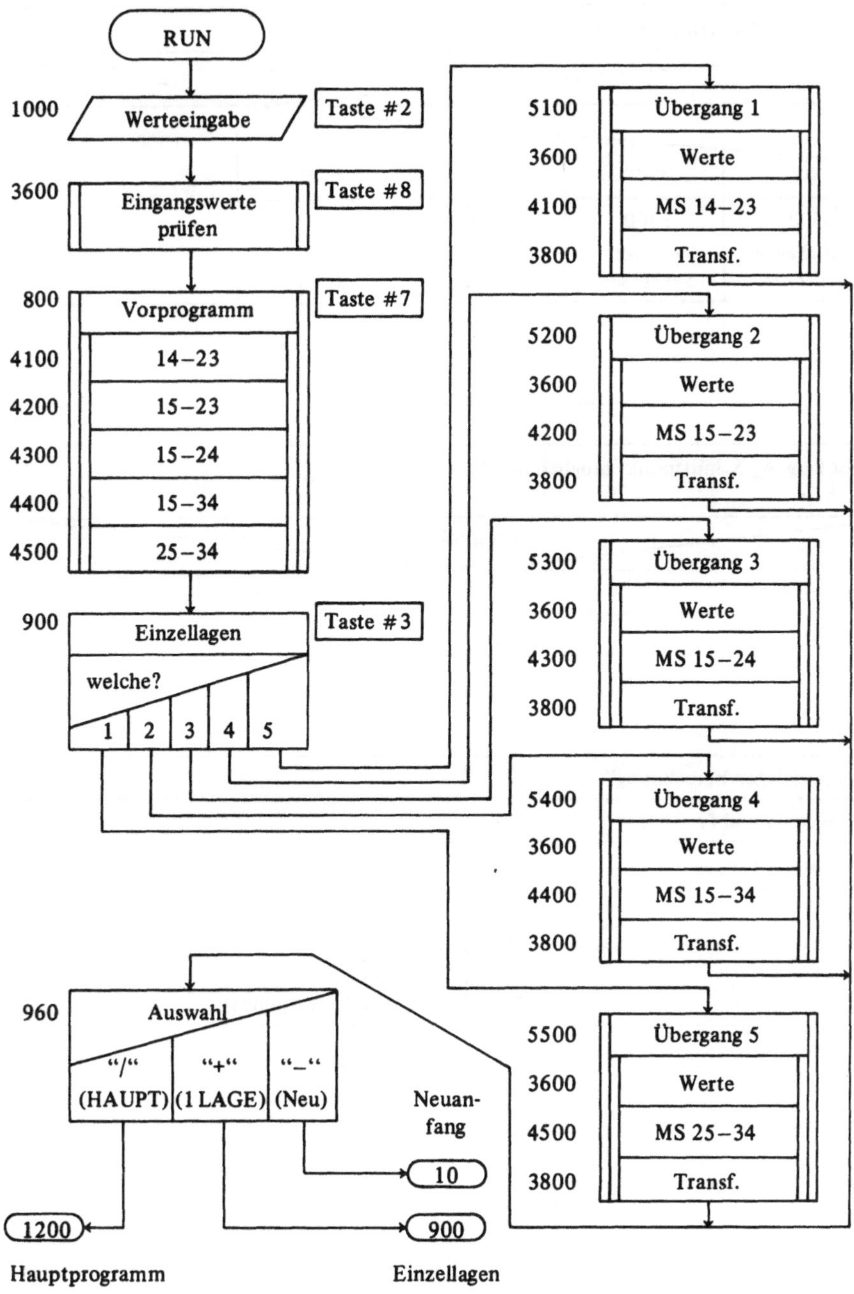

Tabelle 4.74 Struktogramme zum Hauptprogramm

1200

"HAUPTPROGRAMM"; J1 = 0

F = 0?

N

J

?

"0"

3500 (Kurbellagen-übersicht)

"5"

3300 (5-Punkte-Synthese)

"4"

5000 (4-Punkte-Synthese)

"–"

10 (Neu-anfang)

1000

WERTE

1900

J = 1

„Es ist kein A_2-Schnittpunkt möglich mit:"
γ, f_1, h, p

Ausdrucken?

J

N

PRINT γ, f_1, h, p

RETURN

2000

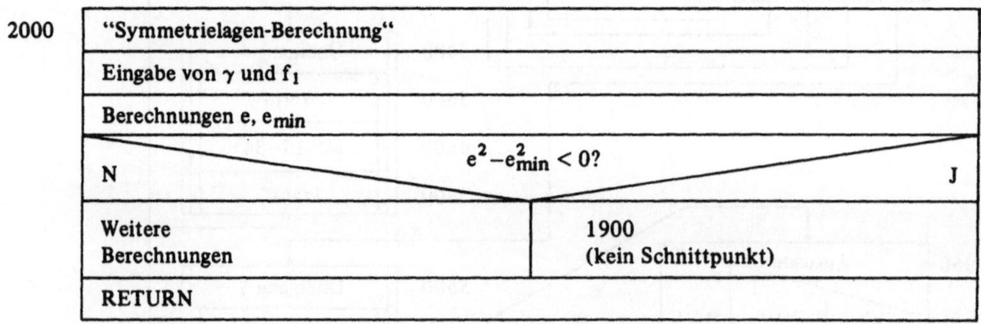

Tabelle 4.74 (Fortsetzung)

2100 "Berechnungen und Ergebnisausgabe"

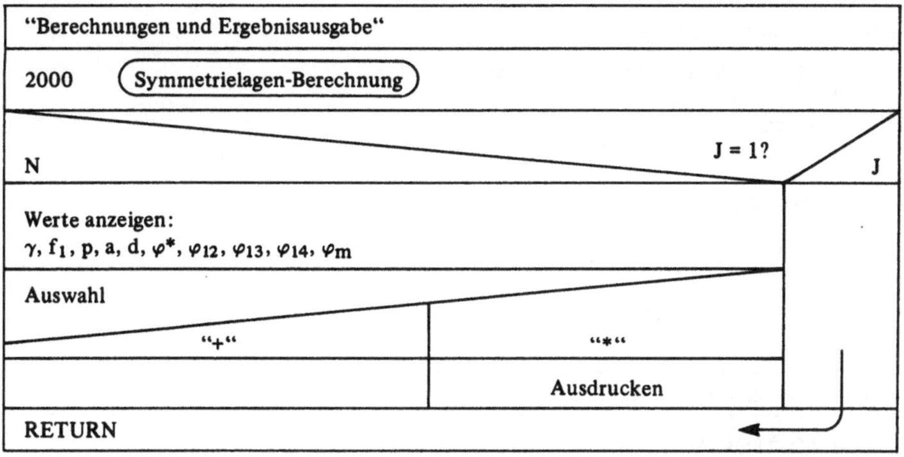

2000 (Symmetrielagen-Berechnung)

J = 1?

N

Werte anzeigen:
γ, f_1, p, a, d, φ^*, φ_{12}, φ_{13}, φ_{14}, φ_m

Auswahl

"+"

"*"

Ausdrucken

J

RETURN

2300 "Kurbellagen-Übersicht"

P = 1; H = 1

2100 (Berechnung der Symmetrielagen)

J = 1?

N

2500 (Berechnung von A_5)

J

J = 0; H = −1

2500 (Berechnungen von A_5)

P = −1; H = 1

2100 (Berechnung der Symmetrielagen)

J = 1?

N

2500 (Berechnung von A_5)

J

J = 0; H = −1

2500 (Berechnung von A_5)

GOTO 1200 (HAUPTPROGRAMM)

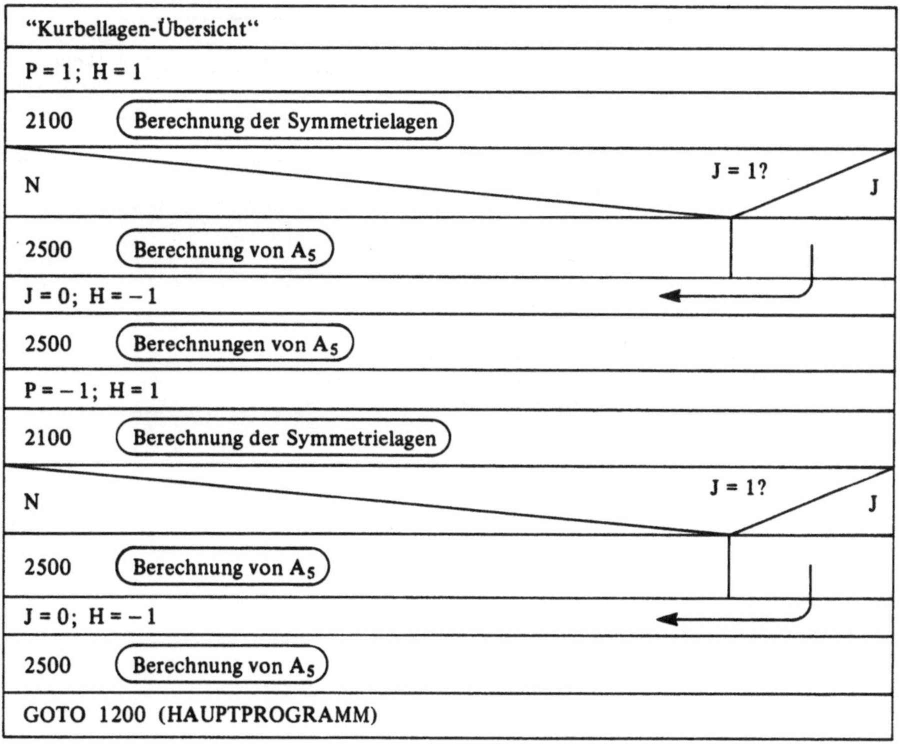

Tabelle 4.74 (Fortsetzung)

2400

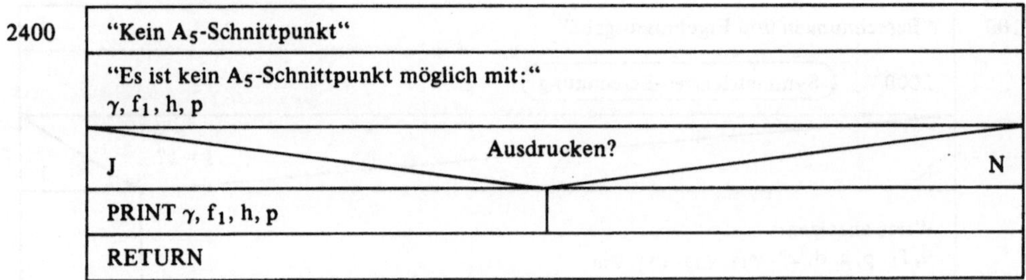

2500

"Berechnung von A_5"

g_5, $\measuredangle\, xA_0E_5$, cos λ

$|\cos \lambda| > 1$?

N | J

λ, φ_{15}

Ausdrucken?

J | N

PRINT p, φ_{15}, h

2400 (kein Schnittpunkt)

RETURN

3500

"Anzeige der aktuellen E-Koordinaten"

3608 (Eingangswerte)

GOTO 2300 (Kurbellagen-Übersicht)

Tabelle 4.75 Gesamtablauf im Hauptprogramm

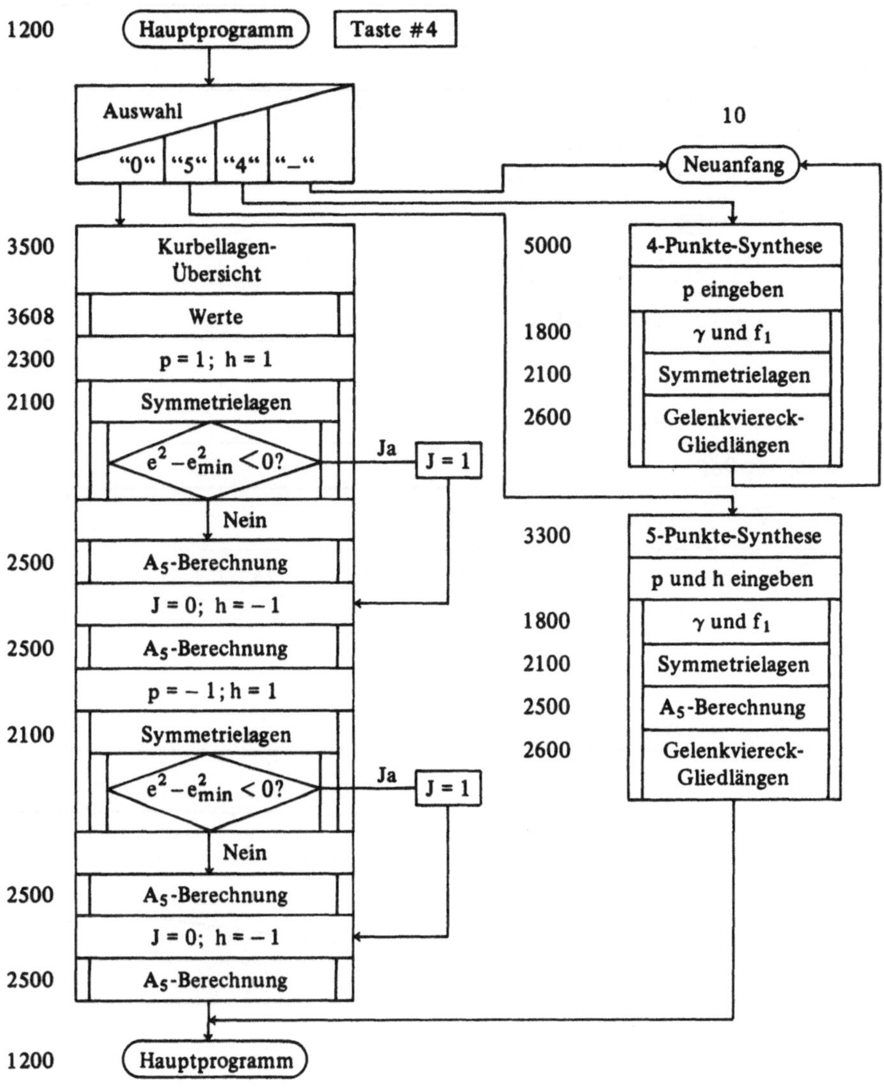

Tabelle 4.76 Struktogramme zur 5-Punkte-Synthese

3300

"5-Punkte-Synthese"	
Eingabe von p und h	
1800	(Eingabe von γ und f_1)
2100	(Symmetrielagen-Berechnung)
2500	(Berechnung von A_5)
2600	(Gelenkviereck-Gliedlängen)
GOTO 1200 (HAUPTPROGRAMM)	

2600

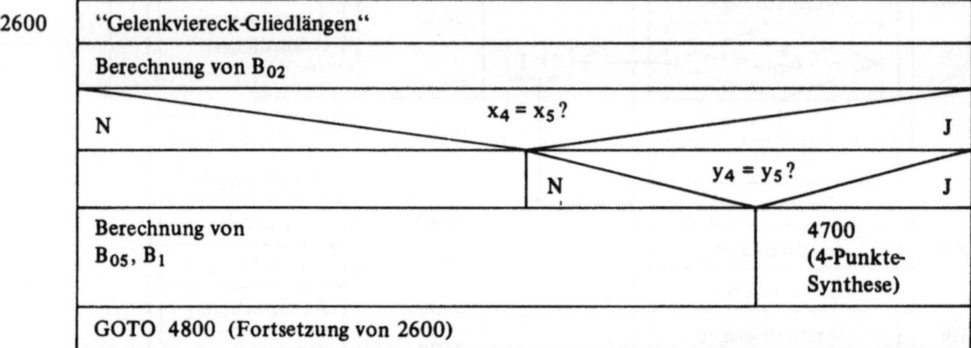

2700

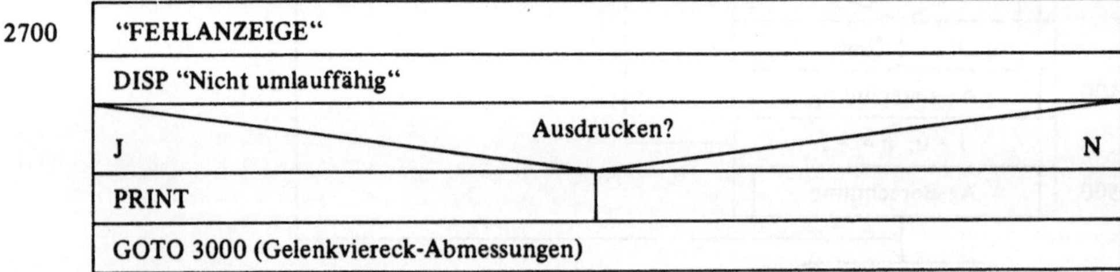

2800

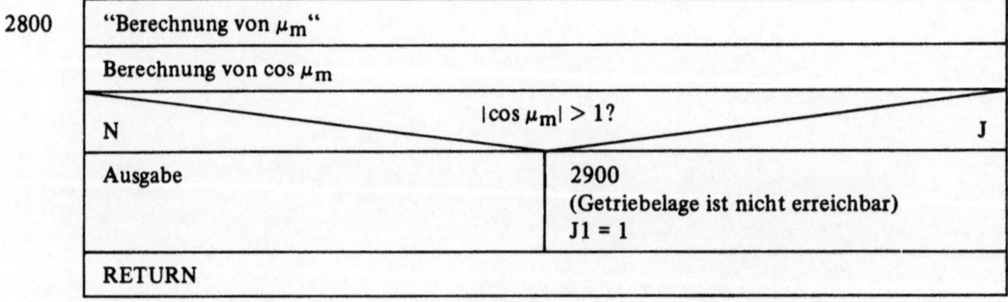

Tabelle 4.76 (Fortsetzung)

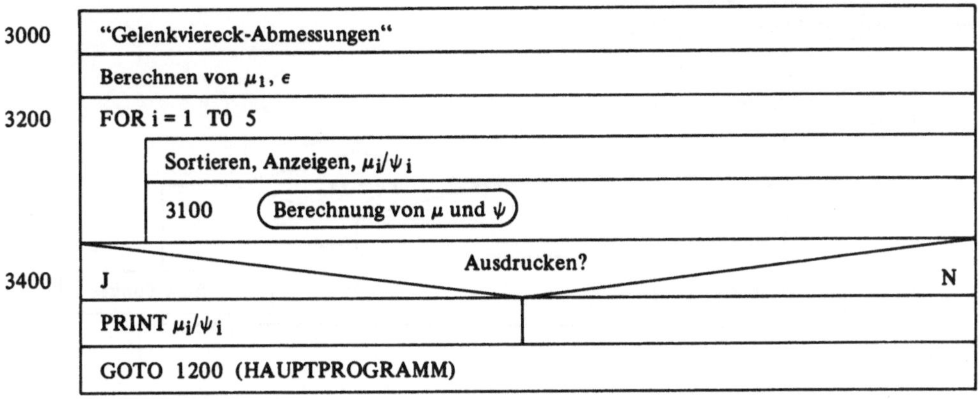

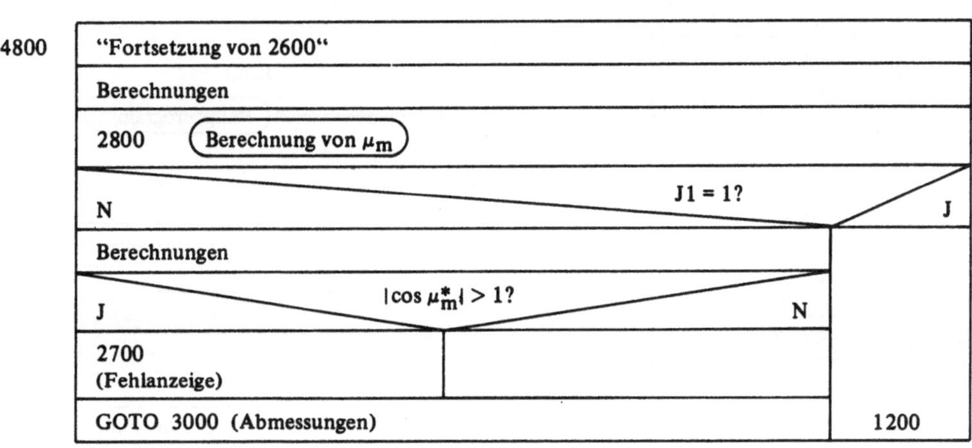

Tabelle 4.77 Gelenkviereck-Gliedlängen

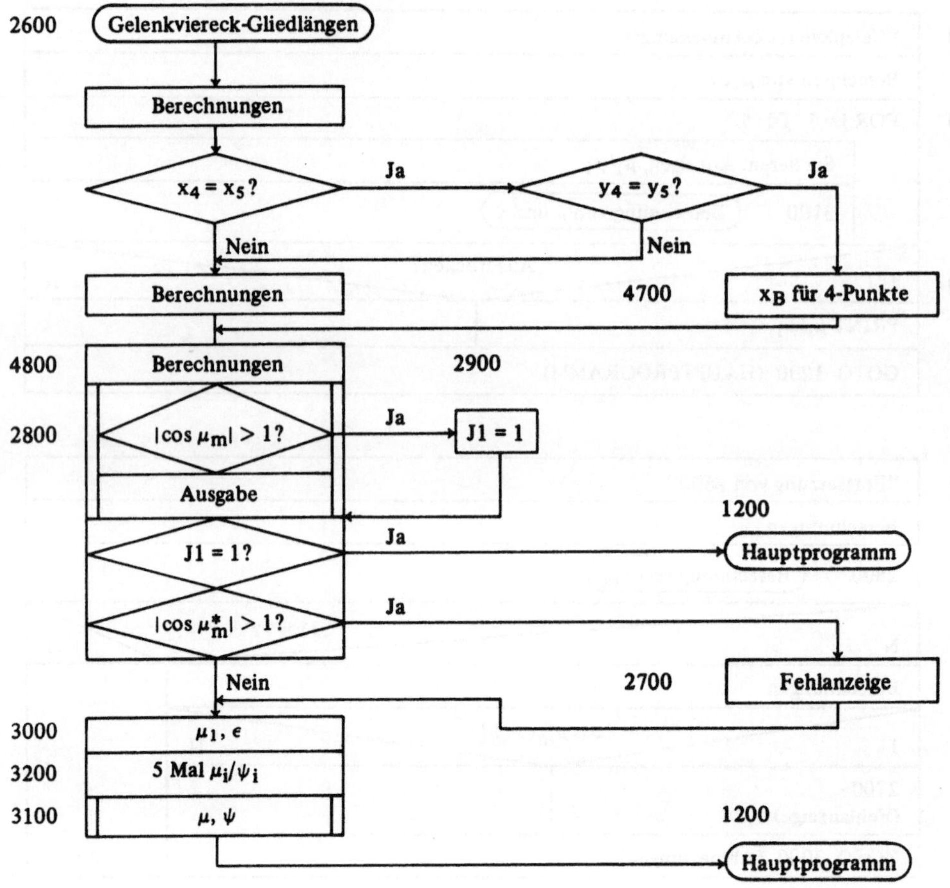

Tabelle 4.78 Struktogramm zur 4-Punkte-Synthese

5000 "4-PUNKTE-SYNTHESE"

Q = 0? N	Q = 0? J
$x_5 = x_4$; $y_5 = y_4$ 1800 (Eingabe von γ und f_1) 2100 (Symmetrielagen-Berechnung) 2600 (Gelenkviereck-Gliedlängen)	6000 (Erst 5-Punkte-Synthese!)

GOTO 10 (Neuanfang)

Tabelle 4.78 (Fortsetzung)

4700

"Koordinate x_B"
x_B eingeben
Ausdrucken?
J
N
PRINT
Berechnung von m, y_B
GOTO 4800

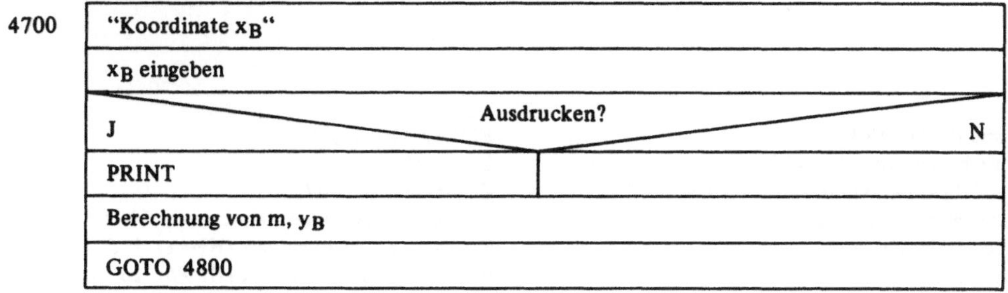

Tabelle 4.79 Testlauf-Übersicht

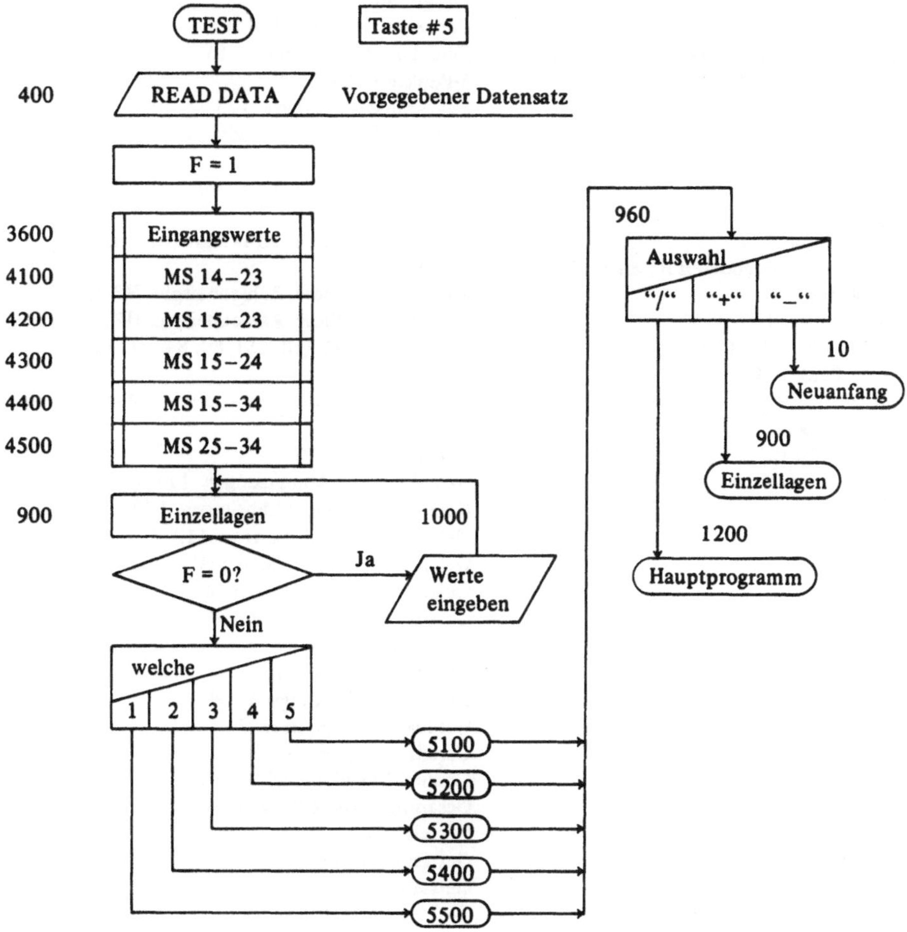

TEST
Taste #5
400
READ DATA
Vorgegebener Datensatz
F = 1
3600
Eingangswerte
4100
MS 14–23
4200
MS 15–23
4300
MS 15–24
4400
MS 15–34
4500
MS 25–34
900
Einzellagen
1000
F = 0?
Ja
Werte eingeben
Nein
welche
1
2
3
4
5
5100
5200
5300
5400
5500
960
Auswahl
"/"
"+"
"–"
10
Neuanfang
900
Einzellagen
1200
Hauptprogramm

Sachwortverzeichnis

Abrichtgerät 178
Abrichtmechanismus 152 ff.
Abtriebs-Geschwindigkeit, konstant 167 ff.
Achsschenkellenkung 57
ACS (SGN(W)) 11
akustisches Zeichen 26, 55
Algorithmen 1
analytische Geometrie 1
Annäherungspunkte 14
Anweisungsliste zum Getriebeentwurf (HP-85) 191 ff.
Arbeitsgeschwindigkeit der Rechner 57
ATN2 (X, Y) 11

BASIC 3
Bedienungsanweisungen (HP-41) 50
Bedienungsanweisungen (HP-85) 51 ff.
BEEP 26
Bereichsfaktor 28, 74
Beschleunigungen, Reduzierung 61
Beschleunigungsgrad 66
beschleunigungsgünstige Getriebe 61 ff.
Beschleunigungstrapez 67
Besonderheiten der verwendeten Rechner 5 ff.
Bewegungsmaßstab 14
Bildschirmausgaben 11
Bildschirmmenü 84, 125, 130
Burmestersche Punkte 14
B_0-Auswahl 85 ff.
B_0-Koordinaten 79 ff.
B_0-Reduktionen 76 ff.

Decklage 116
DEG 11
Dialog (HP-85) 94
DISP USING 11
Doppelkurbel 73, 105
Drehung eines Punktes (HP-41) 6
Drehung eines Punktes (HP-85) 12
3-Koordinaten-Meßmaschine 178
Dreipunkte-Kreis 115
durchlauffähige Getriebe 109

einfache Sinoide 66
Einführungsprogramme 29 ff.
Eingangsgrößen 50
Eingangswerte 53
Eingriffsgerade 152

ENTER (HP-41) 6
Error 21
Ersatzgetriebe 167
Erzeugung gegebener Bahnkurven 73 ff.
Evolventen-Gelenkviereck (HP-41) 155
Evolventen-Gelenkviereck (HP-85) 157
Evolventenprofil, Berechnung 152
Evolventen-Zahnflanken 152
Extremwerte von μ 17

Fehlermeldung 21
File 83
Flag 20
Flagge 36
Fördergetriebe 63, 134 ff.
Fünf-Lagenzuordnungen 15
5-Punkte-Potenzkurve 67
Fünf-Punkte-Synthese 123
5-Punkte-Synthese, Flußdiagramm HP-41 183 ff.
5-Punkte-Synthese, Programm-Ausdruck HP-41 185 ff.
5-Punkte-Synthese, Struktogramme HP-85 212 ff.
5-Punkte-Synthese, Zahlenbeispiel HP-41 124
5-Punkte-Synthese, Zahlenbeispiel HP-85 125
Funktionstasten (HP-85) 80, 84, 91, 156

Gelenkvierecke für gegebene Winkelbewegungen 14 ff.
Gelenkgetriebe 73
Gelenkviereck-Abmessungen 179
Gelenkviereck-Geradführungen 178
Gelenkviereck-Gliedlängen 112
Gelenkviereck-Gliedlängen (HP-85) 214
Gelenkviereck-Kennwerte 27 f.
Gelenkviereck-Koppelkurve 74
Genaupunkte 14, 16, 73, 74
Geneigte Sinoide 66
Gerade mit Steigungswinkel 8
Geradenschnittpunkte 7
Geradführungs-Hub 67
Gesamt-Gelenkviereck 111 ff.
Gesamt-Syntheseprogramm 123
Gestell 73
Getriebe-Analyse 2
Getriebe-Synthese 2
Globale Variable 10

Graphische Verfahren 1
Grashofscher Satz 73

harmonische Bewegung 66
Hauptfile (HP-41) 86
Hauptprogramm HP-85, Gesamtablauf 211
Haupt-Synthese-Programm 83 ff.
Hebebühne 67 ff.
HP-41-Besonderheiten 5 ff.
HP-85-Besonderheiten 10 ff.
Hubgetriebe 142 ff.

IF-Schranke 5, 23, 24, 25, 26, 31, 55, 98 f., 102 f., 117 f.
IMAGE 11
Iterationen 3, 55

Kennwerteprogramme 27
kinematische Umkehrung 15
kinematisch-geometrische Grundgesetze 1
kompakter Prozeß-Controller 3
Koordinaten-Transformation 3
Koordinaten-Transformation (HP-41) 6
Koordinaten-Transformation (HP-85) 10
Koordinaten-Transformation mit nur positiven Winkeln 5
Koppel 73
Koppelkurven 73
Koppelkurven des Gelenkvierecks 73 ff.
Koppelkurven-Synthese 74 ff.
Koppelkurven-Synthese, Praxisbeispiele 134 ff.
Koppelpunkt-Synthese, Vorprogramm HP-41 180 ff.
Kratzboden 135
Kreis durch drei Punkte 17
Kreis-Evolventen 178
Kreismittelpunkt-Koordinaten 18
Kreispunktkurve 14, 74
Kurbel 73
Kurbellagenberechnung 97 ff.
Kurbellagenberechnung, Zahlenbeispiel 105 ff.
Kurbellagen-Übersicht, Flußdiagramm HP-41 182
Kurbelschwinge 73, 105
Kurbel-Steglagen 116
Kurbel-Symmetrielagen 75
Kurbelwinkel 16
Kurven-Schubgetriebe 167

Ladewagen 134
Ladewagen-Fördergetriebe, Rechenablauf 137 f.
Lagenwinkel 120
Laufprogramm 23 ff.
Laufqualität 17

Leitprogramme 80
Lenkgestänge 57
Lenktrapez 57
Lösungsfeld 2
Lüftungsfenster 71

Magnet-Speicherkarten 86
Massenkräfte 61
Massenspeicher 3, 83
mathematische Funktionen 14
Mikrometergeräte z. Abtasten 152
Mittelpunktkurve 14, 74
Mittelsenkrechten-Paarung 83
Mittelsenkrechten-Schnittpunkt 78, 79
Mittenzentrierung 68 ff.

numerische Verfahren 1

ON KEY # 80
Optimierung 26
Optimierungsfelder für Kurvengetriebe 178
Optimierungs-Vorgang 27

Paarung der Mittelsenkrechten 80 ff.
Papierschneide-Maschine 71
Parametereingabe 133
Pausenzeichen 24
PC 3
Personal-Computer 3
Pick-up-Trommel 134
Polar-Koordinaten 5
Potenzkurve (5. Grades) 67
Praxisbeispiele Vierwinkel-Zuordnungen 57 ff.
Praxisbeispiele Koppelkurven-Synthese 134 ff.
Preßkanal 135
PRINTER IS 53
Profil-Nachmessung 152
Profilschleifen 152, 178
programmierte Entscheidungen 15
Programmschleifen 3
Prozeß-Controller 3
PR-Taste (HP-41) 5
Prüfmechanismus 152 ff.
PSE 24
Punktlagenreduktionen 74 ff., 178

quadratische Parabel 62, 66

RAD 11
RAM 3
READ DATA 36
Rechenzeit 57
Rechtwinkel-Bewegung 142 ff.
Rechtwinkel-Koordinaten 5
Reduzierung der Beschleunigungen 61

Registerbelegungen (HP-41) 179
Regula falsi 19 f.
Richtungstangenten 12
Richtungstangenten von Mittelsenkrechten 78
Rollboden 135
RP-Taste (HP-41) 5
Rück-Transformationsprogramm 82

Scheitelkrümmung 178
Schnittpunkt von zwei Geraden (HP-41) 7
Schnittpunkt von zwei Geraden (HP-85) 12
Schnittstellenstruktur 3
Schreib-/Lesespeicher (RAM) 3
Schrittbewegungen 167
Schubführungen 71
Schubkolbenzylinder, Anlenkung 152
Schwinge 73
Sign (x) 4
Sinoide 66
Size-Anweisung 51
Software 4
Spannvorrichtung 68 ff.
Speicherbelegung (HP-41) 50
Sprungweite 27, 29
Spulgetriebe 167
Stackregister 3
Startmenü 36, 51
Steuerprogramme 21 ff.
Strecklage 116
Struktogramme 36
Struktogramme z. Hauptprogramm (HP-85) 208 ff.
Struktogramme 2. Vorprogramm (HP-85) 202 ff.
Strukturauswahl 2
Stufensprünge 32
Stützpunkte 14
Such-Vorgang 26
Symmetrie-Kurbellagen 100
Synthese-Programm 123

Testlauf 91
Testlauf-Übersicht (HP-85) 215
Tone 26
totalschwingende Gelenkvierecke 73, 109

Übergangs-Label 83
Übergangsroutinen 84
Übertragungsgüte 16, 17
Übertragungswinkel 17, 20, 120
Übertragungswinkel-Bestwerte 128
Umgekehrte Polnische Notationen (UPN) 3
Umlauffähigkeit 17
Umrechnung von Koordinaten 5
Unterprogramme 3
UPN 3

Variablennamen 10
Variablennamen-Referenzlisten 11
Variablennamen-Referenzliste, Gelenkviereck (HP-85) 37 f.
Variablennamen-Referenzliste, Getriebeentwurf (HP-85) 188 ff.
Verklemmungsfreie Schubführungen 71
Verzahnungsprofil 152
vier Genaupunkte 114, 127
4-Punkte-Synthese (HP-41) 127
4-Punkte-Synthese (HP-85) 130
4-Punkte-Synthese, Struktogramm HP-85 214 ff.
Vierwinkel-Zuordnung 14, 15 ff., 61
Vierwinkel-Zuordnungen, Praxisbeispiele 57 ff.
vollautomatischer Getriebe-Entwurf 2
Vorprogramm HP-85, Gesamtablauf 207

WAIT 24
Wenderadius 57
Werteeingabe 52
Winkelbewegungen 34
Winkelzuordnungen 2
Wurfbewegung, Fördergut 134

Zahnflankenformen 178
Zahnradmessung 178
Zeichnungsfolge-Rechenmethode 1, 2, 74
Zeitaufwand 57
zulässige Toleranzen 68
Zweischlag 74
Zweistand-Schubgetriebe 167 ff.
Zweistand-Schubgetriebe, Koordinatenberechnung 169
Zykloiden 178

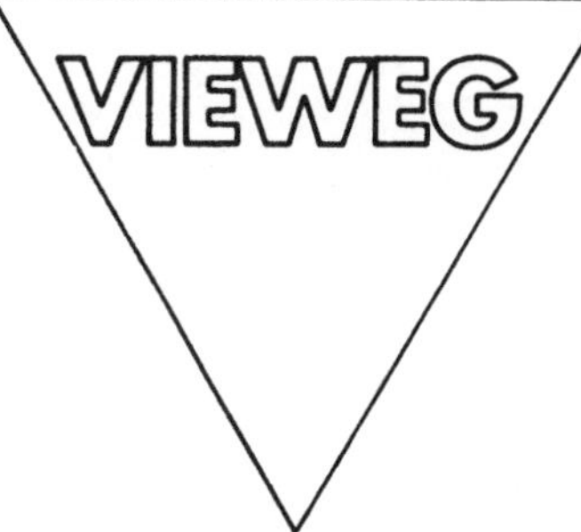

Anwendung programmierbarer Taschenrechner

Band 10:

Kurt Hain

Getriebetechnik – Kinematik für AOS- und UPN-Rechner

1981. VIII, 102 S. mit 11 vollst. Progr., 28 Abb. und 66 Tab. 16,2 X 22,9 cm. Br.

Inhalt: Kinematik der Gelenkgetriebe: Schubkurbelgetriebe – Gelenkviereckgetriebe – sechsgliedriges Koppelgetriebe – Schubkurvengetriebe – Schwinghebel – Kurvengetriebe.

Dieses Buch zeigt an 11 vollständigen Programmen für AOS- und UPN-Rechner den Einsatz des programmierbaren Taschenrechners in der Konstruktion und Berechnung ungleichförmig übersetzender Getriebe. 28 Abbildungen erleichtern das Verständnis im Text und in den Bedienungsanleitungen für die Rechner HP-97 und TI-59. Zwei getrennte Tabellenwerke enthalten die für jeden Rechner typischen Ausdrücke und die Bedienungsanleitungen.
Die vorgestellten Beispiele wenden sich an jene Getriebekonstrukteure, denen das Einarbeiten in getriebetechnische Probleme geläufig ist. Angesprochen sind aber auch Konstrukteure, denen wegen anderer Belastungen immer die Übernahme eines fertigen Programmes willkommen ist.